세상에 = 똑같은 = 개는 ≠ 없다

**Puppy Kindergarten**

Copyright © 2024 by Brian Hare and Vanessa Woods.
All rights reserved.

This Korean edition was published by ACANET in 2024 by arrangement with
Brian Hare and Vanessa Woods c/o Brockman, Inc.

이 책의 한국어판 저작권은 Brockman, Inc.와의 독점계약으로 아카넷이 소유합니다.

# 세상에 = 똑같은 = 개는 ≠ 없다

### 유치원에 간 강아지, 인지과학을 만나다

브라이언 헤어 · 버네사 우즈 | 강병철 옮김

Puppy Kindergarten:
The New Science of Raising a Great Dog

디플롯

## 추천의 글

반려인구 1500만 시대에 걸맞은 반려인이 되려면 우선 반려동물에 대해 잘 알아야 한다. 상대에 대해 많이 알면 알수록 더욱 더 사랑할 수 있기 때문이다. 이 책은 반려견들의 다양한 개성과 독특한 지능에 관한 풍부한 개인적 경험과 최첨단 과학 연구 결과를 바탕으로 바람직한 성장 환경과 양육 방법을 알려준다. 저자들의 전작 《개는 천재다》를 읽은 독자라면 이 책에서 그 천재성의 다양함에 다시 한번 감동할 것이다. 어떤 면에서는 우리 인간 아기보다도 더 무력하게 태어나는 강아지를 어떤 천재로 키울지는 반려인 여러분의 손에 달려 있다. 개는 인간과 가장 닮은 삶을 사는 동물이다.
_ **최재천** 이화여자대학교 에코과학부 석좌교수, 생명다양성재단 이사장

이 책은 단순한 반려견 양육서가 아니다. 강아지의 눈으로 세상을 이해하려는 과학책이다. 브라이언과 버네사는 강아지의 뇌와 마음을 이해하기 위해 직접 수백 마리 강아지들과 인지 실험을 진행했다. 그 결과는 놀랍도록 실용적이면서도 따뜻하다. 두 저자는 강아지를 훈련의 대상이 아니라 함께 성장해나갈 사회적 존재로 본다. 5분짜리 게임, 눈맞춤의 의미, 자제력과 사회성 테스트… 과학이 이렇게 사랑스럽고 다정할 수 있다니! 진작에 이 책을 읽었다면 진돗개 믹스견 '둥굴레'와 실랑이하던 밤들도 좀 더 편안했을 것이다. 견종이 뭐든 모든 개는 저마다 마음이 있고 생각이 있다. 그들의 마음을 진심으로 알고 싶은 보호자라면 이 책은 가장 좋은 시작이 될 것이다.
_ **이정모** 前 국립과천과학관장, 《찬란한 멸종》 저자

정보의 홍수 속에서 반려견 교육만큼 비과학적이고 왜곡된 정보가 난무하는 분야도 드물다. 행동 프로그램을 진행하며 보호자들이 '하루 만에 문제 해결'을 기대할 때마다 늘 안타까웠다. 개는 기계가 아니라 감정과 인지를 지닌 복잡한 존재다. 이 책은 개가 어떤 동물인지, 어떻게 발달하고 세상을 이해하는지를 과학적으로 설명하며, 반려견과의 삶을 준비하는 모든 이에게 올바른 첫걸음을 안내해주는 탁월한 길잡이다.
**_ 설채현** 동물 행동 전문 수의사, 놀로 행동클리닉 원장, 《그 개는 정말 좋아서 꼬리를 흔들었을까?》 저자

경이롭다…. 개들이 저마다 얼마나 독특한 존재인지 설명한 이 책을 읽고 나면 이다음에 최고의 친구를 기르는 과정이 어느 때보다도 흥미롭고 즐거우며 성공적일 것이다.
**_ 리처드 랭엄** 하버드대학교 인간진화생물학과 교수, 《한없이 사악하고 더없이 관대한》 저자

듀크대학교에서 강아지 유치원을 시작한다는 기발한 착상을 할 정도이니, 브라이언 헤어와 버네사 우즈가 강아지에 관한 책을 써야 한다는 데 이견이 있을 수 없다. 이 책이 강아지에 대한 과학은 물론 과학 전반이나 강아지 전반에 관심이 있는 독자들에게 큰 기쁨을 안겨주리라는 데도 의문의 여지가 없다. 펼쳐 읽으라. 재미와 매력으로 가득 찬 지식이 폭풍처럼 밀려들 것이다.
**_ 알렉산드라 호로비츠** 컬럼비아대학교 바너드칼리지 교수, 《개의 마음을 읽는 법》 저자

모든 사람이 완벽한 개를 원한다. 하지만 인간과 마찬가지로 모든 개는 다르므로 강아지를 키우는 데 항상 통하는 단 한 가지 방법은 있을 수 없다. 이 책에서 브라이언 헤어와 버네사 우즈는 훌륭한 개를 키우는 과학적 원리를 사상 최초로 규명한 첨단 연구에 대해 설명한다. 개를 사랑하는 사람이라면 반드시 읽어야 한다!
_ **그레고리 번스** 에모리대학교 심리학과 교수, 신경과학자, 정신과 의사, 《나라는 착각》 저자

일단 책을 손에 들자 내려놓을 수 없었다. 인간이 아닌 존재의 마음을 환상적으로 탐구한 이 책은 우리가 지구에서 각기 독특한 마음을 지닌 수많은 동물과 함께 살아간다는 사실을 일깨운다. 이 책은 늑대가 개로 진화한 기나긴 여정, 가축화라는 과정을 거쳐 우리가 개는 물론 믿기지 않을 정도로 놀라운 마음을 지닌 모든 경이로운 존재에게로 연대감을 확장해온 과정을 황홀할 정도로 멋지게 설명한다.
_ **베른트 하인리히** 버몬트대학교 생물학과 명예교수, 《까마귀의 마음》 저자

이 책은 당신을 지금보다 훨씬 훌륭한 개의 부모로 만들어줄 것이다! 근거가 확실한 조언과 현실적인 지혜로 가득 찬 이 책은 최고의 친구인 반려견을 이해하고 기르는 데 반드시 필요한 길잡이다.
_ **로리 산토스** 예일대학교 심리학과 교수, 예일대학교 개 인지 센터 소장

브라이언 헤어와 버네사 우즈는 개의 마음이라는 독특한 주제에 과학적으로 접근하면서 깊은 애정과 폭넓은 경험을 통찰력 있고 유쾌하게 녹여 넣는다. 개에 대한 나름의 의견을 들려줄 사람은 수없이 많지만, 수많은 강아지를 직접 교육하고 훨씬 더 많은 반려견의 데이터를 연구한 헤어와 우즈는 매우 독특한 방식으로 개란 동물을 이해한다. 이 책은 그저 강아지에 관한 이야기를 들려주는 것이 아니라 개란 어떤 존재인지, 개의 마음은 어떻게 발달하는지, 훌륭한 개로 키우려면 어떻게 해야 하는지 생생하게 보여준다. 그 방식이 너무나 부드럽고 사랑스러워 한 번쯤 읽어보시라고 권하지 않을 수 없다.
_ **칼 사피나** 뉴욕주립대학교 석좌교수, 생태학자, 《소리와 몸짓》 저자

이 책은 내가 평생 궁금해했던 질문들에 대한 답을 들려준다. 견종으로 개의 성격을 예측할 수 있을까? 개는 지능이 높은가, 그렇다면 그 지능은 유전된 것일까? 왜 우리는 한 가족처럼 느낄 정도로 개에게 끌릴까? 생태학자이자, 안내견을 기르는 자원봉사자이자, 개를 열렬히 사랑하는 나에게 모든 차원에서 너무나 만족스러운 책이다.
_ **이사벨라 로셀리니** 영화배우 & 영화감독, 생태학자, 〈콘클라베〉 아녜스 수녀 역

모든 강아지는 각자 독특한 퍼즐 조각임을 설득력 있게 보여준다. 그 퍼즐을 푸는 사람은 완벽한 친구를 얻을 것이다.
_ **앤더슨 쿠퍼** CNN 앵커, 《세상의 끝에 내가 있다》 저자

**옮긴이의 글**
# 우리를 찾아와줘서 고마워

'링컨'은 가장 어둡고 힘든 순간에 우리 가족이 되었다. 큰 애는 서울에서 심층 정신치료를 받으며 자꾸 흩어지는 정신을 가까스로 그러모았다. 나는 그런 아이를 뒷바라지하느라 밴쿠버 집을 떠나 8개월째 친척에게 신세를 지고 있었다. 둘째는 토론토에서 춥고 외로운 대학 신입생 시절을 견뎠다. 사춘기를 통과하고 있던 막내 역시 불안감을 속으로 삭이고 있었으리라. 모든 혼란의 가운데서 굳건히 닻을 내리고 중심을 잡는 사람은 아내였다. 그의 차분한 낙관과 흔들리지 않는 의지가 없었다면 우리는 무지막지한 폭풍 속에서 이리저리 나부끼다 깨지고 부서져 흔적 없이 사라졌을 것이다. 그날 전화를 받을 때까지는 몰랐다. 그런 아내조차 마음을 붙들어줄 뭔가가 필요했다는 걸.

여보, 개를 한 마리 들이면 안 될까?

나는 개를 싫어하는 데다, 반대할 이유가 셀 수 없이 많았다. 그렇지 않아도 삶은 복잡했다. 왜 지저분하고 냄새나고 시끄러운 녀석을 더한단 말인가? 이민 생활은 늘 돈에 쪼들렸다. 왜 몇 천불의 목돈을 지출하며, 사료비에 간식비에 보험료에 수의사 비용까지 쓴단 말인가? 그때는 무엇 하나 뜻대로 되는 일이 없었다. 왜 천방지축 통제할 수 없는 존재를 내 삶에 추가한단 말인가?

물론 아내도 알았다. 그럼에도 가족들이 뿔뿔이 흩어져 기약 없이 고통을 견디는 시간이 너무 길고 춥다고 했다. 개가 있으면 집 안에 훈기를 더하고 잠시나마 시름을 잊은 채 들여다볼 수 있지 않을까? 개라… 개가 있으면 정말 그럴까? 큰 기대를 걸지는 않았지만 아내에게 도움이 된다면 양보할 수 있었다. "그래, 그럼 너무 크지 않은 놈으로, 아니 아주 작은 녀석으로 알아봐요."

며칠 후 카톡으로 찹쌀떡만 한 강아지 사진 한 장이 날아왔다. '허, 고 녀석! 귀엽긴 귀엽네.' 그러나 캐나다 집에 돌아온 순간, 나는 놀라 자빠질 뻔했다. 송아지만 한 털북숭이 네발짐승이 거실을 어슬렁대고 있었다. 찹쌀떡이 몇 개월 만에 성견 크기로 자란 것이다.

몸무게 35킬로그램이 넘는 골든 리트리버는 다루기 버거웠다.

링컨은 철이 없었고, 우리는 경험이 없었다. 뭘 먹여야 하는지, 어떻게 재워야 하는지, 어떤 보상과 벌을 줘야 하는지를 두고 각자 의견이 달랐다. 그러나 링컨과 함께 자연의 품에 안기는 순간 모든 문제가 눈 녹듯 사라져버렸다. 다람쥐를 본 녀석은 흥분에 몸을 떨며 뒤를 쫓아 질주하다가, 어느 틈엔가 개울물에 첨벙 뛰어드는가 하면, 무슨 냄새를 맡는지 코를 허공에 쳐들고 벌름거리다 가파른 언덕배기를 쏜살같이 내달렸다. 그 푸르른 생명력, 천진한 몰입, 기쁨과 놀라움과 흥분과 좌절을 감추지 않는 단순함은 마음을 사로잡는 힘이 있었다. 거기 취해 함께 뒹굴고 웃음을 터뜨리다 보면 세상일이 죄다 하찮게 여겨졌다. 어느 날 문득 깨달았다. 우리가 개를 키우는 게 아니라, 개가 우리를 치유하고 있음을.

리트리버retriever라는 말은 '되찾아오다, 회수하다'라는 뜻을 지닌 동사 'retrieve'에서 유래했다. 따라서 리트리버란 '뭔가(주로 사냥감)를 찾아서 물어 오는 능력이 뛰어난 개'라는 뜻이다. 그런데 링컨은 전혀 딴판이었다. 공이나 나무막대를 던지면 잘 찾지 못했고, 어쩌다 물어 와도 좀처럼 건네주지 않았다. 리트리버는 타고난 수영 선수라는데, 링컨은 물을 좋아하면서도 수영은 절대 하지 않았다. 리트리버는 소위 '머리가 좋은 견종 세 가지'에 든다는데, 그리 영리한 것 같지도 않았다. 하지만 세월이 흐르면서 녀석의 좋은 점을 발견했다. 무엇보다 링컨은 무척 점잖았다. 장난감을 두고 다툴 일이 있으면 다른 개에게 양보하고 물러섰다. 어지간한 일에는 수선 떨지

않고 침착했으며, 평소에도 조용한 곳에서 가족과 함께 있는 것을 좋아했다. 특히 멀리 여행을 갔다 돌아오면 어찌나 반가워하는지 링컨을 볼 생각에 마음이 부풀곤 했다. 누구에게나 친절했고, 쓰다듬거나 먹을 것을 주면 공손한 태도로 예의를 차렸다. 사람으로 치면 점잖은 내향인이랄까. 세상사에 화가 나고 좌절하다가도 링컨의 차분한 눈망울을 들여다보고 있으면 마음이 절로 가라앉았다.

무엇보다 링컨과 함께 살면서 생명의 소중함을 깨달았다. 개의 의중을 알게 되고, 취향과 버릇에 익숙해지자 녀석이 개성을 지닌 독립적인 존재라는 사실이 사무쳤다. 언젠가부터 집 근처 숲에서 사슴이나 새를 볼 때도, 코스타리카의 우림에서 나무늘보를 볼 때도, 심지어 다큐멘터리에서 맹수를 볼 때도 그들의 눈빛에서 링컨이 보였다. 우리는 단지 살아 있는 것이 아니라, 저마다 감정과 의지와 개성을 지닌 존재들과 어울려 산다는 생각이 비로소 머리를 떠나 가슴 깊이 스며들었다.

개의 수명은 천차만별이지만 대개 10~15년 정도다. 반려견을 키우는 사람이 대부분 이별의 슬픔을 겪는다는 뜻이다. 우리에게도 그 순간은 어김없이 다가왔다. 2023년 크리스마스에 링컨의 고개가 자꾸 한쪽으로 기우는 것이 눈에 띄었다. 병명은 뇌종양. 뇌간과 가까이 있어 수술은 어렵고 방사선 치료를 받았다. 몇 개월은 일상적인 활동을 할 수 있었지만, 고용량 스테로이드를 길게 쓴 탓인지 피부 여기저기에 궤양이 생기고 수시로 코피를 흘렸다. 더 버티기 어려웠다. 평소 링컨을 예뻐하던 분들에게 연락해 바다 풍경이 아름다운 공원에서 작별 파티를 열었다. 모두 마음에서 우러나온 인사를 건네며 링컨과의 추억을 회상했다. 마지막 산책, 마지막 식사, 마지막 간식, 그리고 안락사 직전 작별 인사를 건네기까지 링컨은 시종 늠름하고 의젓하게 품위를 지켰다. 가족에게 둘러싸인 채 뒤뜰 잔디 위에 평화롭게 누워 주사를 맞고 눈빛이 가물가물 멀어져갈 때, 너석의 귀에 대고 마지막 인사를 건넸다.

잘 가라, 링컨. 내 아들아. 우리를 찾아와줘서 정말 고맙다. 언젠가 꼭 다시 만나자.

링컨을 보내고 헛헛한 마음을 어찌할 바 모르던 차에 이 책의 번역을 의뢰받았다. 개에 관한 책이 아니었다면 물리쳤겠지만, 일단 옮기기 시작하자 이내 책 속으로 빠져들었다. 무엇보다 내가 링컨을 키우며 직접 배우고 느낀 것들을 과학적으로 입증하고 있었기 때문이다. 《다정한 것이 살아남는다》라는 책을 슈퍼 베스트셀러 자리에 올려놓은 두 저자는 진화인류학자, 인지과학자로서 개를 훌륭하게 키우는 방법을 연구한다. 사람을 돕는 보조견을 더 많이 양성하기 위해서다. 그 방법은 재미있게도 명문 듀크대학교 내에 '강아지 유치원'을 여는 것이었다. 그들은 연구팀의 헌신적인 노력과 대학 공동체의 전폭적인 지지 속에서 훈련받지 않은 강아지를 평가하는 표준화된 도구를 개발했다. 기질, 자제력, 기억력, 사회적 인지, 신체적 인지 등의 항목을 평가해 어떤 개가 자라서 훌륭한 보조견이 될 것인지 미리 알아보고자 한 것이다.

그들이 치명적으로 귀여운 강아지들과 함께 생활하며(책에 실린 사진들을 보라!) 밝힌 사실은 개는 물론 인간의 인지와 행동에 대해서도 시사하는 바가 크다. 훌륭한 보조견이 되려면 타고난 재능이 중요할까, 교육이 중요할까? 교육 시기도 중요할까? 부모의 양육 방식에 따라 각기 다른 재능과 행동 양식이 나타날까? 이런 질문은 우리가 스스로를 이해하는 데도 매우 중요한 시사점을 던진다.

저자들이 얻은 가장 중요한 교훈은 **모든 개는 다르다**는 것이었다. 저마다 수많은 특성이 각기 독립적으로 나타나며, 그 헤아릴 수 없이 많은 조합이 독특한 개성을 형성한다. '골든 리트리버는 친절하고, 셰퍼드는 용맹하며, 핏불은 사납다'와 같은 소위 '견종의 특성' 따위는 **없다**는 것이다. 피부색으로, 지역과 학교로, 성별로, 성적 지향으로, 그 밖에도 온갖 잣대로 편을 가르고 배제하는 우리를 돌아보게 만드는 결론이 아닐 수 없다.

모든 개가 개성을 지닌 독립자라면, 나아가 내가 링컨을 통해 보고 느꼈듯 모든 동물이 그런 존재라면, 인류는 우월한 능력을 인류만의 이익을 위해 함부로 휘두를 것이 아니라 각기 유일한 존재인 생명을 최대한 배려하고 존중해야 한다는 것 또한 명백하다.

눈이 확 뜨이는 과학적 발견과 함께 심오한 통찰을 선사하는 본문이 지나면 부록에서 책은 다시 한번 놀라운 선물을 안겨준다. 실용서로 변신해 강아지를 훌륭한 개로 키우는 실질적 요령을 일러주는 것이다. 개를 재우는 요령, 대소변 가리기, 산책시키는 방법, 무엇을 먹일 것인지, 심지어 설사에 대처하는 방법과 하루 일정표까지 제시한다. 실제로 많은 사람이 개를 키우면서 그들이 대소변을 가리지 못하고, 아무 때나 짖고, 가구를 물어뜯는 행동에 좌절한다. 개를 미워하고, 심지어 버리기도 한다. 개는 물론 사람에게도 불행한 일이다. 책의 뒷부분은 개의 행동을 교정할 실을 찾는 사람, 곧 개를 입양할 초보 강아지 부모에게 단비 같은 정보가 될 것이다. 고백하자면 나도 링컨을 이렇게 키웠더라면 하고 아쉬워한 대목이 한두 군데가 아니었다.

충직하고 사랑스러운 개를 만나는 것은 삶에서 누릴 수 있는 가장 큰 행복 중 하나다. 개는 외로울 때 친구가 되고, 슬플 때 위로가 되며, 언제나 다정하게 말을 건다. 마음을 어루만지고, 상처를 치유하며, 우리 자신을 더 깊게 들여다볼 거울이 되기도 한다. **이 책은 개에 관한 책이지만 우리에 관한 책이기도 하다.** 개를 키우는 모든 분께, 앞으로 개를 키우려는 모든 분께, 그리고 친구가 필요한 모든 분께 또 하나의 선물이 되기를 바란다.

2025년 여름 한복판에
내 곁을 떠난 친구를 생각하며

한국어판 서문
# 강아지와 우리의 마음을 잇는 과학

《세상에 똑같은 개는 없다》가 한국 독자들에게 소개된다니 얼마나 흥분되고 영광스러운지 모릅니다. 한국은 저희 마음속에서 매우 특별한 곳입니다. 지난 몇 년간 저희는 한국을 방문해 풍부한 역사와 문화를 접하고, 이곳 미국에서도 한국인들과 친해질 수 있었습니다. 그때마다 한국인들의 따뜻함, 호기심, 사려 깊은 태도에 깊은 인상을 받았습니다.

《다정한 것이 살아남는다》가 한국에서 출간되었을 때 저희는 뜨거운 반응에 놀라지 않을 수 없었습니다. 믿기 어렵지만 그 책은 세계 어느 나라보다 한국에서 더 많은 독자를 얻었습니다. 이런 식으로 독자와 연결되는 일은 매우 드물면서도 심오한 의미를 지닙니다.

저희는 한국 독자들이 저희와 똑같이 인간과 동물의 관계를 밝히는 과학에 깊은 흥미를 갖고 있으며, '어떻게 하면 다른 생물종과 더 현명하고 공감 어린 태도로 살 수 있는가'라는 중요한 질문을 추구한다는 것을 알았습니다.

《세상에 똑같은 개는 없다》역시 동일한 질문에서 시작되었습니다. 이 책은 강아지들에게 귀를 기울이기 시작하면, 그러니까 그냥 키우는 것이 아니라 그들 각자를 진정으로 이해한다면 어떤 일이 벌어지는지에 관한 이야기입니다. 듀크대학교 프로그램에서 저희는 보조견 단체들과 협력해 강아지의 기질과 인지가 어떻게 발달하는지, 어떻게 하면 강아지가 자신감 있고 친절하며 유능한 반려견으로 자라도록 도울 수 있는지 연구했습니다.

이 연구를 통해 배운 지식은 개에 대해 생각하는 방식, 나아가 우리 자신에 대해 생각하는 방식을 완전히 바꿔놓았습니다. 예컨대 불가능한 과제를 주었을 때 강아지가 나타내는 반응을 보면 많은 것을 알 수 있습니다. 어떤 강아지는 완전히 몰입해 혼자 힘으로 문제를 해결하려고 애씁니다. 어떤 강아지는 동작을 멈추고 가만히 사람의 눈을 들여다보며 도움을 청합니다. 이런 반응을 보면 녀석들이 자라 어떤 개가 될 것인지 알 수 있을 뿐 아니라, 깊은 유대감을 형성하는 데도 도움이 됩니다. 이런 게임을 2주마다 5분씩만 하면 강아지와 눈 맞추는 시간을 2배 늘릴 수 있습니다. 강력한 정서적 유대감이 형성되는 것이지요.

저희는 이 책이 새로운 통찰과 실용적 도구를 함께 제공하리라 기대합니다. 하지만 무엇보다 독자와 개 사이에 유대를 강화해주리라 기대합니다. 지금까지 한국 독자들은 상상할 수 없을 정도로 열광적이고 관대한 반응을 보여주었습니다. 다시 한번 깊이 감사드리며, 새로운 책으로 함께할 수 있어 너무나 기쁩니다.

마음으로부터 감사를 전하며,
브라이언 헤어와 버네사 우즈

진정으로 위대한 개,

콩고Congo에게

## 차례

**추천의 글** ········································································ 4
**옮긴이의 글** 우리를 찾아와줘서 고마워 ······················ 9
**한국어판 서문** 강아지와 우리의 마음을 잇는 과학 ········ 17
**들어가며** 콩고, 모든 강아지의 우상 ······························ 25

**1장** 강아지의 뇌 ····························································· 45
**2장** 유치원 갈 준비 ························································ 54
**3장** 개성을 축복하다 ······················································ 77
**4장** 스스로 통제하기 ······················································ 95
**5장** 놀라운 성공 지표 ···················································· 117
**6장** 똑똑한 유전자 ························································· 131
**7장** 견종이 전부가 아니다 ·············································· 157
**8장** 결정적 경험 ····························································· 181
**9장** 어서 와, 우리 집은 처음이지 ··································· 196

**10장** 기억을 걷다 · · · · · · · · · · · · · · · · · · · · · · · · **215**

**11장** 요점을 정리하자면 · · · · · · · · · · · · · · · · · · **231**

**12장** 개도 늙는다 · · · · · · · · · · · · · · · · · · · · · · · · · **255**


**나가며** 강아지 과학의 선물 · · · · · · · · · · · · · · · · **265**

**감사의 글** · · · · · · · · · · · · · · · · · · · · · · · · · · · · · · · · · **274**


**부록 1** 강아지 부모들을 위한 준비물 · · · · · · · · · **280**

**부록 2** 일과표 · · · · · · · · · · · · · · · · · · · · · · · · · · · · · · **286**

**부록 3** 설사, 그리고 먹는 것 · · · · · · · · · · · · · · · · **292**

**부록 4** 깊이 읽기 · · · · · · · · · · · · · · · · · · · · · · · · · · · **299**

**주석** · · · · · · · · · · · · · · · · · · · · · · · · · · · · · · · · · · · · · · · · **312**

**찾아보기** · · · · · · · · · · · · · · · · · · · · · · · · · · · · · · · · · · **328**

**일러두기**

- 원문에서 이탤릭으로 강조한 것은 굵은 글씨로 표기했다.
- 본문 내용을 부연하는 주석은 각주로, 참고문헌 성격의 주석은 번호를 달아 미주로 처리했다.
- 옮긴이주는 괄호에 넣고 '옮긴이'로 표시했다.

**들어가며**

# 콩고, 모든 강아지의 우상

강아지 유치원의 원장 선생 콩고는 매일 아침을 긴 스트레칭으로 시작한다. 특대형 침대 가장자리를 넘어서까지 거대한 앞발을 쭉 뻗고 머리를 꼬리 쪽으로 들어 젖히며 몸을 활처럼 구부린다. 늘어지게 하품을 하고 한 바퀴 휙 뒹굴어 벌떡 일어선다. 아래층에 내려갔을 때 사람들이 아직 준비를 마치지 않았다면 벽난로 앞에서 잠깐 졸기도 한다. 이윽고 차 뒷좌석에 뛰어오른다. 운전기사가 모는 차를 타고 출근하는 것이다.

주차장에서 유치원까지 갈 때 콩고는 항상 똑같은 경로를 택한다. 낙타 동상 앞을 지나치면 잠깐 걸음을 멈추고, 원생들이 쉬는 동안 텅 비어 있는 강아지 공원을 한 바퀴 둘러본다.

 역사상 이토록 팬들의 사랑을 받은 유명인사도 없을 것이다. 콩고를 보기만 해도 강아지들은 미친 듯이 꼬리를 흔들며 열광한다. 서로의 등을 타고 오르며 콩고가 맨 처음 나타날 울타리 가장자리를 차지하려고 안간힘을 쓴다. 작은 앞발들이 서로의 주름진 얼굴을 마구 밟는 바람에 축 늘어진 귀를 땅에 붙인 채 일어나지 못하는 녀석들도 있다.
 콩고는 짐짓 모르는 체한다. 느긋하게 시간을 끌며 가는 길 이쪽저쪽을 킁킁거린다. 먼저 사람들 쪽으로 다가가 누군가 자기 줄을 잡게 한다.
 "안녕, 콩고!"
 "녀석들이 기다리고 있어, 콩고!"

마침내 콩고는 심호흡을 한 번 하고 뒷발을 세워 110센티미터의 몸을 일으킨다. 일터로 갈 시간이다.

콩고를 만나는 사람들은 입을 모은다. "이렇게 훌륭한 개가 있다니!" 콩고는 부탁하지 않는 한 짖지 않으며, 조용히 해달라고 하면 아무 소리도 내지 않는다. 마당을 파지도 않는다. 다람쥐나 고양이, 그 밖에 아무리 유혹적인 표적이 나타나도 쫓지 않는다. 낯선 개에게 친근하고 정중하게 인사를 건넨다. 낯선 사람에게도 마찬가지다. 8킬로미터를 뛰는 사람과 동행해도 줄을 팽팽하게 당기지 않은 채 한가로이 거닐듯 그 곁을 따른다. 정신없이 바쁜 날을 보낸 이가 산책을 데리고 나가지 않아도, 그의 침대 곁에서 아무 일도 없다는 듯 행복하게 잠든다. 노인에게는 친절하고, 어린이는 참을성 있게 대한다. 어찌나 재주가 많은지 놀라지 않는 사람이 없다. 휠체어를 끌 정도로 힘이 세지만, 바닥에 떨어뜨린 동전을 집어 사람 손에 쥐어줄 정도로 점잖다. 전등불을 켜고 끄며, 열린 문을 닫고, 빨래를 세탁기에 넣기도 한다.

어떤 일을 할 수 있는지보다 더 중요한 것은 인간을 얼마나 편안하게 해주는지일 것이다. 밖에서 힘든 하루를 보냈다면 콩고에게 그의 머리를 무릎에 올려달라고 부탁할 수 있다. 누군가에게 안기고 싶다면 콩고는 세심하게 당신의 무릎 위로 올라와 머리를 어깨에 올릴 것이다.

콩고는 은퇴한 보조견이다. 이제 강아지 유치원의 원장이므로

**정말로** 은퇴했다고는 할 수 없겠지만, 콩고는 우리 연구의 테스트 파일럿test pilot(항공기 성능을 시험하는 조종사를 뜻한다. — 옮긴이)으로서 강아지들을 키우는 과정을 돕는다. 무엇보다도 보조견을 통해 훌륭한 가족 반려견을 키우는 방식에 대해 어떤 것들을 알 수 있는지 보여준다.

훌륭한 개와 함께한다는 것은 삶의 진정한 기쁨이다. 아침 산책이 기대했던 것의 절반밖에 안 된다거나, 내심 바랐던 두 번째 깜짝 저녁 식사가 무산되어 실망했더라도 개는 문을 열고 들어서는 우리의 모습에 항상 기뻐한다. 개는 영원한 낙관론자다. 그들은 조금만 기다리면 기막히게 멋지고 경이로운 일이 벌어지리라 늘 확신한다. 우리를 바깥의 맑은 공기 속으로 이끌고, 관심도 없었을 곳에 멈춰 서서 탐험하도록 격려한다. 개는 우리 말에 오롯이 귀를 기울인다. 무엇보다 우리 삶을, 우리의 모든 승리와 비극을 지켜본다. 개는 우리에게 온 날부터 우리를 떠나는 날까지 항상 제자리에 사랑스럽게 머문다.

거의 모든 개가 주인이 사랑을 보이면 아낌없이 헌신한다. 그리고 모든 개는 독특하다. 한 번이라도 개를 키워본 사람은 누구나 아는 사실이다. 물론 우리는 개를 사랑하지만, 웃음을 자아내는 기발함과 특이함에는 사랑하는 정도가 아니라 그저 폭 빠져버린다. 문을 여는 개도 있고, 차에 타기를 즐기는 개도 있다. 스스로 최상위 포식자라고 생각하는 작은 개가 있는가 하면, 자기 그림자만 봐도 무서워 어쩔 줄 모르는 커다란 개도 있다. 어떤 개는 장난감을 갖고 노는 걸 좋아하고, 어떤 개는 그저 주인 곁에 가만히 있고 싶어 한다.

때때로 개와 생활 방식이 맞지 않을 수도 있다. 주체할 수 없을 정도로 활력이 넘치는 개는 주인이 장시간 밖에서 일하느라 혼자 집에 남겨두면 힘들어한다. 자주 짖는 개는 이웃에게 성가신 존재가 될 수 있다. 때로는 인간의 기대치가 너무 높아서 문제다. 강아지는 아프거나, 가구를 물어뜯거나, 똥을 먹기도 한다. 목욕을 시켜야 하며, 훈련이 필요하고, 어떤 날씨에도 산책을 해야 한다. 목줄을 잡아당기거나, 비가 오면 산책을 거부하거나, 오줌을 누러 밖에 나가지 않으려는 녀석도 있다. 모든 개가 선호와 동기를 갖고 있지만, 그것이 항상 우리와 일치하지는 않는다.

최악의 경우에 불일치가 너무 심해 애착관계가 깨지기도 한다. 사람, 특히 어린이에 대한 공격성, 분리 불안, 집 안의 모든 것을 엉망으로 만드는 물어뜯기와 씹기, 끊임없이 짖어대기, 대소변을 가리지 못하는 행동은 개와 가족 간의 관계를 망칠 수 있다.

강아지를 입양하는 모든 사람은 훌륭한 개를 키우고 싶어 한다. 그러려면 어떻게 해야 할까? 최고의 강아지 부모가 되려면 개의 발달에 대해 무엇을 알아야 할까? 이것은 개를 사랑하는 사람에게 가장 복잡하고, 가장 중요한 질문이다. 우리는 보조견에 대한 연구에서 배운 것을 토대로 이런 질문에 답하는 책을 쓰고 싶었다.

### 개를 사랑하는 사람에서 개 과학자로

우리는 제법 먼 길을 돌아 강아지 전문가가 되었다. 우리 둘 다 개를 사랑하며 평생 개와 함께 살았다. 우연찮게 둘 다 동물을 통해 인지cognition를 연구하는 데 매료당한 과학자다. 콩고 분지에서 시베리아까지 세계 각지를 누비며 우리와 가장 가까운 영장류 친척인 보노보와 침팬지에서 더 먼 친척인 늑대, 코요테, 여우까지 온갖 동물에게 퍼즐과 게임, 테스트를 시켰다. 이를 통해 동물이 이 세계에 대해 무엇을 아는지, 무엇을 알지 못하는지 밝혀왔다.

우리의 테스트는 유아와 어린이에게 사용했던 실험적 게임을 기반으로 한다. 또한 우리는 유아기와 청년기에 접어든 동물과 같은 시기의 인간을 비교해 그들의 인지 기능이 어떻게 발달하는지도 연구했다. 달리 말하면 아주 어린 동물들이 자라나는 과정이 어떻게 다른지 꽤 오래 연구했다. 종종 동물은 상상을 초월할 정도로 우리와 비슷했다. 우리의 실험 연구는 세상에 우리 말고도 정신적으로 풍부한 삶을 살아가는, 섬세하고 지적인 존재가 많음을 일깨우는 데 한몫을 담당했다.[1]

우리의 주요 발견 중 하나는, 개라는 동물종이 인간과 협력하고 소통하는 데 사회적 천재성을 지니고 있다는 것이다. 이런 능력은 가축화domestication로 인해 크게 강화되었다.[2,3] 하지만 어떤 개는 심지어 강아지 때부터 이런 사회적 지능이 다른 개보다 훨씬 뛰어나다.[4] 개들 사이에 의미 있는 차이가 존재한다는 사실을 알게 된 순간, 우리는 이런 과학적 발견을 보조견이든 가족 반려견이든 훌륭한 개를 기른다는 현실적 문제에 적용해보기로 결심했다.

콩고 역시 우여곡절 끝에 듀크 강아지 유치원Duke Puppy Kindergarten에 이르렀다. 우리랑 살기 전에 녀석은 케이나인 컴패니언스 Canine Companions의 보조견이었다. 미국에서 가장 큰 보조견 양성 기관인 케이나인 컴패니언스는 다양한 신체장애인과 발달장애인을 돕기 위해 개를 번식시키고, 키우고, 훈련한다. 기부금으로 운영되는 비영리 단체로 고객에게 무료로 보조견을 제공한다.*

우리는 10년 넘게 케이나인 컴패니언스가 마주한 가장 큰 문제를 해결하는 데 도움을 주었다. 어떻게 하면 훌륭한 보조견을 더 많이 키워낼 수 있을까? 수백만 장애인이 콩고 같은 개의 도움을 받지만, 그래도 보조견의 수는 너무나 부족하다. 전문 보조견을 훈련

---

* 우리는 노스캐롤라이나의 이어즈 아이즈 노우즈 앤 포즈Ears Eyes Nose and Paws를 비롯해 멋진 보조견 단체들과 함께 일한다. 그중에서도 케이나인 컴패니언스가 가장 중요한 파트너다. 1975년에 설립된 케이나인 컴패니언스는 세계에서 가장 큰 보조견 단체로 비용을 받지 않고 미국 전역에 수많은 보조견을 제공한다. 이들은 35년 넘게 래브라도 리트리버와 골든 리트리버를 교잡해 고유한 품종을 개발했다.
케이나인 컴패니언스는 매년 줄잡아 800마리의 강아지를 번식시킨다. 한배에서 나온 새끼들은 어미 개와 세심한 주의를 기울이는 직원들이 함께 키운다. 생후 8주 된 강아지는 자원봉사자 가정에 보내져 14~18개월간 그곳에서 자란다. 동시에 강아지의 사회화와 훈련이 시작된다. 다양한 사람과 장소에 노출되어 나이에 맞는 기술을 배우는 것이다. 모든 강아지는 정기적으로 신체검사를 받으며, 잘 자라는지 매월 평가받는다. 18개월 정도 되면 강아지는 다시 미국 각지에 위치한 케이나인 컴패니언스의 여섯 개 캠퍼스 중 하나로 돌아와 엄격한 전문 훈련을 시작한다.

하려면 몇 년씩 걸리며, 훈련을 마치고도 엄격한 인증 테스트를 받아야 한다. 케이나인 컴패니언스를 졸업하기는 최고의 대학을 졸업하기보다 훨씬 힘들다.* 한 마리 한 마리에게 수년씩 막대한 시간과 돈을 투자하지만, 훈련 과정을 마치는 개는 절반에 불과하다. 어떻게 하면 더 많은 개가 더 많은 사람을 돕게 할 수 있을까? 듀크 개인지 센터Duke Canine Cognition Center에서 우리는 개가 어떻게 문제를 해결하는지 관찰하면 성공적인 보조견이 될지 더 빠르고 확실하게 예측할 수 있음을 발견했다. 실로 강력하고 새로운 예측 방법이다. 처음부터 **어떻게** 훌륭한 개를 키우는지 알아내려고 한 것은 아니었다. 케이나인 컴패니언스를 돕다 보니 보조견을 통해 배운 교훈들을 집에서 개를 키울 때도 적용할 수 있음을 발견한 것이다.

우리가 배운 가장 중요한 교훈은 모든 개가 각기 독특한 개체라는 것이다. 개성personality이란 많은 특성이 독립적으로 다양하게 표출될 때 생겨난다. 키가 크다고 해서 절대 음감을 갖는 것은 아니다. 노련한 수학자가 글쓰기에는 형편없을 수도 있다. 개도 마찬가지다. 어떤 개는 특정한 훈련에 매우 뛰어나지만, 다른 훈련은 제대

---

* 유감스럽게도 전문적으로 훈련받은 개가 부족하기 때문에 가짜 보조견 훈련사들이 설쳐댄다. 이들은 뻔뻔스럽게도 거의 훈련받지 않은 개를 수백 달러, 심지어 수천 달러를 받고 팔아넘긴다. 자녀나 부모, 사랑하는 사람을 도와줄 개를 찾는 이들이 절박하다는 점을 악용하는 것이다. 해결책은 이 문제를 널리 알리고 사기 행위에서 소비자를 보호할 법을 제정하는 것이다. 예컨대 항공사들은 탑승 가능한 보조견 등에 관한 보다 엄격한 허용 기준을 마련하고 있으며, 몇몇 주는 보조견 훈련사에게 자격 기준을 요구하는 법을 만들고 있다.

로 따라오지 못한다. 예컨대 외상 후 스트레스장애PTSD를 겪는 퇴역 군인을 돕는 훈련에서 아주 좋은 성적을 거둔 개가 신체장애인을 돕는 훈련에서는 아무런 진전을 보이지 못할 수 있다. 장애인을 돕도록 훈련받는 개가 사실은 공항에서 밀수품을 탐지하는 데 훨씬 적합할 수도 있다. 개에게 어떤 임무가 가장 잘 맞는지는 실제로 훈련을 시작하기 전까지 알 수 없는 경우가 많다. 이런 불확실성을 해소할 수 있다면 시간과 노력을 크게 절약하고 보다 많은 개가 전문 훈련 프로그램을 마칠 수 있을 것이다.

우리는 개의 개성이라는 문제를 자산으로 바꾸기로 했다. 개의 다양한 행동을 측정하는 방법이 있다면, 특정한 성격을 나타내는 개가 어떤 임무를 가장 잘 수행할지 훈련을 시작하기 전에 예측할 수 있지 않을까? 사실 이런 방법으로 어느 정도 성공을 거둔 예가 있다. 정서적 반응성과 동기 등 기질적인 개성을 측정해 훈련 성공을 예측하는 방법은 이미 쓰이고 있다.[5]

새로운 사람과 새로운 장소를 마주할 때 두려움을 느끼거나 스트레스를 받는 개는 훈련을 받아도 사람을 도와서 이런 환경을 헤쳐나가지 못한다. 장난감이나 먹을 것 등의 보상에서 동기를 느끼지 못하는 개는 일하면서 마주치는 문제를 해결하는 데도 동기를 느끼지 못한다. 보조견 훈련사들은 기질이 차분하고 느긋한 개를 찾는다. 긍정적 훈련과 기질 평가는 이제 표준적인 방법이다. 이런 방법이 보조견 교육의 결과를 향상하는 데 도움이 되었지만, 전문적으로 교육받은 개는 여전히 부족하다.

바로 이 지점에서 우리의 인지 기반 접근 방식이 필요하다. 보조견 훈련을 지켜보면 개가 다양한 문제를 해결하기 위해 생각에 생각을 거듭한다는 것을 알 수 있다. 보조견은 다른 개와 놀거나 다람쥐를 쫓아가고 싶을 때도 자제력을 발휘해 일을 계속해야 한다. 그간 익힌 기술과 과거에 처했던 상황, 다양한 사람 및 장소를 기억하려면 기억력도 좋아야 한다. 사람이 뭔가를 요청할 때 내보이는 몸짓과 표정, 음성 신호를 이해해야 한다. 요청하는 것이 당장 눈앞에 보이지 않을 때는 사람이 무엇을 원하고 무엇을 원하지 않는지, 어디서 그것을 찾을 수 있는지 추론해야 한다. 또한 사람이 필요로 하는 것에 주의를 집중하고 반응해야 한다. 충동을 억누르고, 뭔가를 기억해내고, 이해하고, 알아보고, 사람이 무엇을 생각하는지 생각하는 것, 이 모든 기술에 인지 기능이 필요하다.

훌륭한 보조견이 되려면 이처럼 인지 기능이 매우 중요하다는 것은 분명하지만, 누구도 사람이 아닌 동물을 대상으로 각 개체의 인지적 차이에 관한 대규모 연구를 수행한 적은 없다. 특정 임무를 수행하는 동물이라도 마찬가지다. 보조견의 기억력에 관한 연구는 단 한 건도 없었다. 수십 가지 기술을 기억하는 것이 임무를 수행하는 데 결정적인데도 말이다. 보조견이 몸짓을 얼마나 잘 이해하는지에 관한 연구도 전무했다. 이 또한 임무를 수행하는 데 필수적인 기능이다.

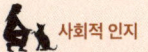 **사회적 인지**
- 주인의 의도적 및 비의도적 몸짓을 이해한다.
- 정보를 요청한다.

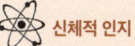 **신체적 인지**
- 새로운 환경을 헤쳐나간다.
- 장애물을 우회한다.
- 후각과 시각 정보의 균형을 잡는다.

 **기질**
- 스트레스 상황에서 기능을 유지한다.
- 주의를 분산시키는 것들을 무시한다.
- 오랜 기간에 걸쳐 매일 많은 시간을 일한다.

 **자제력**
- 부적절한 행동을 억누른다.
- 어려운 상황에서도 끈질기게 계속한다.

 **기억력**
- 여러 가지 명령을 기억한다.
- 오래전에 받은 훈련을 기억해낸다.

다양한 인지 기능과 그것이 보조견에게 중요한 이유

우리는 인지 기능이야말로 빠진 퍼즐 조각이라고 생각했다. 개에게 문제를 해결하려는 동기를 부여하는 것은 타고난 기질이지만, 실제로 문제를 푸는 것은 인지 기능 덕이다. 보상을 얻으려면 어떤 행동을 보여야 하는지는 가르칠 수 있지만, 오랜 기간 많은 것을 기억하거나 새로운 문제의 해결책을 궁리하는 능력은 가르칠 수 없다. 한 번도 겪지 않은 문제를 융통성 있게 해결하려면 기질도, 훈련도 도움이 되지 않는다. 우리는 어떤 개에게 특정한 인지 기능이 있는지 알아보는 것이 보조견으로 성공할 가능성을 예측하는 데 도움이 된다는 것을 발견했다.[6]

이런 깨달음은 훈련받지 않은 강아지를 평가해 어떤 녀석이 성공적으로 훈련을 마칠지 예측하는 표준화된 검사들을 개발할 때

가장 중요한 원칙이 되었다.[7] 이런 도구를 개발해놓으면 아주 어릴 때부터 훌륭한 개를 가려낼 수 있을 뿐 아니라, 각각의 개에게 어떤 임무를 주어야 성공할 가능성이 가장 큰지도 정확하게 예측할 수 있다. 자폐 어린이가 밤에 깨지 않고 자도록 돕거나 신체장애인의 일상생활을 보조할 수 있을까? 폭발물이나 질병, 마약을 탐지할 수 있을까? 이런 식으로 각각의 개가 지닌 특별한 재능을 계발함으로써 우리는 비용을 줄이고 전문적으로 훈련받은 개를 더 많이 양성하고, 무엇보다도 개와 사람을 더 행복하게 해줄 수 있었다.

이런 강아지 테스트가 도움이 되는지 알아보는 유일한 방법은 몇 가지 기본 질문에 답해보는 것이다. 훈련 중인 강아지에게 필요한 인지 기능은 무엇이며, 언제 처음으로 발달하는가? 강아지가 학습할 준비를 갖추려면 어떤 경험이 필요한가? 어떤 강아지가 다른 강아지보다 더 우수한 능력을 보인다면 다 자란 후에도 여전히 그럴까? 이런 것들을 연구하기 위해 우리는 **수많은** 강아지를 키우고 테스트했다. 바로 이것이 듀크 강아지 유치원을 설립한 이유다.

### 전문 보조견부터 가족 반려견까지

여기까지 읽은 독자는 궁금해할지도 모르겠다. '도대체 이런 내용이 우리 가족, 우리 강아지와 무슨 상관이 있지?'

우리가 개와 함께 사는 방식은 문화적으로 크게 달라졌다. 이제 사람들은 과거에 보조견에게 기대했던 많은 특성을 가족 반려견에게 기대한다. 개들은 가족과 함께 휴가를 떠나며, 크리스마스 카드에 실릴 사진을 찍기 위해 함께 포즈를 취하며, 가장 중요하고 의미 있는 가족 행사에 참여한다. 항상 그랬던 것은 아니다. 100년 전만 해도 집에서 기르는 개는 어떤 일을 할 수 있느냐에 따라 가치가 매겨졌다. 사냥을 한다든지, 양을 몬다든지, 집을 지키는 등 뭔가 쓸모가 있어야 했다. 개는 활력이 넘치고, 낯선 사람과 동물을 공격적으로 대하며, 가족의 땅과 소유물을 지켜야 했다. 지금도 많은 사람이 변두리에 가면 개들이 거리를 어슬렁거리고, 밤에는 집 밖에 있는 개집에서 자며, 털에는 개벼룩이 득실거리던 시절을 기억할 것이다. 그때는 개가 먹어서는 안 될 것을 잘못 먹고 며칠씩 설사를 하거나, 그것이 삶의 목표라도 된다는 듯 극성스럽게 자동차를 쫓아가거나, 우편집배원을 예의 바르게 대하지 않아도 아무 문제가 없었다. 하지만 이제 우리는 개에게 전혀 다른 행동을 기대한다. 문화가 크게 변했고, 개의 지위는 애완동물에서 가족으로 격상되었다. 그에 따라 책임도 늘어났다. 오늘날의 개는 보조견에게서 배울 것이 한두 가지가 아니다. 목줄에 매인 채 얌전하게 걷는 법, 야외 카페에 앉은 주인 곁에서 소란 피우지 않고 다소곳하게 앉아 있는 법, 새로운 친구에게 차분하고 예의 바르게 인사하는 법 같은 것 말이다. 사실 보조견도 강아지 때는 반려견과 상당히 비슷한 방식으로 길러진다.

생후 8주 정도 되면 가정에 입양시켜 여느 반려견과 똑같은 대우를 받는다. 몇 가지 규칙만 더 엄격하게 적용할 뿐이다. 예컨대 가구에 뛰어오르거나 다른 개들과 너무 격렬하게 노는 것은 허용되지 않는다. 그 밖에 생애 초기 경험은 일반적인 반려견 강아지와 보조견 강아지 사이에 큰 차이가 없다. 그저 한 가족과 함께 성장한다. 희한한 냄새가 나는 동물병원이나 바로 곁에서 차들이 큰 소리를 내며 지나가는 번잡한 보도, 다른 개들을 만날 수 있는 공원 등 새로운 장소를 방문한다. 입양한 가족에게 다른 개가 있다고 해도 비슷한 연령의 강아지와 한 지붕 아래서 자랄 가능성은 거의 없다. 하지만 사람이라면 온갖 직업을 가진 모든 연령대의 사람을 접할 것이다.

수십 년간 보조견이 해온 역할과 현재 우리가 반려견에게 바라는 역할 사이의 유사성을 숙고하다가, 우리는 보조견에 대해 배운 것들이 모든 사람에게 도움이 되리란 점을 퍼뜩 깨달았다. 그 지식을 활용하면 모든 이가 자신의 강아지를 훌륭한 개로 기를 수 있을 것이다. 그간 우리 팀은 보조견과 반려견에게서 어떻게 하면 최선의 결과를 얻을 수 있는지 이해하고자 수십 마리의 강아지를 키웠고, 수백 마리의 강아지에게서 데이터를 수집했으니 말이다.

이 책은 어떻게 개의 발달에 대해 새로운 지식을 얻었는지 설명하면서 시작된다. 우리는 개의 뇌 발달을 인간 및 다른 동물의 뇌 발달과 비교해 어떤 연령에서 개의 정신 능력이 발달하는지 설명한다. 또한 보조견으로 성공을 거두려면 어떻게 해야 하는지, 개의 진화 및 가축화 과정이 이런 능력을 형성하는 데 어떤 역할을 했는지에 대해 최근에 밝혀낸 혁신적인 통찰을 공유할 것이다.

이런 바탕 위에서 우리는 인지 발달 양상을 찾아내기 위해 개 인지 종적 종합 검사Dog Cognition Longitudinal Battery, DCLB라는 도구를 개발했다. 그리고 이 도구를 이용해 강아지의 인지 기능이 뇌 급속 성장기의 마지막 단계에 어떤 식으로 처음 나타나는지 도표화했다. 또한 인지 기능이 나타나는 양상에 양육 방식이 어떤 영향을 미치는지 알기 위해 강아지들을 서로 다른 두 가지 방식으로 길렀다. 첫 번째 그룹은 가족 반려견을 기르는 방식과 비슷하게 가정에서 길렀으며, 두 번째 그룹은 강아지 유치원에서 기르며 생애 초기에 이례적일 정도로 많은 사회적 접촉을 제공했다.

이렇게 연구한 결과, 이제 우리는 오래된 몇 가지 질문에 과학적인 해답을 제공할 수 있게 되었다.

- **선택**: 훈련 성공과 관련된 인지적 특성들이 있는가? 이런 특성은 시간이 지나도 안정적으로 유지되는가? 즉, 어떤 개가 어렸을 때 특정한 인지 기능을 가지고 있다면 나이가 들어도 그 능력을 똑같이 발휘하는가? 중요한 인지 기능이 나타나는 때는 언제인가? 구

체적으로, 뇌가 가장 빨리 발달하는 시기의 마지막 단계에 나타나는가?
- **번식**: 이런 중요한 인지 기능들은 부모견으로부터 유전되는가? 이런 능력과 관련된 유전적 표지들을 찾아낼 수 있는가?
- **양육**: 생애 초기의 경험, 특히 강아지에게 결정적으로 중요한 사회화가 일어나는 짧은 기간 동안의 경험을 통해 이런 인지 기능의 발달에 영향을 미칠 수 있는가?

우리는 다른 동물에 비해 개가 인간과 협력하고 의사소통하는 능력이 매우 뛰어나고, 개의 발달 과정은 과거에 생각했던 것보다 훨씬 복잡하며, 강아지 때의 모습을 근거로 성견이 되었을 때 현실 속에서 어떤 임무를 성공적으로 수행할지 예측할 수 있음을 밝혔다. 다양한 연구에서 정보를 수집했지만 새롭게 알아낸 지식의 핵심은 보조견에 관한 우리의 연구에서 나왔으며, 이런 지식이 집에서 반려견을 성공적으로 키우는 데 어떤 의미인지 정의했다.

이 책의 후반부에는 매일 유치원을 운영하면서 힘들게 배운 교훈들을 담았다. 우리 유치원에는 학기마다 100명 정도의 자원봉사자가 등록한다. 모두 학부생이며 각자 배경과 관심이 다양하다. 자원봉사자는 일주일에 두 번씩 나와 두 시간 간격으로 교대해가며 헌신적으로 강아지들을 보살핀다. 잠에서 깨어난 강아지의 눈곱을 떼어내고, 이를 닦아주고, 목욕도 시킨다. 기저귀가 든 들통

슬리퍼를 입에 물고 도망치는 피어리스Fearless

을 비우고, 혹시라도 줍지 않은 똥이 있는지 잔디를 샅샅이 살핀다. 제일 중요한 일은 강아지들을 데리고 나가 세상을 보여주는 것이다. 강아지들은 가는 곳마다 환영받는다. 학생식당, 도서관, 헬스장, 심지어 강의실에서도 마찬가지다. 대학 캠퍼스 전체가 강아지들의 집이 된 것은 자원봉사자들의 헌신과 듀크대학교 공동체의 인심 덕이다.

    팬데믹 중 어쩔 수 없이 유치원을 각자의 집으로 옮겨야 했을 때 배운 교훈들을 돌아본다. 우리는 강아지 부모라면 누구나 애를 먹는 문제들을 해결해야 했다. 왜 밖에 나가서 쉬를 하지 않을까? 왜 가구를 물어뜯고 씹어댈까? 도대체 언제쯤 **밤새 깨지 않고 푹** 잘까? 강아지를 재우기가 얼마나 힘들었는지 돌아보면서 수면 습관은 어떤지, 꿈을 꾸는지, 기억력이 어떻게 작동하는지에 대해 알아낸 것들을 살펴볼 것이다. 이 일을 시작했을 때 알았더라면 얼마나 좋았을까 생각했던 모든 것을 여기에 담았다. 콩고는 성견이 된 후에 우리에게 왔기 때문에 강아지 때 어땠는지 알 길은 없다. 하지만 유치원에서 키웠던 모든 강아지가 자라서 **콩고처럼 되기를** 기대했던 것만은 분명하다. 그런 기대 때문에 스스로에게 똑같은 질문을 몇 번이고 되묻곤 했다. 나중에 훌륭한 개가 되려면 어떻게 키워야 할까? 생애 초기 경험을 통해 인지 기능 발달에 영향을 줄 수는 없을까?

이 책에 강아지에게 필요한 기본적인 삶의 기술과 명령*들을 간단히 정리했지만, 훈련 방법에 중점을 두지는 않았다. 그보다 왜 우리가 특정한 방법으로 개를 키우며, 어떤 전략이 훌륭한 개를 키우는 데 효과적인지 등 보다 넓은 범위의 질문을 다루었다. 개를 키울 때는 훈련 자체보다 깊이 생각해야 할 문제가 훨씬 많다. 따

---

\* 이 책에서는 명령어를 '기능skills'이라고 부를 것이다. '명령commands'이란 강아지가 다른 선택을 할 수 없다는 뜻이며, 기능이란 오랜 시간 훈련을 통해 습득하는 능력을 가리키기 때문이다.

라서 강아지를 집에 데려오기로 한 바로 전날 이 책을 샀다면 어디에서 재울지, 무엇을 먹일지, 어떻게 일과를 보내야 할지 생각하는 데도 도움이 될 것이다. 강아지를 데려오기 전에 무엇을 갖춰야 할지 알고 싶다면 부록 1을 펼쳐보면 된다. 당신이 무엇을 잘못했는지, 아니면 개가 문제인지 확실히 알 수 없어 어쩔 줄 모르는 상태에서 이 책을 샀다면 부록 2를 먼저 보기 바란다. 강아지가 하루를 마칠 때쯤에는 기분 좋은 피로감을 느끼도록 운동을 시키고 자극을 주면서 동시에 올바른 예절을 가르치기 위한 일과표를 볼 수 있을 것이다.

지금 막 비상 상황을 해결하고 한숨 돌리며 강아지를 끌어안고 소파에 깊숙이 몸을 묻었다면, 바라건대 그 조그맣고 귀엽고 놀라운 뇌에서 어떤 일이 벌어지고 있는지 읽으며 즐거움을 누리기를! 왜 개는 물그릇의 물리학을 전혀 이해하지 못하면서도 어떤 동물종보다 당신의 마음을 쉽게 알아차릴까?

    강아지 유치원에 온 것을 환영한다. 당신이 여기 있어 너무나 기쁘다.

# 1장

# 강아지의 뇌

## 강아지의 뇌 발달

강아지가 자라서 어떤 개가 될지 예측하고, 훌륭한 개가 될 가능성을 키우고 싶다면 먼저 강아지의 뇌가 어떻게 발달하는지 생각해봐야 한다. 강아지의 뇌는 언제 가장 빨리 자라고, 언제부터 개성을 나타낼까? 언제 가장 가소성이 뛰어날까, 즉 다 자랐을 때의 개성에 영향을 미칠 경험들이 언제 가장 중요하게 작용할까? 생후 2주부터 연구를 시작해야 할까, 아니면 20주쯤에 시작해도 될까?

이런 질문에 답하려면 개가 성숙하는 과정이 다른 동물과 어떻게 다른지 알아야 한다. 우리는 어떤 동물종보다 인간의 뇌에 대해 많은 것을 안다. 그런데 다양한 면에서 강아지의 뇌는 우리 뇌와 비슷하다. 우리는 나이가 들수록 정신이 성숙해진다고 믿는 경향이 있지만, 사실 정신적으로 가장 놀라운 성과를 거두는 때는 젊은 시절이다. 유아기에 우리 뇌는 놀랄 정도로 가소성이 뛰어나다. 엄청난 속도로 정보를 축적한다. 생후 첫 4년 동안 수천 개의 단어를 익힌다. 그러면서 우리를 둘러싼 물리적 세계가 서서히 의미를 갖는다. 중력이라든지, 위험과 고통이 연결되어 있다든지 등의 중요한 개념을 알게 되는 것이다. 도덕 관념이 싹트고 감정이 섬세해진다. 우리가 살아가는 세계, 다른 사람들과 맺는 관계에 대해 생각하기 시작한다. 누구와 상호작용을 주고받는지, 어디서 시간을 보내는지, 무엇을 갖고 노는지(책인지, 야구공인지, 기타인지)에 따라 각자 독특한 심리적 세계를 형성한다.

성인으로서 어떤 삶을 살든 초기의 인지 발달기야말로 삶에서 가장 큰 성취다.[1] 불과 몇 개월 사이에 완전히 무력한 존재, 즉 안전한 곳에서 누군가 돌봐주지 않으면 몇 시간도 살지 못할 존재에서 걷고, 말하고, 문화적으로 행동할 수 있는 인간이 되니 말이다.*

동물이 성장하는 방식은 다양하다. 새끼 뱀은 알에서 스르르 미끄러져 나오는 순간부터 생존에 필요한 모든 것을 갖추고 있어서

---

* 발달이란 수정된 순간부터 성인으로 성숙할 때까지의 기간 전체를 가리킬 수도 있지만, 대개 생애 초기에 급속한 변화가 일어나는 기간을 가리키는 말로 더 흔히 사용된다.

단 한 순간도 부모의 돌봄을 필요로 하지 않는다. 아홀로틀(우파루파)은 아예 신체가 성장하지 않아 평생 어릴 때와 마찬가지로 수생동물 상태에 머무른다. 블루헤드놀래기는 암컷으로 생을 시작하지만 중간에 수컷으로 변할 수 있다. 이런 예를 들자면 끝이 없다.

포유동물 발달 과정의 가장 중요한 차이는 출생 직후 혼자 살아갈 능력이 얼마나 있느냐일 것이다. 많은 포유동물이 날 때부터 달릴 수 있다. 영양은 몇 분 만에 제 발로 일어서며, 몇 시간이 지나면 무리와 보조를 맞춰 이동한다. 몇 개월 뒤에는 완벽하게 독립할 준비를 갖춘다. 포식자의 메뉴판에서 맨 위에 등장하는 동물이 갖추어야 할 모든 유용한 삶의 기술을 완벽하게 습득하는 것이다. 반면 수년간 하루 24시간을 엄마에게 찰싹 달라붙어 살아가는 아기 오랑우탄 같은 동물도 있다.

대부분의 포유류가 양극단 사이의 어딘가에 해당하는데, 개와 인간은 무력한 쪽에서도 거의 끝에 위치한다. 이처럼 부모의 투자를 더 많이 필요로 하는 포유동물은 평균보다 큰 뇌를 발달시키는 경향이 있다. 일반적으로 동물은 뇌가 클수록 더 복잡한 행동을 보이며, 보다 융통성 있는 문제 해결 능력을 갖고 있다. 부모의 도움을 받는 기간이 길수록 안전하게 경험을 쌓아 뇌를 형성하고 성숙시킬 시간과 기회가 많아지기 때문이다.

인간과 강아지 모두 거의 무방비한 상태로 태어나기 때문에, 인간 뇌 발달에 대한 지식을 이용하면 강아지의 뇌가 언제 가장 빨리 성장하며 가장 가소성이 높은지에 대한 통찰을 얻을 수 있다. 양쪽을 비교해보면 놀라운 유사성과 뚜렷한 차이가 드러난다. 유사성은 왜 강아지가 거의 즉시 우리와 가족이 될 수 있는지 설명해준다. 차이는 강아지가 어떤 일을 할 수 있는지, 그 일을 언제 할 수 있는지 예측하는 데 도움이 된다.

성인의 뇌는 약 860억 개의 뉴런(신경세포)으로 이루어져 있으며, 크기는 침팬지 뇌의 약 3배에 이른다. 인간처럼 개도 다른 육식동물종에 비해 뇌 속의 뉴런 수가 매우 많은 편이다. 콩고처럼 집에서 키우는 대형견은 집고양이의 2배가 넘는 뉴런을 가지고 있다. 뇌 전체의 뉴런 수로 따져도 그렇고, 복잡한 문제 해결에 관여하는 피질 뉴런 수만 따져도 마찬가지다. 콩고는 아프리카사자나 불곰 등 대형 육식동물보다 더 많은 뉴런을 갖고 있으며, 인지적 계산 능력 또한 더 뛰어나다.[2] 이처럼 뉴런 수를 비교하면 개는 대부분의 육식동물보다 계산 능력이 더 뛰어날 가능성이 크지만, 인간과 비교하면 추론 능력 등 정교한 형태의 인지는 훨씬 제한적이다.

대부분의 포유동물과 비교할 때, 개의 뇌는 인간의 뇌와 마찬가지로 출생 시에 미발달 상태다. 포유류 뇌 피질에는 불룩 솟아오른 뇌회gyrus(이랑)와 움푹 들어간 뇌구sulcus(고랑)가 여러 개 있다. 이처럼 바깥쪽의 피질층이 접히는 덕에 한정된 공간 속에 더 많은 뉴런을 발달시킬 수 있다. 갓 태어난 강아지의 뇌는 매끈하며 상대적으로 뉴런 수가 적다. 즉, 강아지의 뇌가 피질 뉴런들을 발달시켜 여러 개의 이랑과 고랑으로 접히면서 인지 능력을 갖게 되는 것은 모두 태어난 뒤에 벌어지는 일이다. 이렇게 뇌가 성장할 때까지 강아지는 어미 개에게 전적으로 의존한다. 갓 태어난 강아지가 갓난아기처럼 무력한 이유가 바로 여기에 있다. 우리 아기들처럼 강아지 역시 부모의 돌봄이 생존에 결정적으로 중요하다.

어떤 면에서 갓 태어난 강아지는 갓난아기보다 훨씬 무력하다. 적어도 갓난아기는 오감五感을 갖고 있다. 볼 수 있으므로 엄마는 물론 비슷한 얼굴에 대한 선호를 즉시 발달시킨다. 체취를 느끼므로 엄마 냄새가 나면 울음을 그친다. 엄마의 목소리를 즉시 인식하고, 다른 어떤 소리보다 좋아하게 된다. 심지어 엄마가 쓰는 언어와 외국어의 차이까지 구별한다.* 촉각 역시 태어날 때부터 가지고 있으므로 신체 모든 부위가 주변을 둘러싼 물리적 세계를 예민하게 느낀다. 반면 갓 태어난 강아지의 감각은 무디기 짝이 없다. 보지 못하는 것은 물론, 2주가 지날 때까지 눈도 뜨지 못한다. 냄새는 맡을 수 있지만, 후각 피질이 발달하지 않아 후각은 매우 빈약하다. 외이도는 아예 막혀 있다가 생후 2주 사이에 겨우 열리지만, 생후 25일까지는 소리에 대한 반응이 안정적으로 나타나지 않는다.[3] 인간과 반대로 갓 태어난 강아지는 청각보다 시각이 더 발달해 있다.

---

\* 하지만 그 뒤로는 모든 것이 아주 천천히 진행된다. 아기가 주변에서 들리는 온갖 소음 속에서 말소리를 구분해 내기까지는 1년이 걸린다. 매우 복잡하고 모든 면에서 환상적인 청각 피질이 완전히 발달하기까지는 여러 해가 걸린다.[4]

유일하게 믿고 의지할 만한 감각은 촉각이다. 갓 태어난 강아지는 주로 체온에 의지해 엄마의 젖꼭지를 찾는다. 태어날 때부터 돋아 있는 수염은 매우 특수한 형태의 모발로, 모낭에는 신경이 집중되어 있다. 개의 수염은 주둥이와 턱, 눈 위에 분포한다. 미세한 입자만 닿아도 진동이 수염을 타고 내려가며, 모낭 속의 신경 말단이 그 진동을 감지해 정보를 뇌에 전달한다. 강아지는 태어나자마자 수염을 이용해 어둠 속에서 길을 찾고, 좁은 곳을 기어서 통과하며, 미세한 기류를 감지해 움직이는 물체의 위치와 속도를 알아낸다.

다른 감각도 빠르게 발달한다. 뇌와 신호를 주고받아 서로를 자극하면서 양쪽 모두 놀라운 속도로 성숙한다. 시각 중추인 후두엽은 강아지 뇌에서 가장 빨리 발달하는 부위다. 생후 25일이 되면 강아지는 형태를 보기 시작하며, 밝은 빛 등 시각 자극 쪽으로 고개를 돌린다.[5] 생후 6주가 되면 제대로 볼 수 있지만, 시각이 성견 수준으로 발달하기까지는 수개월이 걸린다. 후각망울olfactory bulb은 2주 정도 되면 더 성숙한 형태를 갖추며, 결국 놀랄 만큼 복잡한 구조물로 발달한다. 후각 신경은 성견이 된 후에도 끊임없이 재생된다.[6]

갓 태어난 강아지가 갓난아기보다 유리한 점은 또 있다. 의도적인 동작을 실행하고 조절하는 데 관여하는 운동 피질이 더 발달해 있다는 것이다. 우리는 몇 개월간 무력한 상태로 누워서 기껏해야 몸을 뒤집을 뿐 일어서거나 앉지도 못하지만, 강아지는 근육 긴장도가 빠르게 발달한다. 생후 며칠만 지나도 옆으로 누운 상태에서 몸을 일으킬 수 있고, 비틀거리면서도 엄마의 젖꼭지를 찾아 앞으로 나아간다. 생후 3주가 되면 앉을 수 있으며, 거의 바로 일어설 수 있다. 4주가 되면 걷고, 6주가 되면 넘어질 것 같은 상황에서 몸을 가눌 수 있다.[7]

이처럼 감각과 운동 능력이 빠르게 발달하면서 인간이라면 획득하는 데 수년이 걸릴 나머지 뇌 기능 역시 금세 발달한다. 피질이 성장하는 동시에 접혀 뉴런의 밀도가 높아지는 뇌이랑 형성 과정 gyrification은 생후 6주면 완성된다.[8] 좌우 뇌 반구를 연결해 서로 소통하도록 하는 뇌량은 16주에 성견 크기에 도달한다. 회백질 대 백질 비율과 피질 뉴런 네트워크의 수초화 역시 16주면 성견 수준에 도달하며, 생후 1년 이내에 거의 완성된다.[9]

이런 전반적 패턴, 즉 생후 몇 주 이내에 대부분의 포유동물보다 뉴런이 훨씬 밀집된 뇌를 갖는다는 사실은 강아지의 뇌가 다양한 경험에 의해 영향을 받을 잠재력이 있음을 의미한다. 동시에 뇌가 큰 가소성을 갖는 기간이 우리보다 강아지가 훨씬 짧다는 뜻이기도 하다.

인간과 마찬가지로 강아지 뇌 발달 역시 다양한 경험의 영향을 받는다. 특히 사회적 경험은 이유기에서 뇌 구조가 성견과 비슷해지는 생후 18주 사이에 개의 뇌 발달에 엄청난 영향을 미친다. 따라서 빠른 뇌 성장과 수초화의 마지막 단계인 생후 8~18주가 사회화에 결정적으로 중요한 시기라고 생각된다.

이 10주 동안에 빠른 뇌 성장이 일어난다는 사실은 인내심을 가져야 한다는 뜻이기도 하다. 집에 데려온 후 몇 개월간 강아지는 타고난 능력을 완전히 발휘할 수 없다. 주인을 약 올리려고 일부러 방 안에서 오줌을 누거나 가구를 씹는 것이 결코 아니다. 그저 그의 뇌가 우리의 기대를 느리게 따라잡을 뿐이다.

### 학교 갈 준비

생후 8주가 되어 강아지가 젖을 떼고 감각이 발달하기 시작하면 학교 갈 준비가 된 것이다. 18주가 되면 뇌가 대부분 발달을 끝내기 때문에 성견 수준의 인지 기능은 물론 각자의 개성을 드러내기 시작한다. 우리는 빠른 뇌 발달이 일어나는 이 시기에 강아지의 인지를 연구하기로 했다. 그러면 훈련 성공 여부를 결정하는 각 인지 유형이 언제 처음 나타나는지 알아낼 수 있지 않을까? 사상 최초로 그런 정보를 밝힌다면 보조견에게 가장 중요한 사회적 능력이 발현되는 데 강아지의 경험이 어떤 영향을 미치는지 이해할 수 있을 것이었다.

8주가 되면 강아지마다 타고난 기질이 드러나기 시작한다. 인지적 특성도 서서히 나타난다. 우리는 케이나인 컴패니언스의 8주 된 강아지들을 우리 유치원에 입학시키기로 했다. 그래야 강아지들에게 질문을 던지고, 경이롭고도 빠른 속도로 발달하는 마음속에서 무슨 일이 일어나는지 알아볼 수 있을 테니까.

## 2장
# 유치원 갈 준비

**인간과 비슷한 사회적 기원**

우리 유치원은 노스캐롤라이나주 더럼에 위치한 듀크대학교 캠퍼스의 조용하고 한적한 구석에 있다. 근처에 있는 듀크연못Duke Pond은 봄부터 가을까지 야생화가 만발하는 습지 보전 지역이다. 언덕 옆 작은 길을 따라와 긴 계단을 오르면 강아지 공원에 도달한다. 대여섯 마리의 강아지가 뛰놀기에 딱 좋은 녹지 공간이지만, 울타리는 호랑이도 뛰어넘지 못할 정도로 높고 주변은 나비 정원으로 둘러싸여 있다. 맞은편은 붉은 벽돌로 지은 생명과학동 건물이다. 첫 번째 문을 열면 유치원을 구성하는 세 개의 방이 나온다. 교실,

2018년 가을반. 왼쪽부터 듄Dune, 애슈턴Ashton, 에이든Aiden이다.

침실, 놀이방. 놀이방에는 2018년 가을반 입학생들이 학기 시작을 기다리고 있다.

케이나인 컴패니언스에서는 학기마다 다른 어미에게서 태어난 강아지들을 고루 섞어서 보내려고 최선을 다한다. 절반은 수컷, 절반은 암컷이다. 녀석들이 캠퍼스에 있는 동안에는 100명에 달하는 듀크대학교 학부생 자원봉사자들이 우리를 도와 강아지들을 돌본다. 한 무리의 강아지가 이보다 많은 사람에게, 이보다 많은 사랑을 받는 모습은 상상하기 어렵다.

우리는 강아지 뇌가 발달하는 10주간의 결정적인 기간 동안 입학생들을 이곳에서 기른다. 필수적인 인지 기능이 언제 처음 나타나는지 알아보기 위해서다. 하지만 어떤 능력을, 어떤 방법으로 측정해야 할까? 입학생들이 나타내는 개성의 기원을 이해하고, 각자 자라서 어떤 개가 될지 예측하고, 훌륭한 개로 자랄 가능성에 좋은 영향을 미치고 싶다면 먼저 가장 비범한 인지 기능을 이해해야 한다.

여기서부터 이야기는 놀라워진다. 강아지는 이미 천재에 가까운 사회적 능력을 갖고 있다.

2018년 가을반은 어지간한 아이돌 그룹 저리 가라 할 정도로 인기가 좋다. 하나하나 들여다보면 너무나 사랑스럽고, 한데 합쳐놓으면 깜짝 놀랄 정도로 훌륭하다. 캠퍼스에서 강아지를 찾고 싶다면 환호성이 자지러지는 곳으로 가면 된다. 2018년 가을반 강아지들이 다가오는 모습을 보고 무릎을 꿇은 채 기다리는 팬들이 보일 것이다. 모든 사람이 휴대폰을 꺼낸다. 공기 중에 '최고예요'나 하

한데 엉긴 녀석들. 듄 위에 애슈턴이 누워 자고, 에이든은 맨 위를 차지한다.

트 이모티콘이 둥둥 떠다니는 것 같다.

    애초 계획은 학기마다 생후 8주 된 강아지를 네 마리에서 일곱 마리 받는 것이었다. 하지만 2018년 가을반은 첫 번째 입학생들이 있기에 일단 세 마리로 시작했다. 애슈턴은 단연 눈에 띈다. 어깨 위로 덥수룩하게 곱슬거리는 적갈색 털. 그 사이로 영혼을 담아 반짝이는 듯한 눈동자는 모든 팬에게 '내가 당신을 평생토록 기다려 왔노라'고 호소하는 것 같다. 듄은 말썽꾸러기다. 항상 노려보는 듯한 눈동자를 하고 있어 한 달 정도 잠을 자지 않은 것 같다. 까마귀처럼 새까만 녀석이 가장 좋아하는 놀이는 방 안에 있는 모든 헝겊 인형을 처치하는 것이다. 데이지꽃처럼 하얀 에이든은 가장 몸집이 작다. 눈이 얼마나 큰지 올빼미 같다. 흥분해서 여기저기 미친 듯이 돌아다닐 때는 어찌나 빠른지 말 그대로 바람을 가른다. 하지만 쉽게 지치기도 한다. 녀석이 가장 좋아하는 낮잠 장소는 자신의 귀여움을 극대화하려는 듯, 겹쳐 누운 다른 녀석들의 맨 위다.

다행히 콩고는 종일 배를 깔고 누워 과자나 받아먹는 타입이 아니다. 누구도 콩고에게 원생들을 가르쳐야 한다고 일러주지 않았다. 그저 강아지 공원의 난장판을 쓱 훑어보고 뭔가 체계를 잡아야 겠다고 마음을 정했을 뿐이다.

무엇보다 강아지들은 적절하게 노는 방법을 배워야 한다. 다른 개에게 맹렬한 태클을 걸거나, 목덜미를 물고 미친 듯 흔들어대는 행동은 케이나인 컴패니언스 졸업생 중 누구에게도 허용되지 않는다. 강아지들이 콩고에게 이런 짓을 하려고 하면, 콩고는 장난감을 가져와 물고 잡아당기기 게임을 하도록 격려한다. 그래도 계속 물거나 할퀴려고 달려들면 앞발을 강아지의 머리 위에 올려 부드럽게 질책한 후 다시 장난감을 권한다.

콩고는 강아지들이 그저 몸집이 작은 미니 개가 아님을 이해하는 것 같다. 콩고에게도 생후 14주 된 강아지만 한 크기의 친구들이 있어 함께 어울려 법석을 떨며 돌아다니기도 한다. 덩치가 훨씬 큰

개들처럼 드잡이를 벌일 때는 서로 발을 걸고 머리 주변을 물려고도 한다.

하지만 콩고는 강아지들에게 절대 이런 행동을 하지 않는다. 끊임없이 자제하면서 몸을 굴려 등을 바닥에 댄 채 강아지들이 자기를 올라타고 입을 핥도록 내버려둔다.

때때로 어떤 녀석은 콩고의 입속에 머리를 완전히 밀어 넣는다. 그저 안에 뭐가 있는지 보려는 것이다. 그럴 때도 콩고는 강아지가 만족할 때까지 참을성 있게 기다린다. 녀석의 이빨은 강아지의 털한 올조차 건드리는 법이 없다.

강아지들이 양쪽 엉덩이를 하도 까불거려서 제대로 걷지도 못

에이든이 브라이언의 무릎에 앉으려고 하자, 콩고는 완벽하게 앉는 시범을 보인다. 애슈턴은 벤치 아래서 이 모습을 지켜본다.

할 때면 콩고는 평온함이 체화된 존재처럼 꼬리를 가만가만 좌우로 흔들면서 빛나는 모범을 보인다.

콩고는 시범을 보여 강아지들을 이끈다. 때때로 우리는 강아지 두 마리와 함께 콩고를 데리고 산책을 나간다. 그럴 때면 콩고는 목줄이 느슨한 상태를 유지하면서 걷는 모습을 보여줌으로써 강아지들에게 사람과 보조를 맞춰 걷는 법을 가르친다(녀석들은 콩고가 절벽에서 떨어진다고 해도 홀딱 반한 채로 그 뒤를 따를 것이다). 훈련 중 콩고는 강아지들이 아무리 주의를 끌려고 해도 전혀 동요하지 않는다. 주의를 집중한 채 잽싸게 움직인다.

콩고는 훌륭한 리더가 으레 그렇듯 자신의 한계를 안다. 그날 가르칠 교훈을 성공적으로 전달했거나, 수업이 너무 길었다고 판단되면 강아지 공원으로 통하는 문 앞에서 한차례 짖는다. 자원봉사자에게 문을 열어달라고 요청하는 것이다. 그리고 유치원으로 들어가 이 정도는 충분히 누릴 자격이 있다는 듯 낮잠에 빠져든다.

사람들은 경탄 속에서 지켜보다가 어떻게 하면 콩고 같은 개에게 자기 강아지를 맡길 수 있는지 묻는다. 우리는 강아지 부모로서 우리 스스로 콩고처럼 행동해야 한다고, 적어도 최대한 비슷하게 행동해야 한다고 말해준다. 일관성 있고 부드러우며 한없는 인내심을 발휘해야 한다는 뜻이다.

### 상대방의 생각

콩고가 강아지들을 '가르친다'라는 것은 정확히 무슨 뜻일까? 시범을 보이며 강아지들을 이끌 때 콩고는 그들이 자기를 보고 배운다는 걸 알까? 강아지들이 모르는 것을 자기는 안다는 걸 이해할까? 강아지들이 자신을 보고 배우려면 주의 깊게 관찰해야 한다는 사실은 알까?

교사는 자신이 가르치는 학생들이 무엇을 알고, 무엇을 모르는지 끊임없이 생각한다. 쉬지 않고 교실을 둘러보며 주의를 집중하는지 확인한다. 이렇듯 다른 사람이 어떤 생각을 하는지 추론하는 것을 마음이론theory of mind이라고 한다. 다른 사람의 마음속에 무엇이 있는지 깊게 궁리한 끝에, 말하자면 그 사람의 마음에 대한 이론을 갖게 되었다는 뜻이다. 마음이론은 인간을 인간답게 만드는 모든 것에 결정적으로 중요한 역할을 한다.[1] 다른 사람의 마음과 행동에 영향을 미치고 싶다면 마음이론이야말로 가장 큰 자산이다. 마음이론은 언어를 비롯해 모든 문화적 지식이 발달한 원천이기도 하다. 그리고 이 모든 것은 가리키는 행동에서 비롯되었다.

가리킨다는 것은 흥미로운 몸짓이다. 인간이 팔이나 손, 손가락을 뻗어 뭔가를 가리키는 행동의 배후에 있는 심리를 이해하려면 놀라운 수준의 인지적 정교함이 필요하다. 생후 9개월이 될 때까지 유아는 누군가 어디를 가리켜도 그의 손가락만 쳐다본다. 하지만 9개월이 지나면서부터 그 몸짓이 손가락을 넘어선 어딘가를 향한다는 걸 이해한다. 그의 손가락이 무엇을 가리키는지 알려면 그가 무슨 생각을 하는지 이해해야만 한다. 몸짓의 맥락을 이해하고 무슨 뜻을 전달하려고 하는지 생각해야 하는 것이다. 가리키는 동작의 배후에 있는 의도를 추론하는 것은 마음이론의 많은 능력 중 하나에 불과하지만, 마음이론이 겉으로 드러나는 최초의 단서 중 하나다. 이를 통해 우리는 주변에 있는 모든 사람으로부터 필요한 것들을 빠르게 배워나간다. 아기는 어른이 물체와 장소와 사람을 가리킬 때마다 뭔가를 배운다. 두 돌쯤에는 이 기술을 이용해 하루에도 수십 개의 단어를 익힌다. 부모가 뭔가를 가리키며 "저것 좀 봐!"라고 말하면, 목소리의 음조나 표정을 이용해 신나는 일이 벌어졌는지 무서운 일이 벌어졌는지 구별한다. 상자를 어떻게 여는지, 장난감을 어떻게 잡아야 할지 혼란스러울 때는 누군가 다가와 뚜껑이 열리는 단추를 가리키거나 장난감의 손잡이를 가리킨다. 인류는 타인의 몸짓이 자기를 돕기 위한 것임을 추론할 수 있었기에 성공을 거두었다.[2]

뇌가 계속 성숙하면 이런 초기 해석 능력을 바탕으로 훨씬 복잡한 추론 능력이 발달한다. 생후 12개월이 된 아기는 자신이 발견한 것을 남들에게 알리기 위해 뭔가를 가리킨다. 16개월이 되면 가리키기 전에 남이 나를 볼 때까지 기다린다. 그가 내 몸짓을 보고 의도를 이해하려면 주의를 기울여야 한다는 것을 알기 때문이다.

이때부터 마음이론 능력은 빠른 속도로 발전한다. 네 살이 되면 다른 사람이 내가 아는 것을 항상 알지는 못한다는 걸 깨닫는다. 이렇게 도약하기 전에는 모든 사람이 내가 아는 모든 것을 안다고 믿는다. 그들이 그 자리에 없었고, 그 사건을 겪지 않았다고 해도 그렇게 믿는다는 뜻이다. 하지만 이제 각자 아는 것이 다르다는 사실을 발견한 어린이는 비밀을 갖기 시작한다. 그리고 거짓말을 한다. 다른 사람이 모른다고 생각하는 것을 가르쳐주기도 한다. 마음이론에서 비롯된 이런 능력은 문화, 언어, 기타 인간을 규정하는 특성이 발달하는 데 너무나 중요하기 때문에 과학계는 가장 기초적

인 마음이론 능력도 인간에게만 국한되어 나타난다는 데 대부분 동의한다.[3]

이제 우리는 달리 생각한다. 콩고가 의도적 교육에 필요한 능력을 갖추었다는, 즉 다른 강아지들이 모르는 것을 자기는 안다는 사실을 인지하는지에 관한 과학적 증거는 전혀 없지만 콩고 같은 개들이 조금 다른 유형의 마음이론을 갖고 있다는 강력한 증거가 있다. 그들은 인간이 자신을 도우려고 한다는 것을 이해한다. 특히 우리의 몸짓을 해석한다. 성견만 그런 것이 아니다. 이런 탁월한 능력, 가히 천재적이라고 할 만한 능력은 강아지 때부터 존재한다.[4]

애슈턴에게 시범을 보이게 해보자.

교실에서 애슈턴은 마술쇼를 지켜본다. 우리가 셸 게임shell game이라고 부르는 일종의 실험이다. 교실은 햇빛이 밝게 들어오고, 새로운 장난감과 게임이 잔뜩 있으며, 편안한 침대도 있다. 더 중요한 것은 항상 두 명 이상의 인간이 함께 있으면서 계속 칭찬을 퍼붓고 끊임없이 간식을 준다는 것이다.

마술은 구식 속임수다. 18세기 마술사들은 호두 껍데기를 반으로 잘라 뒤집어놓고, 그중 한 개 속에 콩알을 감추었다. 그리고 호두 껍데기를 이리저리 잽싸게 움직인 후, 구경꾼 중 한 사람에게 콩알이 어디에 들었는지 맞춰보라고 했다.

강아지 버전도 원리는 같지만 방법은 약간 다르다. 애슈턴에게 두 개의 그릇을 보여준다. 그리고 그릇들을 불투명한 칸막이 뒤에

교실에 있는 애슈턴. 그릇 중 하나에 간식이 들어 있다. 애슈턴은 어느 쪽에 간식이 있는지 알아내야 한다.

감춘다. 이제 애슈턴에게 간식을 보여주고, 그것을 칸막이 뒤에 있어 그가 볼 수 없는 두 개의 그릇 중 하나에 감춘다. 애슈턴은 분명 간식을 봤지만, 칸막이로 막혔으니 어느 쪽 그릇에 숨겼는지는 볼 수 없다. 이제 칸막이를 치우면⋯ 짜잔! 간식은 어디에 있을까요?

애슈턴이나 다른 개에게 이런 식으로 감춘 간식을 찾게 하면, 약 50퍼센트의 확률로 간식을 찾아낸다. 선택할 수 있는 그릇이 두 개밖에 없으므로, 절반 정도 정답을 맞힌다는 것은 개들이 추측을 한다는 뜻이다. 마법에라도 걸린 것처럼 혼자 힘으로 간식을 찾아 나선 개들은 확률 이상의 성과를 낼 수 없다.

이제 다른 변수를 도입해보자. 애슈턴이 혼자 힘으로는 간식을 찾아낼 수 없지만, 우리의 몸짓을 읽어서 간식을 찾아낼 수는 있을까?* 정확히 같은 방식으로 간식을 감춘 후, 이번에는 힌트를 준다. 팔을 뻗어 간식을 감춘 그릇을 가리키는 것이다. 이런 몸짓이 애슈턴에게 도움이 될까?

애슈턴은 한시도 망설이지 않고, 엉덩이를 씰룩거리며 간식이 들어 있는 그릇 쪽으로 다가갔다.

잘했어, 애슈턴!

다음은 에이든이다. 녀석은 빛의 속도로 달려간다. 역시 가리키는 몸짓에 따라 정확히 간식을 찾아낸다. 마지막으로 듄의 차례다. 녀석은 수업을 들을 기분이 아니다. 하지만 간식이라면 얘기가 다르다. 문제의 답을 맞히는 것도 좋아한다. 결국 녀석도 우리의 동작을 올바로 해석한다. 이제 강아지들은 무작위로 추측하지 않는다. 우리의 가리키는 동작이 자신들을 도우려는 것임을 알아차리고 어렵지 않게 간식을 찾아낸다.

---

* 이렇게 변수를 세심하게 통제해 몇 가지 사실을 검증할 수 있다. 개들 스스로 감춰진 간식을 찾게 하면 무작위로 추측한다는 것은 무슨 뜻일까? 간식을 감추는 순간 애슈턴의 시선을 차단하면 어디에 간식을 감추었는지 보지 못한다는 사실을 확인할 수 있다. 또한 우리는 간식을 감추기 전에 간식으로 양쪽 그릇을 톡톡 쳐서 매번 똑같은 소리를 냈다. 감추는 위치를 소리로 알지 못하게 한 것이다. 냄새로 알 수는 없었을까? 그 가능성을 차단하기 위해 우리는 다른 연구팀과 함께 실험을 수십 번 반복했다.[5]

하품하는 에이든. 입을 가려야지!

### 뒷마당 과학

어린 시절, 그러니까 20년도 더 전에 브라이언은 가족 반려견이 었던 오레오Oreo에게 똑같은 셀 게임을 시켜보았다.<sup>6</sup> 오레오는 막대나 공을 던져주면 물어 오기를 무척 좋아했다. 한 번에 세 개의 작은 공을 입속에 집어넣는 재주도 있었다. 땅콩 한 봉지를 넣땅 입에 넣고 얼룩다람쥐처럼 양 볼이 불룩해진 채 느긋하게 브라이언에게 다가오곤 했다.

브라이언이 테니스 공 세 개를 빠르게 연달아 던지면 오레오는

첫 번째 공이 어디로 날아가는지만 보았다. 첫 번째 공만 찾아서 물고 돌아와 그의 앞에 내려놓고, 또 던져 달라고 잔뜩 기대하는 눈길로 올려다보았다. 하지만 브라이언이 두 번째 공을 던진 방향을 가리키면 쏜살같이 달려가 물고 왔다. 세 번째 공도 마찬가지였다.

2018년 가을반 원생들이 교실에서 벌어진 마술쇼에서 가리키는 동작을 해석해 음식을 찾아낸 것처럼, 오레오는 공이 날아간 방향을 보지 못했지만 브라이언의 가리키는 몸짓을 해석해 공을 찾아낸 것이다.

대학에서 마음이론이 무엇인지, 인간의 마음속에서 어떻게 발달하는지 배웠을 때 브라이언은 오레오가 공을 찾아오던 모습을 떠올렸다. 그러자 오레오가 또 무엇을 할 수 있을지 궁금해졌다. 그래서 셸 게임을 시켜보았다. 나중에 강아지 유치원에서 했던 것과 똑같은 마술쇼였다. 브라이언은 두 개의 컵 밑에 모두 간식을 숨기는 척해서 진짜로 어느 쪽에 숨겼는지 알 수 없게 했다. 오레오는 어느 한쪽에 간식이 숨겨져 있다는 것은 알았지만, 어느 쪽인지는 알 수 없었다. 하지만 브라이언이 한쪽을 가리키자 쉽게 간식을 찾아냈다. 20년에 걸쳐 개의 특출한 재능을 찾아내는 연구가 시작된 것은 이 간단한 발견에서였다.[7]

처음에는 쉽게 설명할 수 있을 것 같았다. 그저 냄새를 맡은 것은 아닐까? 하지만 적절한 방법들을 동원해 가능성 있는 모든 설명을 배제할 수 있었다. 실제로 개들은 인간의 몸짓이 자기를 도우려는 것임을 알아차렸다. 손가락 대신 발을 써서 가리켜도 금방 알아차리고, 간식을 감춘 컵 옆에 작은 나무토막을 놓아두어도 마찬가지였다. 이전에 한 번도 본 적이 없는 새로운 몸짓을 해도 단번에 그것을 해석했다.

이런 인지 기능은 브라이언과 오레오 사이의 유대감이 특별했기 때문에 나타난 것이 아니다. 개들은 주인의 몸짓뿐 아니라 낯선 사람의 몸짓도 이해한다. 심지어 말로 알려줘도 간식을 어디 숨겼는지 찾아낸다.[8] 개들은 서로의 몸짓도 이해한다. 한 마리가 몸으로 올바른 쪽 컵을 가리키면, 다른 개들이 그 몸짓을 알아보고 간식을 찾는다.[9]

이런 일련의 실험 결과는 단순하게 설명할 수 없다. 분명 개는 특정한 의미를 전달하려는 우리의 몸짓에 자신을 도우려는 의도가 있음을 알아차린다. 실제로 개는 인간 유아에게 기본적인 마음이론 능력이 있음을 입증하는 데 사용된 테스트를 모두 통과한다.[10]

현존 영장류 중 우리와 가장 가까운 친척인 보노보와 침팬지는 대개 문제 해결 능력이 개보다 훨씬 뛰어나다. 보노보와 침팬지가 주변 세상의 물리적 특성을 얼마나 이해하는지 테스트해보면(예컨대 단단한 물체는 서로 부딪히면 소리가 나고, 고체끼리는 서로 뚫고 지나갈 수 없다는 것 등) 개들이 애를 먹는 문제를 유인원들은 쉽게 풀어낸다.

하지만 몸짓을 이해하는 능력은 다르다. 간식 숨긴 곳을 몸짓으로 가리켜 도와주려고 해도 보노보와 침팬지는 무작위로 추측할 뿐이다. 연습을 시키면 학습할 수는 있지만 반복해서 수십 차례 시도해야 한다. 또한 몸짓을 바꾸면(올바른 위치에 표식을 두는 등) 다시 무작위 추측으로 돌아간다. 개와 달리 보노보와 침팬지는 몸짓에 자신을 도우려는 의도가 있음을 이해하지 못하는 것 같다.[11]

개의 능력이 놀라운 이유가 바로 여기에 있다. 어린이가 문화적 형태의 학습을 하는 데 가장 중요하다고 생각되는 일련의 능력에 있어서 개는 인간과 가까운 동물종들을 뛰어넘는다. 우리의 몸짓만 보고도 무엇을 원하는지, 무엇을 원하지 않는지 추론할 수 있는 것이다. 보노보나 침팬지에게는 이런 능력이 없다.

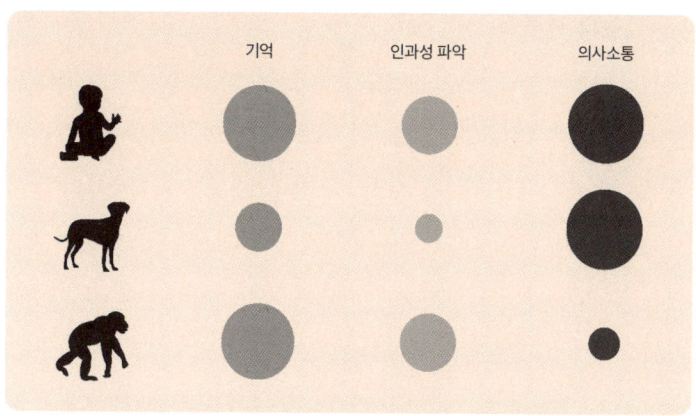

인간 유아와 침팬지는 기억력과 인과관계 추론을 비롯한 다양한 인지 능력이 개보다 단연 뛰어나다. 단 인간의 협력적 의사소통 몸짓을 이해해야 하는 일련의 게임에서 개는 예외적인 능력을 보인다. 이때 개는 우리와 가장 가까운 대형 유인원을 뛰어넘어 인간 유아와 비슷한 능력을 발휘한다. 위 그림에서 각각의 원은 능력 정도를 나타낸 것으로, 원이 클수록 능력이 더 뛰어난 것이다.

인간과 개는 사회적 문제를 해결하는 데 같은 종류의 지능을 사용하고, 물리적 세계와 관련된 문제를 해결하는 데는 다른 종류의 지능을 사용하는 것 같다.

다시 말해서 인간과 개 모두 사회적 세계 속에서 방향을 잡는 데 도움이 되는 협력적 의사소통에 특화된 지능을 갖고 있다.[12]

이런 점에서 개는 사회적으로 우리의 아기들과 가장 비슷한 동물이다. 이처럼 유연관계가 먼 동물종이 이런 유형의 심리적 수렴을 나타내는 일은 극히 드물다. 개는 어떻게 해서 이토록 특별한 존재가 되었을까? 답은 개가 진화해온 과정 속에 있다.

### 혈통과 가축화

개는 언제부터 그토록 인간과 비슷해졌을까? 개는 늑대에서 진화했으므로 인간과 비슷한 사회적 기술을 조상인 늑대로부터 물려받았을지 모른다. 늑대와 개는 신체적 특성과 행동 패턴에 공통점이 많을 뿐 아니라, 유전적으로 너무나 가까워서 동일한 종으로 간주해야 한다고 주장하는 사람도 있다.

늑대는 협력하는 사냥꾼이다. 먹이를 발견하면 기습 가능한 거리를 유지하면서 각자 공격할 타이밍을 세심하게 조절한다. 다음 순간 사냥감이 어떻게 움직일지는 물론 동료가 어떻게 움직일지도 예측한다. 그러니 분명 다른 동물종의 미묘한 몸짓까지 민감하게 알아차릴 것이다. 예컨대 먹잇감이 방향을 바꾸기 전에 고개를 돌리는 몸짓을 알아차린다면, 그런 기술은 인간의 미묘한 몸짓도 이해할 정도로 일반화되었을지 모른다.[13] 어쩌면 서로 협력하고 소통하는 개의 비범한 능력은 그저 조상인 늑대에게서 물려받은 것이 아닐까?[14]

이 문제에 답하는 유일한 방법은 실제로 늑대와 개를 비교해보는 것이다. 하지만 다 자란 개와 늑대를 비교해서는 정확한 답을 알 수 없다. 다 자란 개는 인간과 함께 살면서 경험한 것이 많은 반면, 다 자란 늑대는 인간이 주변에 있으면 매우 불안해하므로 단순 비교가 불가능하다. 따라서 개와 늑대 모두 어린 새끼들을 비교하는

시험이 진행된 야생동물 과학센터Wildlife Science Center에서 촬영한 새끼 늑대들. 늑대는 무리 지어 살며, 서로 협력하는 사회적 동물이다. ⓒ제니퍼 비드너Jennifer Bidner

것이 합리적이다.

공정한 비교를 위해 우리는 태어난 지 며칠 뒤부터 인간이 돌보면서 키운 수십 마리의 새끼 늑대로 실험을 수행했다. 실험 전 상태를 비교한 결과, 새끼 늑대들은 강아지들보다 인간과 더 많은 시간을 보냈다. 실험 시작 전에 인간과 소통하는 법을 배울 기회가 더 많았다는 뜻이다.

우리는 2018년 가을반 강아지들에게 시행했던 것과 똑같은 마술쇼 게임을 이용했다. 두 개의 그릇 중 하나에 간식을 감춘 후, 새끼들에게 간식이 어디 있는지 힌트를 주었다. 때로는 팔을 뻗어 가리키고, 때로는 작은 나무토막을 놓아두었다. 새끼 늑대들이 인간의 의도를 이해한다면, 나무토막으로 가리키든 팔로 가리키든 똑같은 의미임을 쉽게 추론할 수 있을 것이었다. 즉, 궁극적인 의도는 간식을 찾도록 도우려는 것이었다.

강아지는 사람의 몸짓에 올바르게 따르는 빈도가 새끼 늑대의 2배가 넘었다. 새끼 늑대는 팔로 가리키는 몸짓을 올바로 해석할 가능성이 무작위로 선택하는 것보다 약간 더 컸지만, 강아지들은 놀라운 성적을 거두었다. 표지(나무토막)를 사용할 때도 새끼 늑대는 그저 무작위로 추측할 뿐이었지만, 강아지는 처음부터 그 의미를 정확히 추론했다. 강아지들은 연관성을 학습할 필요가 없었다. 난생처음 보는 몸짓을 이해하는 능력을 타고난 것이다.[15]

우리는 개가 인간의 몸짓을 이해하는 비범한 능력을 늑대에게서 물려받았다는 어떤 근거도 찾지 못했다. 또한 개는 보상을 줘가며 인간의 몸짓이 무엇과 연관되는지 시간을 들여 가르칠 필요도 없었다. 개의 놀라운 능력은 제대로 보고 듣지 못할 정도로 뇌가 미성숙한 상태에서도 나타났다. 결국 그런 능력을 타고난 것이다. 가축화 과정 중에 일어난 진화가 개의 발달을 결정했다. 개는 우리와 상호작용이 거의 없는 상태에서도 우리 의도를 추론하는 능력을 갖고 태어난다. 인간의 의도를 자연스럽게 이해하는 능력은 강아지에게 가장 먼저 발달하는 인지 기능 중 하나다. 갓난아기에게 가장 먼저 발달하는 사회적 능력 중 하나인 것과 마찬가지다. 생후

새끼 늑대는 너무나 사랑스럽지만, 강아지처럼 인간의 몸짓을 읽지는 못한다. ⓒ제니퍼 비드너

8주 된 강아지는 집에 데려온 첫날부터 이미 9개월 아기 수준으로 사람의 마음을 읽는 능력을 갖추고 있다. 장난감을 못 보고 지나치거나 간식을 찾지 못할 때, 그것을 손으로 가리키면 강아지는 처음부터 인간이 자기를 도우려고 한다는 것을 알아차린다.[16]

늑대와 개를 비교함으로써 우리는 두 가지 동물종이 어떻게 다른지뿐 아니라 강아지 사이의 중요한 차이점도 알 수 있었다. 전형적인 강아지는 전형적인 새끼 늑대보다 인간의 마음을 읽는 능력이 뛰어나다. 하지만 강아지끼리 비교해도 어떤 강아지는 다른 강아지보다 올바르게 선택하는 빈도가 더 높았다.

몇몇 강아지는 거의 새끼 늑대 수준으로 성적이 좋지 않았지만 거의 완벽한 녀석도 있었다. 예컨대 표지 시험에서 애슈턴은 물론이고 짜증이 많은 듄조차 거의 만점을 받았지만, 에이든은 50점에 그쳤다. 에이든은 새끼 늑대처럼 그저 무작위로 추측했던 것이다. 개들 하나하나의 감정 반응이 모두 다른 것처럼 인지 능력 또한 저마다 다르다. 이런 차이는 어떤 강아지가 나중에 훌륭한 보조견이 될지 예측하는 데 도움이 될 것이다.

정말 그럴까? 확실히 알아보려면 애슈턴, 에이든, 듄 같은 강아지에게 다양한 인지 문제를 시험한 후, 그 성적이 나중에 어떤 유형의 개가 되었는지와 관계가 있는지 평가해봐야 했다.

# 3장
## 개성을 축복하다

    2019년 가을반은 규모가 2배가량 커졌지만, 복잡성은 몇 곱절 커졌다. 일곱 개의 작은 침대, 일곱 개의 밥그릇, 일곱 개의 배변 봉투통…. 챙겨야 할 것이 한두 가지가 아니었다. 더욱 골치 아픈 점은 강아지들이 모두 똑같이 생겼다는 것이었다. 적갈색 털이 곱슬거리는 애슈턴, 눈송이처럼 하얀 털이 풍성한 에이든, 짧고 까만 털이 번들거리는 듄처럼 한눈에 구별되는 특징이 없었다. 하나같이 바로 옆에 있는 강아지를 복사한 후 붙여넣기한 것 같았다. 그도 그럴 것이 서로 쌍둥이라고 해도 무방할 세 쌍의 형제자매를 데려왔기 때문이다. 한배 새끼는 이름의 알파벳 첫 글자를 통일했다. 그러니까 에리스Aries와 애냐Anya, 잉Ying과 욜란다Yolanda, 잭스Zax와 지나

2019년 가을반. 왼쪽부터 에리스, 애냐, 잉, 지나, 잭스, 욜란다, 웨스턴이다.

Zina가 각기 남매간이었다. 웨스턴Weston만 어미가 달랐는데, 공교롭게도 녀석은 다른 여섯 마리의 특징을 조금씩 떼어내 합쳐놓은 것 같았다. 그러니까 달리고 있을 때는 어떤 녀석과도 구분이 되지 않았다(하긴 일곱 마리 모두 항상 달리고 있었다).

이렇듯 2019년 가을반은 겉으로는 똑같이 생겼지만 각기 중요한 인지적 차이를 지녔다는 것이 너무나 명백했다. 우리의 목표는 이런 차이를 어떻게 측정할 것인지 알아내고, 각각의 인지적 특성을 이용해 장차 성공적인 보조견이 될 것을 예측할 수 있는지 밝히는 것이었다.

우리가 강아지 유치원을 시작하기 전에 개 연구자들은 주로 기질에 초점을 맞추었다. 개가 얼마나 쉽게 놀라고, 새로운 사람이나 장소에 어떻게 반응하는지 검사했다는 뜻이다.[1] 인지가 개성에 미치는 영향은 종종 터무니없이 과소평가되었다. 아마도 일반 지능

이론에 지나치게 집착했기 때문일 것이다. 지능이란 마치 컵 속에 들어 있는 커피처럼 '조금 더 가졌거나 조금 덜 가진 것'이라는 이론이다. g인자, 지능 지수IQ, 학습 능력 등으로 표현되는 일반 지능은 한 가지 유형의 문제를 잘 해결한다면, 다른 모든 유형의 문제를 해결하는 데도 뛰어날 것이라는 의미를 담고 있다.[2] 기억력 게임을 아주 잘한다면 틀림없이 다른 게임도, 심지어 기억력이 필요하지 않은 게임도 잘할 것이라고 믿는다. 일반 지능 이론이 옳다면 올림픽에서 가장 빨리 뛰거나 가장 빨리 헤엄치는 사람을 뽑듯이 개들도 선형 척도linear scale로 순위를 매길 수 있을 것이다. 인지는 고려해야 할 변수이기는 하지만, 수많은 개에게서 확인되는 독특한 개성을 만드는 데는 큰 역할을 하지 않을 것이다.

그 대안으로 다중 지능 이론을 생각해볼 필요가 있다. 아주 다양한 유형의 인지적 능력이 존재하며, 각각의 능력은 개체마다 조금씩 다르게 나타난다는 이론이다. 개의 털 색깔이 눈 색깔에 아무런 영향을 미치지 않듯이, 어떤 개가 길을 찾는 능력이 뛰어나다고 해서 반드시 인간의 몸짓을 읽는 능력까지 뛰어난 것은 아니라는 뜻이다. 기억력이 좋은 개가 자제력은 좋지 않을 수 있다. 각각의 인지 능력은 알파벳을 이루는 글자 하나하나와 같다. 글자들이 셀 수 없이 다양한 방식으로 조합되어 수많은 단어를 만들 듯, 다양한 인지 능력은 저마다 능력치가 다를 수 있으며 그 조합에 따라 개체의 무한한 다양성이 나타난다는 것이다.

### 인지가 작동하는 모습

인류학자인 에번 맥클린Evan MacLean과 함께 우리 듀크대학교 연구팀은 군견, 보조견, 반려견 등 500마리가 넘는 성견을 시험했다. 다양한 사회적 및 비사회적 능력을 측정하기 위해 고안된 스물다섯 가지 인지력 게임을 시켜본 것이다.[3]

개들이 지능 지수나 학습 능력 등 일반 지능을 갖고 있다면, 다양한 게임 수행 능력이 똑같아야 할 것이다. 하지만 실제 관찰된 결과는 달랐다. 수행 능력은 비슷한 인지 기능을 측정하는 게임에서만 비슷하게 나타났다. 예컨대 어떤 개가 한 가지 유형의 기억력 게임을 잘한다면, 다른 종류의 기억력 게임에서도 우수한 성적을 거두곤 했다. 하지만 기억력이 좋다고 해서 반드시 자제력이 뛰어난 것은 아니며, 그 반대도 마찬가지다. 우리는 개에서 소통적 요청, 자제력, 소통적 이해력, 기억력, 물체 조작 및 감별 능력 등 다양한 인지 기능을 정의했다. 또한 특정 게임 수행 능력이 눈을 맞추는 능력, 추론 능력, 인간의 가리키는 몸짓에 따르는 능력, 자제력 등 보조견과 군견으로 성공할 수 있는 특성과 강한 상관관계가 있다는 점도 밝혀냈다.* 심지어 인지적 수행 능력을 이용해 어떤 개가 훈련을 성공적으로 마칠 가능성이 큰지까지 예측할 수 있었다.[4]

분명 인지는 개의 개성을 만들어내고, 다양한 현실 속의 문제

**스물다섯 가지 인지 능력 측정 게임의 원래 구성**

- 기분 감별
- 팔 뻗어 가리키기
- 시각적 감별
- 실린더
- 우회로 찾기
- 공간 보속증
- 사회적 참조
- 주시 방향
- 불가능한 과제
- 작업 기억
- 감각 편향
- 표지 동작
- 냄새 감별
- 공간 전위
- 주의 분산
- 하품 따라하기
- 물체 쪽으로 다리 뻗기
- 추론
- 회전
- 물체 물어 오기
- 편측성: 첫 발자국 떼기
- 편측성: 물체
- 조망 수용
- 인과적 추론
- 투명한 장애물

우리가 552마리의 반려견, 보조견, 군견에게 수행시킨 스물다섯 가지 인지력 게임. 이를 통해 개가 한 가지 유형의 지능만 가지고 있는지, 다양한 유형의 인지 능력을 가지고 있는지 알아보고자 했다. 각각의 동그라미가 한 가지 게임을 나타낸다.

를 해결하는 데 중요한 역할을 한다. 여기서 현실 속의 문제란 장애인을 돕거나, 폭발물을 찾아내는 데 필요한 복잡한 과제를 훈련하는 것도 포함한다.

    출발은 좋았지만, 훌륭한 보조견을 더 많이 길러내는 데 도움이 되려면 강아지의 미래를 신뢰성 있게 예측해야 했다. 따라서 우리는 성견 연구에 사용한 모든 것을 강아지 크기에 맞게 줄였다. 더

---

* 우리 팀만 이런 양상을 관찰한 것이 아니다. 오번대학교에서 탐지견을 연구한 동물행동학자 루시아 라자로프스키Lucia Lazarowski 역시 인지 능력, 동기, 정서적 반응이 성견의 훈련 성공과 관련이 있음을 발견했다. 그녀의 연구에서는 훈련사의 낮은 관심, 애매한 지시 동작을 무시하는 것, 약한 자제력, 낮은 수준의 눈 맞춤 등이 폭발물 탐지 훈련의 성공 여부와 가장 밀접한 관련이 있었다.[5]

작은 공간에서, 더 짧게 게임을 진행하고, 더 긴 휴식 시간을 주었다. 게임 전후로는 물론, 게임을 수행하는 중에도 낮잠을 재웠다. 교실을 마법의 세계로 바꾼 것이다. 모든 것을 '미니 사이즈'로 축소하고, 어떤 문을 열든 산타 할아버지의 작업장보다 많은 장난감과 간식으로 가득한 과자 가게를 발견하게 했다. 또한 다양한 인지 영역에서 성견의 훈련 성공을 예측하기 위해 사용했던 모든 검사의 강아지 버전을 개발했다.

첫 번째 인지 영역은 감각이다. 강아지가 보고 듣고 냄새 맡는 능력을 검사한다. 두 번째 영역은 기질이다. 강아지가 낯선 사람에게, 심지어 낯선 장난감에 어떻게 반응하는지 검사한다. 세 번째 영역은 사회적 인지다. 협력적 의사소통과 관련된 기초적 마음이론 능력을 검사한다. 우리는 대부분의 강아지가 쉽게 통과하는 표지 시험에서 대부분의 강아지가 어려워하는 짧은 지시 동작에 이르기까지 난이도 수준이 다른 몇 가지 게임을 이용했다. 던진 물건을 물어 오는 게임도 포함시켰는데, 함께 놀기 위해 장난감을 도로 가져온다는 것은 기꺼이 협동하려는 성향을 보여주기 때문이다. 네 번째 영역은 실행 기능이라고 하는데, 모든 유형의 문제를 해결하기 위해 동원되는 인지 기능들을 가리킨다. 이 영역에서는 기억력과 자제력을 측정했다. 마지막 영역은 '물리적'이란 말이 들어간다. 강아지가 물리적 세계의 특성을 얼마나 이해하는지 시험하기 때문이다. 강아지들이 고체끼리는 서로 통과할 수 없다는 지식을 이용해

개 인지 종적 종합 검사는 빠른 뇌 성장이 일어나는 생후 8~18주의 후반기에 강아지의 인지가 얼마나 성숙하는지 알기 위해 감각, 기질, 사회적 인지, 실행 기능, 물리적 인지 영역을 측정한다.

어디에 간식을 숨겨놓았는지 추론하는 능력을 측정했다.

각각의 강아지는 2주에 한 번씩 모든 게임을 반복했다. 우리는 빠른 뇌 발달이 일어나는 10주간 강아지의 수행 능력 변화를 기록했다. 이렇게 해서 어떤 인지 능력이 생후 몇 주에 발달하는지, 다양한 인지 능력이 어떤 순서로 발달하는지를 고성능 현미경으로 들여다보듯 세밀하게 알아낼 수 있었다.

인지력 게임을 시작하기에 앞서 각각의 강아지에게 나름 색깔을 배정해 유치원 자체를 '무지개처럼 꾸몄다'. 칼라, 목줄, 바구니, 화이트보드 마커, 건강 기록 폴더까지 각자의 색깔로 구분한 것이다.

하지만 아무리 똑같이 생겼다고 해도 강아지들은 각기 독특한 개성을 갖고 있었다. 처음 존재감을 드러낸 강아지는 에리스였다. 따지고 보면 이보다 역설적인 이름도 없을 것이다. 원래 에리스는 그리스 신화에 나오는 날개 달린 양이다. 용감무쌍하게 젊은 왕자를 구출한 공로로 하늘의 별자리가 되어 영원히 밤하늘을 밝힌다. 하지만 강아지 에리스는 완전한 아기였다. 첫 3주간 언제나 누군가의 무릎 위에만 있으려고 했다. 다른 강아지와 어울리는 데는 거의 관심이 없고, 항상 사람 곁에 붙어 있었다. 자원봉사자들이 애써 무시하면 더 찰싹 붙어 앉아 그 외면하는 눈을 간절히 쳐다보며 애처로운 소리를 냈다. 뭐랄까, '반쯤 훌쩍이고 반쯤 짖는 우는 소리'라고 밖에는 표현할 길이 없다. 거기 넘어가지 않는 자원봉사자는 한 사람도 없었다.

한배에서 태어난 애냐는 정반대였다. 강아지 중 가장 작았지만 도무지 겁이 없었다. 제 오빠와 달리 쓰다듬거나 관심을 보여줄 필요도 없었다. 무엇보다 말을 잘 들었다. 자원봉사자들이 다른 장난감을 갖다주지 않아도, 주변의 지저분한 것들을 치워주지 않아도, 빨리 밥을 주지 않아도 말없이 기다렸다. 종일이라도 기다릴 것 같았다. 첫 주에 애냐는 다른 강아지들처럼 자기 집에 들어가서 먹지도 않았다. 손으로 직접 먹여주는 것을 좋아했다. 한 번에 한 개씩 사료를 먹이다 보면 30분이 훌쩍 지나갔다.

몇 주 뒤, 우리는 판이하게 다른 강아지를 또 발견했다. 잉은 다른 강아지들보다 족히 표준편차만큼 더 컸는데, 그런 차이는 식욕

에서 비롯된 것이었다. 한 주 한 주 지날 때마다 우리는 녀석의 키와 몸무게가 풍선처럼 부푸는 모습을 놀란 눈으로 지켜보았다. 밥그릇 위로 다가가 일단 입을 벌리면 강력한 진공청소기를 갖다 댄 것처럼 속에 담긴 음식이 빨려 올라갔다.

몸무게로 인해 생성되는 중력 말고도 잉은 또 다른 '슈퍼 파워'를 갖고 있었다. 죄책감을 느끼는 듯 슬픈 표정이 바로 그것이다.

처음에는 죄책감을 느끼는 줄 알았지만, 연구자들은 이런 표정이 죄책감과 거리가 멀다는 것을 알아냈다.[6] 그것은 주인의 몸짓 언

어와 어조에 대한 반응이었다. 개가 이런 표정을 지을 수 있는 것은 눈꺼풀 안쪽의 특수한 근육 덕분이다. 개는 이 근육이 늑대에 비해 훨씬 크다. 그래서 늑대는 어떤 경우에도 이런 표정을 짓지 못한다.[7] 개는 이 근육을 이용해 눈꺼풀을 들어 올려 흰자를 더 많이 드러낼 수 있는데, 이때 표정이 죄책감을 느끼면서도 슬퍼하는 것처럼 보이기 때문에 뜻하지 않게 인간으로부터 긍정적인 반응을 이끌어 낸다.[8]

많은 강아지가 풀 죽은 것처럼 보이는 상태로 죄지은 듯 슬픈 표정을 짓지만, 잉의 표정은 가히 예술의 경지였다. 아주 강력한 눈꺼풀 근육을 갖고 있었던 것이다. 어떤 강아지도 그 정도로 불쌍하거나 상심한 표정을 짓는 모습을 본 적이 없다. 게다가 동작마저 어설픈 탓에(녀석은 늘 스텝이 꼬여 넘어졌다), 잉은 가장 자주 '마거릿을 보러 가야 하는' 강아지이기도 했다.

우리는 마거릿 그루언Margaret Gruen을 '강아지 수의사'라고 불렀지만, 그런 호칭은 그녀의 재능을 엄청나게 과소평가한 것이다. 마거릿은 수의학과 동물행동학을 가르치는 교수다. 미국 내에 등록된 동물행동학자는 50명밖에 없다. 수의학계의 초절정 고수라고나 할까? 그녀는 수의학 박사로서 어떻게 개의 삶을 개선할 것인지, 개가 어떻게 후각 자극에 반응하는지, 어떻게 개를 더 잘 진료할 수 있는지 등 다양한 연구에 흥미가 있다. 마거릿은 개가 땅콩버터를 두 번 핥는 시간이면 혈액을 채취할 수 있다. 쪼그려 앉는 모습만 봐도 요로 감염을 알아차리고, 긁는 모습만 봐도 피부염을 진단한다. 강아지의 피부가 건조하면 생선 기름을, 배탈이 났을 때는 프로바이오틱스를 처방한다.

마거릿이 없으면 강아지 유치원도 없다. 프로젝트의 공동 기획자이기도 한 마거릿 덕분에 우리는 유치원의 모든 환경을 마련하고 연구를 시작할 수 있었다. 하지만 강아지들은 마거릿이 얼마나 바쁘고 중요한 인물인지, 얼마나 많은 개가 전국에서 진료를 받으러 찾아오는지 전혀 모른다. 그녀는 친절한 목소리, 부드러운 손길로 부딪히거나 긁혀서 생긴 모든 상처를 세심하게 돌봐준다.

잉은 특히 마거릿에게 가서 진료받기를 좋아한다. 이번에도 녀석은 새들이 지저귀는 소리가 들리고 은은한 라벤더 향이 풍기는 유치원의 놀이방으로 들어간다. 마거릿은 땅바닥에 앉아 잉을 쓰다듬으며 어디가 아프냐고 묻는다. 잉은 예의 죄책감 어린 슬픈 표정을 유감없이 펼쳐 보이며 머리를 문에 부딪히는 바람에 돋아난 혹을 마거릿에게 보여준다.

전문가답게 마거릿은 절대 웃지 않는다. 손가락으로 혹을 쓰다듬으며 주변의 털을 살피고 여기저기 눌러본다. 그리고 잉에게 부드럽게 말해준다. 너의 혹을 잘 지켜보겠지만, 지금 당장은 바깥의 강아지 공원으로 나가 다른 강아지들과 어울려 놀아도 좋다고.

### 꼴찌 학생

잉은 학교를 사랑한다. 교실은 앞문 바로 옆에 있기 때문에, 화장실 휴식 시간이 다가오면 녀석은 희망에 가득 차서 교실 쪽으로 목줄을 끌어당긴다. 휴식 시간이 끝났을 때도, 산책에서 돌아올 때도 똑같이 행동한다. **마침내** 제 차례가 돌아오면 쏜살같이 교실로 달려 들어간다. 얼마나 서두르는지 계단에서 굴러 강아지 문에 부딪히기 일쑤다.

케라 무어Kara Moore는 미소 지으며 녀석을 안으로 들인다. "안녕, 잉."

연구 코디네이터인 케라는 데이터를 기록하고 관리하며, 정확한 뇌 발달 시기에 맞춰 모든 강아지가 교실에 들어오고 나가는 일정을 세심하게 조절한다. 강아지들이 보기에 케라는 무대에 선 마법사와 다름없다. 모든 게임을 진행하기 때문이다. 실린더를 꺼내고, 로봇들을 가져오고, 신비롭게도 맛있는 간식들이 뿅 하고 나타나는 온갖 기구를 뜻대로 부린다.

"준비 됐니, 잉?" 케라는 두 개의 그릇을 앞에 놓는다. 그리고 간식을 하나 꺼내 잉 쪽으로 내민다. "헤이, 여기 봐!"

잉은 그녀의 일거수일투족을 주시한다. 등을 곧추세우고 앉은 녀석의 얼굴에 완전히 몰입한 표정이 떠오른다.

하지만 이것은 워밍업에 불과하다. 게임에서 가장 쉬운 부분이다. 그저 게임을 이해하는지 확인하려는 것이다. 이때 강아지는 케라가 그릇에 간식을 떨구는 모습을 보고 달려가 먹기만 하면 된다.

"출발!" 케라는 간식을 그릇에 떨어뜨린 후 말한다.

잉은 한 치의 망설임도 없이 달려간다. 잘못된 그릇 쪽으로.

케라가 한숨을 내쉰다. "불쌍한 녀석, 노력은 장하다만."

학교를 너무나 사랑하지만 잉은 그리 훌륭한 학생이 아니다. 생후 4개월이나 되었지만 표지 시험에 실패했다. 다른 강아지들은 8주만 돼도 쉽게 통과한다. 합격, 낙방 따위 신경조차 쓰지 않는 녀석도 있다. 하지만 잉은 실패할 때마다 심장을 칼로 찔린 듯 괴로워하며, 아직도 갓 태어난 새끼인 양 케라의 무릎으로 기어오르려고 한다.

더욱 딱한 것은 한배에서 태어난 욜란다가 엄청 똑똑하다는 점이다. 워밍업은 말할 것도 없고, 표지 시험도 100점이다. 욜란다는 모든 면에서 잉과 반대다. 잉은 동작이 터무니없이 크고 어설픈 반면, 욜란다는 우아하고 아름답다. 이는 놀랄 정도로 날카로우며, 그걸 사용하기를 주저하지 않는다.

아무런 노력을 기울이지 않아도 매사에 성공을 거두는 형제가 있다는 것은 특별한 저주다. 그래서 우리는 잉을 더 자주 안아주고, 더 자주 격려해준다. 하지만 그 사실은 우리의 접근 방식이 유망하다는 뜻이기도 하다. 처음에 우리는 게임이 너무 쉽거나 너무 어려워서 강아지든 성견이든 모든 개가 통과하거나 실패하는 상황을 걱정했다. 그렇게 된다면 우리가 측정하려는 개성에 대해 많은 것을 알아낼 수는 없을 터였다. 우리는 낙관적일 이유가 있었던 것이다.

강아지 유치원을 열기 전에 심리학자인 에밀리 브레이Emily Bray[*]가 이끌던 우리 연구팀은 생후 9주 된 강아지 160마리를 나중에 유치원에서 사용하게 될 게임으로 검사했다. 그리고 그 강아지들이 두 살이 되었을 때 같은 게임의 성견 버전을 이용해 또 한 번

---

[*] 에밀리는 대학생 때 우리와 함께 연구를 시작했다. 지금은 교수가 된 그녀는 아마 보조견과 안내견 강아지를 누구보다도 많이 연구한 사람일 것이다.

잉이 표지 시험에 실패하는 모습. 간식이 들어 있는 그릇 옆에 표지가 놓여 있다.

욜란다와 녀석의 상어 장난감

검사했다.*

에밀리는 같은 개라도 강아지일 때보다 성견이 된 후에 거의 모든 게임을 더 잘한다는 걸 발견했다. 잉에게는 마음 놓이는 소식이 아닐 수 없다. 비록 시작은 좀 늦어도 시간이 지나면서 점점 좋아진다는 뜻이기 때문이다. 강아지들은 기억력이 좋고, 어느 정도 자제력을 보이며, 어느 정도 눈을 맞추고, 인간의 지시 동작에 따랐지만 성견이 된 후에는 이런 과제를 훨씬 잘 수행했다. 다음 장에서 중요성을 더 자세히 알아보겠지만 자제력 시험 같은 경우 강아지보다 성견이 2배나 더 자주 올바른 선택을 했다. 똑같은 개라도 성견이 된 후에는 풀 수 없는 과제를 만나거나 인간이 격려할 때 3배나 더 길게 눈을 마주쳤다. 인간의 동작을 이해하는 능력은 강아지 때에 비해 성견이 되었을 때 10퍼센트 이상 향상되었다.

이런 소견은 우리가 고안한 게임이 원래 목적에 맞게 잘 작동한다는 것을 보여준다. 그 목적이란 바로 강아지의 인지 발달을 측정하는 것이다.

에밀리가 발견한 정말 중요한 소견은 우리의 많은 게임이 강아지의 개성, 즉 자라서 어떤 개가 될 것인지를 예측하는 스냅숏을 보

---

* 이 강아지들은 서로 다른 예순다섯 쌍의 부모견에게서 태어났으며, 자원봉사자 가정에서 자라 성견이 된 후 전문적 훈련을 받기 위해 케이나인 컴패니언스로 돌아왔다. 우리는 이 개들이 강아지일 때든 성견일 때든 듀크대학교에서 키우거나 시험하지 않았다. 이 연구는 캘리포니아주 샌타로자의 케이나인 컴패니언스 본부에서 수행되었던 것이다.

여준다는 점이다. 잉의 능력도 향상될지 모르지만, 게임에서 성견이 보여주는 능력은 과거 강아지 때 보였던 능력과 밀접한 관련이 있다. 게임 중 하나에서 잉보다 좋은 성적을 기록한 욜란다는 둘 모두가 성견이 된 후에도 그 게임에서 여전히 잉보다 더 좋은 성적을 낼 것이다. 다양한 측면에서 강아지들에게서 관찰한 인지 능력은 시간이 지나도 비교적 안정적으로 유지된다.[9] 강아지의 수행 능력을 이용해 장차 보조견으로 성공할지 예측하고 싶다면, 이런 사실은 우리가 올바른 방향으로 가고 있음을 보여주는 것이다.

잠시만 지켜보아도 자기 강아지의 특별한 성격을 알 수 있다. 어쩌면 잉처럼 슬프면서도 죄책감을 느끼는 듯한 놀라운 표정을 지을지 모르고, 애냐처럼 자기가 훨씬 큰 개라고 생각할지 모른다. 에리스처럼 잠시라도 품에서 내려놓으면 칭얼거리며 짖어댈지도 모른다. 개가 특별한 것은 이런 성격들을 드러내기 때문만은 아니다. 개들은 각자 독특한 인지 능력을 갖고 있다. 잉이 표지 시험에서 어려움을 겪는 것은 한배에서 태어난 욜란나처럼 사람의 몸짓을 알아차리는 데 아직 능숙하지 않다는 뜻일 수도 있지만, 절대 머리가 나쁜 것은 아니다. 녀석이 죄책감을 느끼는 듯한 사랑스러운 표정을 지으며 눈을 맞추는 것은 인간의 관심을 끌고 공감을 불러일으키는 것과 관련된 인지 능력이 있음을 보여준다.

당신의 개도 몸짓을 이해하는 데 어려움을 겪거나 가만히 앉아 있으라는 말을 금방 잊어버릴지 모른다. 하지만 마찬가지로 더 미묘한 인지적 장점들을 갖고 있을 수 있다. 그간 우리가 만난 개들을 통해 몇 번이고 확인한 사실이 있다. 개는 모든 영역에서 뛰어나지는 않을지 몰라도 놀랄 만큼 다양한 방식으로 각자의 지능을 드러낸다는 것이다. 바로 그것이 개를 그토록 사랑스러운 존재로 만든다. 이어지는 장에서 강아지의 자제력, 물리적 세계에 대한 이해력, 기억력을 살펴보면서 이런 능력들이 어떻게 발달하고, 어떻게 독특한 개성을 만들어내는지 더 깊게 이해해보자.

**4장**

# 스스로 통제하기

　우리가 개에게 요구하는 모든 것에는 자제력이 필요하다. 밖으로 나가 적절한 장소를 찾을 때까지 소변을 참고, 가파른 계단을 우당탕 뛰어 내려가고 싶은 충동에 저항하고, 가구에 뛰어오르거나 주방 카운터 위에서 서핑하듯 미끄러지거나 고양이를 쫓아 차도로 돌진하지 않으려면 개 스스로 자신을 통제해야 한다. 물론 목줄과 아기용 안전문을 이용해 어느 정도까지는 강아지의 행동을 통제할 수 있다. 그래도 언제 자제력이 나타나고 발달하는지 아는 것은 중요하다. 5킬로그램쯤 되는 개라면 목줄로 행동을 제지할 수 있을지 몰라도 20킬로그램, 심지어 50킬로그램이 넘는 성견이 되면 점점 힘들어진다.

강아지 학교의 교장인 콩고는 놀라운 자제력을 보여준다.

2019년 가을반이 입학하자마자 콩고는 바로 일을 시작했다. 우선 강아지들이 서로 물지 않고 대신 장난감을 물도록 격려했다. 걸을 때는 침착하고 편안한 걸음걸이를 몸소 보여주었다. 꾸짖을 때도 절대 짖지 않았다. 함께 놀자고 초대하는 몸짓을 취할 때도 우아하게 시범을 보였다. 간식을 받아먹을 때는 스스로 참을성 있게 앉아 모든 강아지가 엉덩이를 땅에 딱 붙일 때까지 기다렸다. 곧 간식을 나누어 준다는 신호였다. 일곱 마리의 강아지를 통제하는 것은 콩고에게도 힘든 일이었으므로, 집에 갈 때쯤에는 완전히 지쳐 보였다. 하지만 일하는 동안에는 항상 부드럽고 침착하며 친절한 태도를 유지했다.

인간의 자제력은 평정심, 규율, 통제 등 다양한 이름을 갖고 있다. 쉽게 말해 자제력이란 몸을 날리기 전에 잘 살피는 것이다. 말을 내뱉기 전에 잠시 멈추는 것이다. 자제력은 크게 주목받지는 않지만 상상 외로 삶에 큰 영향을 미치는 대표적인 인지 능력이다. 자제력을 측정하는 마시멜로 시험은 유명하다. 연구자는 어린이에게 마시멜로 한 개를 주면서 지금 당장 먹어도 좋지만, 자기가 잠시 나갔다가 돌아올 때까지 기다리면 여러 개의 마시멜로를 주겠다고 말한다. 일부 어린이는 연구자가 나가자마자 마시멜로를 먹어버린다. 연구자가 돌아올 때까지 10분, 심지어 15분을 기다려 훨씬 큰 보상을 받는 어린이도 있다.[1,2]

다양한 추적 연구 결과에 따르면, 참지 못하고 바로 마시멜로를 먹어치운 어린이들은 학교생활에 문제를 겪고 집중력이 낮으며 친구를 오래 사귀지 못하는 경향이 있었다. 자라서 비만해지고, 소득이 더 적으며, 심지어 범죄를 저지를 가능성도 더 컸다.[3]

우리가 개에 대해 아는 모든 것을 종합해보면 생애 초기에 자제력을 드러내는 것이야말로 나중에 보조견으로 성공하는 데 가장 큰 영향을 미치는 것 같다. 하지만 강아지의 자제력을 어떻게 측정할까? 언뜻 생각하면 강아지를 얼마나 빨리 훈련할 수 있는지 보면 될 것 같다. 훈련 과정 중에 자제력이 필요한 경우가 많기 때문이다. 하지만 훈련은 기억력이나 의사소통 능력 등 다른 인지 기능과도 관련이 있다.

그래서 우리는 강아지 버전의 마시멜로 테스트를 고안했다. 우선 양쪽이 뚫린 투명한 플라스틱 원통을 준비한다. 그리고 강아지가 보는 앞에서 그 속에 간식을 놓아둔다. 워밍업으로 원통을 천으로 덮어 보이지 않게 한다. 이렇게 음식이 원통 속으로 사라진 후에 강아지에게 간식을 먹어도 좋다고 신호를 보낸다. 강아지는 어느 쪽이든 원통 옆으로 돌아가 뚫린 입구를 통해 쉽게 간식을 먹을 수 있다. 하지만 시험은 이제부터다. 원통에서 천을 벗겨내는 것이다. 이

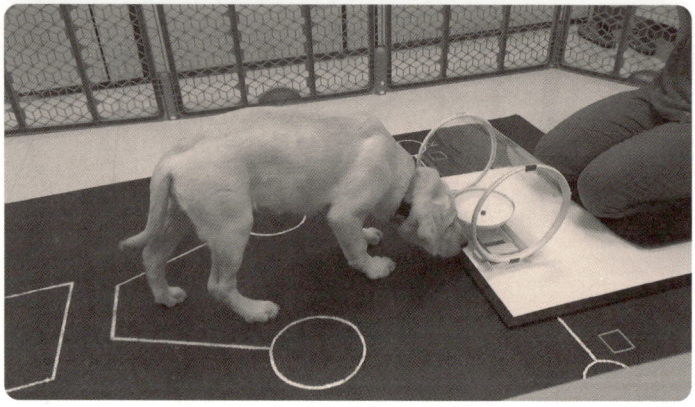

첫 번째 사진은 워밍업 중에 잉을 찍은 것이다. 원통을 천으로 가린 것이 보인다. 두 번째 사진에서 잉은 천을 치운 원통에 똑바로 다가가 부딪치고 말았다.

제 강아지는 투명한 원통 속에 놓인 간식을 볼 수 있다.

원통 속에 있는 간식이 눈에 보이면 더 많은 정보를 얻기 때문에 더 쉽게 과제를 해결할 거라고 생각할지 모르겠다. 하지만 그 정보는 인지적 갈등을 유발한다. 강아지는 기억한다. 어느 쪽이든 뚫린 입구를 통해 간식을 손에 넣으려면 원통 옆으로 돌아가야만 했었다. 하지만 이제 원통이 투명해졌으므로 그저 똑바로 간식에 다가가면 될 것처럼 **보인다**. 게임을 통과하려면 뚫린 쪽으로 돌아가야만 한다. 똑바로 다가가면 원통에 부딪치고 만다. 성공을 거두려면 눈이 알려주는 정보에 저항하면서 이전에 어떻게 했는지 떠올려 원통 옆으로 돌아가야만 한다. 이렇게 하는 데는 자제력이 필요하다!

애냐는 몇 번 원통에 부딪쳤지만 마지막 시도에서 자제력을 발휘해 옆으로 돌아가는 길을 택했고, 간식을 먹을 수 있었다. 우리의 '어린양' 에리스는 거의 완벽한 자제력을 갖고 있다. 우아하게 춤추듯 원통 쪽으로 다가가더니 겁을 내는 것처럼 조심스럽게 옆으로 돌아가 섬세한 동작으로 간식을 입에 물었다. 잉은 곧장 돌진해 원통을 들이받았다. 웨스턴도 시원하게 실패했다. 웨스턴은 가장 자신감 넘치는 강아지였다. 강아지 공원, 교실, 복도 등 어떤 공용 공간이든 마치 팬들의 환호성으로 가득한 경기장에 들어가듯 위풍당당하게 드나들었다. 웨스턴에게 원통을 보여주자 녀석은 간식을 먹을 생각에 너무 흥분한 나머지 워밍업 중에 원통 자체를 저쪽으로 굴려버렸다.

잉과 웨스턴에게 공정하게 말하자면, 다른 동물들도 이 검사에서 애를 먹는다. 우리는 전 세계 연구자들을 모집해 다양한 동물에게 원통 검사를 시켜보았다. 개뿐 아니라 조류, 유인원, 원숭이, 여

우원숭이(리머), 코끼리 등 서른여섯 가지 동물종에 속하는 550마리 이상의 동물이 검사를 받았다.[4]

대부분의 동물은 워밍업을 통해 개방된 양쪽 끝을 통해서만 음식을 먹을 수 있다는 걸 알면서도 그대로 음식에 돌진해 딱딱한 원통에 부딪쳤다. 다람쥐원숭이 같은 동물종은 열 번이나 시도한 뒤에도 요령을 전혀 익히지 못했다. 고등 유인원을 비롯해 몇몇 동물종만이 자제력을 발휘해 음식을 향해 돌진하는 실수를 범하지 않았다. 우리의 마시멜로 검사를 통과한 동물들은 뇌의 원시 연산 능력raw computing power이 더 뛰어난 것으로 밝혀졌다. 뇌가 작은 동물은 자제력을 제대로 발휘하지 못하는 반면, 고등 유인원 등 뇌가 큰 동물은 거의 즉시 요령을 터득했다. 잉의 성적은 고등 유인원보다 다람쥐원숭이 쪽에 더 가까웠다.

하지만 생후 16주가 지나자 잉은 완전히 달라졌다. 케라가 원통 안에 유인용 음식을 놓아두고 덮었던 천을 치우자… 짜잔! 첫 번째 시도에서 잉은 바로 원통 옆으로 돌아가 간식을 먹어치웠다. 원통 앞쪽은 건드리지도 않았다.

그저 요행이 아니었다. 그 뒤로 잉은 한 번도 실수하지 않았다. 녀석이 우아하게 옆으로 돌아가 간식을 입에 물고, 연구팀 모두가 환호하며 껴안는 동안 열광적으로 꼬리를 흔드는 모습을 지켜보는 것은 우리의 큰 기쁨이었다. 생후 16주가 되자 잉의 뇌에서 실행 기능 중추가 간식에 똑바로 돌진하려는 충동을 이겨내기 시작한 것이다. 녀석은 원통 옆으로 돌아가 간식을 즐길 수 있었다. 18주가 되자 더 어려운 검사도 통과했다. 우리가 잉이 선호하는 쪽 끝을 막아 버리자 더 큰 자제력을 발휘해야 했음에도 간식을 먹을 수 있었다. 적어도 잉의 경우에 자제력은 시간이 지나면서 점진적으로 발달하는 것 같았다.

웨스턴은 그 정도로 운이 좋지는 않았다. 원통 안을 들여다볼 수 없는 워밍업 중에도 녀석은 곧장 전면으로 뛰어가 앞발로 두드려대기만 했다.

불편한 침묵이 뒤따랐다. 어떤 강아지도 그렇게 빨리 실패하지 않았다. 우리가 비교한 모든 동물종을 보면 심지어 비둘기조차 이 부분은 통과했다. 하지만 웨스턴은 하염없이 원통을 앞발로 두드려 댈 뿐이었다. 자신을 전혀 통제할 수 없는 것이다.

덮개를 벗기자 상황은 더 나빠졌다. 원통에 코를 부딪치는 정도가 아니었다. 전력을 다해 돌진했다. 그리고 위로 뛰어올랐다. 일이 뜻대로 풀리지 않자 받침대를 물어뜯어 찢어놓는 바람에 원통이 마룻바닥을 데굴데굴 굴러갔다.

그 뒤로도 몇 주간 웨스턴은 어떻게든 원통을 제자리에서 벗어나게 한 뒤 데굴데굴 굴리고 말았다. 나이가 들고 몸집이 커졌어도 잉처럼 향상되지 않았다. 받침대를 찢어발기고 원통을 방 저편으로 굴려버리는 능력만 발전했다.

## 상어 주간

평균적으로 강아지는 생후 10주가 되어야 자제력 검사를 통과하기 시작하고, 14주가 되어야 완전히 숙달된다. 8주 된 강아지를 처음 집으로 데려왔을 때는 자제력을 거의 기대할 수 없다. 유치원에서도 이때는 자기 이름에 익숙해지고, 얌전히 앉는 법을 가르치는 것 외에 다른 것은 하지 않는다. 대부분의 실내 사고 역시 강아지가 자제력을 발휘할 수 없는 생후 8~10주에 일어난다. 이때 우리는 강아지 스스로 용변이 마렵다는 느낌이 어떤지 알아차리고 밖으로 나갈 때까지 참으리라 기대하지 않는다. 대신 30분에 한 번씩 욕실로 데려가는 방법을 쓴다. 아침에 깨어났을 때, 낮잠을 자고 일어났을 때, 물을 마신 후, 식후 20분이 지났을 때도 욕실로 데려간다. 대개 강아지는 품에 안고 있을 때는 오줌을 누지 않으므로 낮잠에서 깨면 일단 욕실로 데려가는 것이 요령이다.

하지만 2019년 가을반에서 우리는 일부 강아지가 처음부터 완벽한 자제력을 갖고 있으며, 다른 일부는 시간이 지나면서 자제력이 점차 향상되고, 또 다른 일부는 어떤 경우에도 전혀 자제력이 생기지 않는다는 것을 확인할 수 있었다.

유치원에서 자제력의 중요성이 분명해지는 시기는 생후 12주가 되어 모든 강아지가 이를 갈 때다. 강아지는 생후 3주가 되면 젖니가 돋는다. 12주가 되면 젖니가 빠지고 영구치가 나기 시작한다. 대개는 빠진 젖니를 그냥 삼켜버리지만, 일곱 마리가 한꺼번에 이를 갈다 보니 자원봉사자들은 해변에 떠밀려온 상어 이빨처럼 아주 작은 이빨들이 바닥에 떨어져 있는 것을 발견하게 된다.

영구치가 완전히 돋기까지는 길면 6개월이 걸린다. 강아지가 귀한 가구를 비롯해 무엇이든 물어뜯는 시기가 바로 이때다. 같은 강아지끼리라고 예외일 리 없다. 우리는 잘게 부서져 질식 위험이 없는 합성 뼈, 얼려서 물림으로써 잇몸을 진정시키는 씹기용 장난감까지 다양한 이돋이teething 용품을 준비한다. 강아지늘은 씹기용 장난감의 한쪽 끝을 꼭 쥔 채 내밀면 특히 좋아한다. 입속 깊숙이 돋아난 어금니를 거기에 대고 갈 수 있기 때문이다. 리듬감 있게 장난감을 씹으면서 거의 무아지경에 빠지기도 한다.

유감스럽게도 영구치가 돋기 시작하는 생후 12주는 강아지의 에너지가 활발해지는 때와 일치한다. 생후 8주에는 자주 처지고 앉은 채 졸기 일쑤였던 강아지들이 생후 12주가 되면 추진 중인 로켓처럼 힘이 넘친다. 이가 빠지고 돋아나는 강렬한 경험, 갑자기 샘솟는 활력, 향상되기 시작하는 자제력이 이 시기에 겹쳐서 나타나기 때문에 생후 12주가 되면 본격적으로 훈련을 시작해야 한다. 특히 예절을 잘 가르쳐야 한다. 예절이야말로 일차적 충동을 다스리는 힘이다. 사람으로 말하면 입속에 잔뜩 음식을 욱여넣은 채 떠든다거나, 자기가 원한다고 해서 주인에게 물어보지도 않고 물건을 함부로 가져가지 않도록 교육해야 한다. 예의 바르게 '앉아' 자세를 취하려면 적지 않은 자제력이 필요하다. 강아지 입장에서는 사람에게 뛰어오르거나, 간식통을 쓰러뜨리거나, 운동장에서 정신없이 노는 등 당장 하고 싶은 일을 멈춰야 하기 때문이다.

우리는 강아지에게 긍정적 강화만 사용한다. 절대 소리를 지르거나 벌을 주지 않는다. 원하는 행동이 반복되기를 바라며 보상을 제공하는 긍정적 강화는 강아지 스스로 한 가지 욕망과 다른 욕망을 견주어보고 자제력을 이용해 올바른 선택을 하도록 이끈다. 강아지가 뭔가를 신나게 찢어발기고 있을 때, 예컨대 물을 마시는 것처럼 덜 매력적인 행동을 하도록 유도해서는 효과를 거두기 어렵다. 우리는 사료를 한 알씩 주면서 앉으라든지, 사람에게 뛰어오르지 말라든지, 바지를 물어뜯지 말라든지, 콩고나 친구를 봤을 때 목줄을 잡아끌지 않는 등 예절을 가르친다. 버릇없는 행동을 할 때도 사료를 한 알씩 주면서 주의를 딴 곳으로 돌린다. 비가 억수같이 오는 중에 화장실에 가자고 구슬릴 때도 사료를 사용한다. 사료가 통하지 않으면 주크스Zuke's처럼 작은 저칼로리 간식을 이용한다. 그걸로도 안 된다면 리틀잭스Little-Jacs처럼 작고 부드러운 간식을 써 보고, 그조차 통하지 않으면 간식 중의 간식이라 할 수 있는 치즈위즈Cheez Whiz를 꺼낸다. 치즈위즈는 그야말로 최고의 유혹이다. 거의 언제나 통하기 때문에 강아지가 선을 넘는 것을 막고 다른 선택을 할 기회를 줄 수 있다.

모든 강아지는 반드시 숙달해야 할 능력 목록이 실린 훈련 계획서를 받는다(다음 쪽 참고).

첫 학기 중간이면 대략 생후 14주가 된다. 대부분의 강아지가 보다 고난도의 자제력 검사를 통과하는 시점이다. 녀석들이 어느 정도 훈련이 되었는지, 이해력은 얼마나 향상되었는지 관찰할 수 있는 시점이기도 하다. 생후 18주가 되어 유치원을 졸업할 때가 되면 강아지들은 기말고사를 쳐야 한다. 목표는 모든 강아지가 모든 능력에 숙달하는 것이다.

억제 행동과 관련되는 자제력은 훈련한다고 해서 길러지는 것이 아니다. 2019년 가을반에서 최악의 행동을 나타낸 학생은 가장 부족한 녀석이기도 했다. 바로 웨스턴이다. 생후 12주가 되어 이를 갈 무렵에 웨스턴은 매일 아침 강아지 공원에서 구석구석을 미

| 능력 | 숙련도(I, P, N)* |
|---|---|
| 이름에 반응하기(눈 맞추기) | 8주 |
| 앉아 | 10주 |
| 빨리 | 8주에 시작해서, 16주까지 성공함 |
| 집으로 들어가 | 10~11주 |
| 엎드려 | 12주 |
| 가자 | 16주 |
| 여기 봐 | 14주 |
| 기다려 | 16주 |
| 따라와 | 18주 |
| 목줄로 이끌기 | 16주 |
| 보조견 재킷 입기 | 14주 |
| 도기 리더 doggy leader | 14주 |
| 발톱 깎기 | 10주부터 버릇을 들여 18주에는 성공함 |
| 귀 청소 | 10주부터 버릇을 들여 18주에는 성공함 |
| 이 닦기 | 10주부터 버릇을 들여 18주에는 성공함 |

* I는 '시작/학습', P는 '숙달됨', N은 '아직 시작하지 않음'을 나타낸다.

친 듯이 뛰어다니는 행동으로 하루를 시작했다. 한바탕 거하게 논 뒤에는 아직 잠에서 덜 깬 친구들의 얼굴을 한 방씩 먹이고 엉덩이를 할퀴었다. 마치 한시도 지루할 틈을 허용하지 않겠다는 듯 온갖 말썽을 부리고 돌아다녔다. 잉은 보통 의자 밑으로 숨어들어가 자리에 없는 척했지만, 한배에서 태어난 욜란다는 정면으로 웨스턴에 맞섰다. 애냐는 가장 어리고, 몸집도 가장 작은 암컷이었지만 기꺼이 소란 속으로 뛰어들었다. 세 마리는 이내 한데 얽혀 바닥을 뒹굴며 으르렁거리고 물어뜯었다. 불쌍한 자원봉사자들은 어찌할 바를 모르고 쩔쩔맸다. '놀이터에서는 물어뜯지 않는다' '공격적으로 으르렁대지 않는다' '다른 강아지들을 괴롭히지 않는다' 등 지켜야 할 기본적인 규칙이 있다. 웨스턴은 모든 규칙을 무시했다. 휴식 시간이 시작된 지 겨우 15분 만에 자원봉사자들은 완전히 지쳐 나가떨어졌다.

유치원 석고벽, 낮잠을 자는 강아지집, 자원봉사자들이 입은 청바지의 발목 부분 등 모든 곳에서 웨스턴의 이빨 자국을 볼 수 있었다. 어찌나 세게 물었던지 젖니가 빠져 자원봉사자의 스웨터에 박힌 일도 있었다. 웨스턴은 몹시 즐겁다는 듯 피투성이가 된 주둥이를 헤 벌리고 물그릇을 뒤집어엎었다.

"이 녀석이 착하게 굴 때는 잠들었을 때밖에 없어요." 눈 밑에 다크서클이 생긴 자원봉사자가 한숨을 내쉬었다. 그 말을 듣는 순간 한 가지 아이디어가 떠올랐다.

### 긴 산책

강아지가 자제력이 거의 없을 때 우리에게 남은 유일한 수단은 녀석을 피곤하게 하는 것이다. 하지만 다른 강아지를 못살게 굴고, 정신 나간 것처럼 사방을 뛰어다니고, 움직이는 것은 무엇이든 뒤를 쫓는 강아지를 어떻게 피곤하게 만든담? 거기에 더해 우리는 웨스턴 같은 강아지조차 목줄을 느슨하게 잡고 주인 곁에서 착하게 걷도록 훈련해야 했다. 사실 자제력이 뛰어난 강아지에게도 쉽지 않

은 일이다. 다행히 케이나인 컴패니언스에는 마법 같은 훈련 도구가 있다. 자제력이 강아지마다 다른 시기에 다른 속도로 발달한다고 해도 그 도구의 효과는 놀랄 정도다. 바로 '도기 리더'라는 일종의 재갈이다.

도기 리더는 강아지의 주둥이 둘레에 고리처럼 씌우는 끈으로, 말에게 씌우는 굴레와 같은 역할을 한다. 즉, 머리가 향한 방향으로만 걸을 수 있다. 사람이 부드럽게 머리 방향을 조절해 강아지의 움직임을 이끌 수 있다는 뜻이다. 도기 리더를 씌운 상태에서 앞으로 나서며 잡아끌면 주둥이가 뒤쪽 주인을 향하기 때문에 멈춰 설 수밖에 없다.

도기 리더를 쓰면 즉시 좋은 효과가 나타난다고 말할 수 있으

면 정말 좋겠지만, 현실은 가시밭길이다. 정작 힘든 일은 그때부터다. 도기 리더를 적절히 착용하는 훈련을 하는 데만 몇 주가 걸린다. 그간 엄청난 인내심을 발휘해 수시로 칭찬하고 간식을 줘야 한다.

처음 도기 리더를 씌웠을 때, 웨스턴은 격분했다.

녀석은 코를 땅에 비벼대고, 성질을 부리고, 계속 삐쳐 있었다. 바닥에 퍼져서 움직이지 않았다. 몇 주간 수없이 간식을 주면서 끝없는 인내심을 발휘한 끝에 마침내 웨스턴은 도기 리더를 착용한 채 걷기 시작했다.

그 뒤로도 오래도록 달래고 격려한 끝에 생후 14주가 되자 웨스턴은 목줄을 하고 멋지게 걷게 되었다. 당기지도 않고, 고집을 피

가운데 엉덩이를 아래로 늘어뜨린 녀석이 웨스턴이다.

우지도 않고, 코를 비비지도 않았다. 쉬는 시간에 운동장을 미친 듯이 뛰어다니기 시작하면 우리는 웨스턴을 데리고 산책에 나섰다. 낮잠에서 깨어나 다른 강아지들을 괴롭혀도 산책을 나갔다. 무더운 9월의 오후에도, 살을 에는 듯 추운 11월의 이른 아침에도 웨스턴은 걷고 또 걸었다. 비가 억수로 퍼붓는 날에는 생물학 연구동 지하 2층의 길고 구불구불한 복도를 걸었다. 긴 산책을 마치고 다시 유치원에 돌아올 때쯤에는 완전히 지쳤다고는 할 수 없어도 훨씬 차분해졌다. 심지어 잠드는 날도 있었다. 생후 16주 무렵 웨스턴은 하루도 빠짐없이 상당한 거리를 걷게 되었다.

웨스턴의 성격을 한 가지 더 설명하면 자제력 훈련 결과를 이해하는 데 도움이 될 것이다. 어느 화창한 오후, 우리는 강아지들을 데리고 듀크대학교 농구팀을 찾았다. 두말할 것도 없이 그때까지 강아지들이 만나본 중 가장 키가 큰 인간들이었다. 강아지의 관점에서 보면 분명 전설 속의 거인들 같았을 것이다. 모든 강아지가 복종의 표시로 몸을 굴려 배를 드러냈다. 등을 땅에 대고 누워 격렬하게 꼬리를 흔들며 거대한 발 사이로 기어들자, 선수들은 근육이 불거진 팔로 녀석들을 들어 올려 갓난아기처럼 부드럽게 흔들며 얼러주었다.

웨스턴은 예외였다. 녀석은 눈길도 주지 않은 채 선수들을 지나쳐 농구장 가운데 듀크대학교를 상징하는 거대한 D자까지 당당하게 걸어갔다. 그리고 그 위에 오줌을 갈겼다.

### 폭탄 탐지견의 교훈

인지 기능을 말할 때 우리는 합격 혹은 불합격으로 판단하지 않으려고 노력한다. 물론 보조견에게 걸맞은 인지적 특징들이 있다. 그렇다고 해서 그와 다른 인지적 특징이 어떤 의미로든 잘못된 것은 아니다. 웨스턴은 실패한 것처럼 보일 수 있지만, 일부 작업견은 자제력 검사에서 실패하는 것이 오히려 향후 성공을 예측하는 척도가 되기도 한다.

우리는 수백 마리의 폭탄 탐지견을 검사했다.[5] 녀석들도 보조견처럼 고도로 특화된 임무를 수행하도록 훈련한다. 그리고 주로 래브라도 리트리버 종이다. 하지만 공통점은 여기까지다. 케이나인 컴패니언스 개들은 레인보우Rainbow, 오로라Aurora, 위즈덤Wisdom 같은 이름을 붙이지만, 군견의 이름은 스톰Storm, 탱크Tank, 캡틴Captain이다. 케이나인 컴패니언스의 개는 하루를 대부분 자면서 보낼 수도 있다. 반면 군견은 활력이 넘치고, 항상 움직이며, 훈련사들이 '투지'라고 부르는 기운으로 가득 차 있다.

폭탄 탐지 군견은 조련사와 함께 현장에 투입된다. 그리고 현장을 죽 둘러보는 것으로 임무를 시작한다. 표적을 발견하면 그 자리에 그대로 앉거나 표적을 계속 노려보는 것으로 조련사에게 **신호를 보낸다**. 절대 짖지 않으며, 무엇보다 절대 표적을 건드리지 않는다.[6]

하지만 이처럼 예민한 후각을 통해 작업하는 것은 성공적인 군견에게 필요한 인지 능력 중 아주 작은 일부일 뿐이다. 예컨대 훌륭한 군견은 좁고 험한 골짜기나 깊이 함몰된 곳을 만나면 마음속으로 공간적 차원을 계산하고 장애물을 우회할 줄 알아야 한다. 찾고 있는 표적의 냄새를 가리는 다양한 냄새를 감별할 수도 있어야 한다. 어디를 수색했는지 기억하고, 수색과 무관한 시민과 주변을 돌아다니는 다른 개에게 주의를 분산하지 않아야 한다. 다양한 범주의 폭발물(TNT, 염소산칼륨)을 기억해야 하는 것은 물론이다.

이 개들을 검사하면서 우리는 성공적인 탐지견에게 필요한 또한 가지 특성을 바로 알 수 있었다. 자제력이 거의 없어야 한다! 보조견은 간식을 좋아하지만, 군견은 장난감을 **무엇보다 좋아한다**. 따라서 우리는 검사를 위한 게임 중에 음식 대신 누르면 뻑뻑 소리가 나는 노란색 오리 인형을 숨겨놓았다.

그전에 검사한 모든 래브라도 종과 달리 군견들은 오리 인형을 갖고 놀지 않았다. 통째로 삼켜버렸다. 우리는 너무 놀라서 검사를 중단하고 수의사 팀원들에게 급히 이 사실을 알렸다. 며칠 뒤 개들은 아무 문제없이 소화관을 통해 오리 인형을 배출했지만, 우리는 큰 교훈을 얻었다. 그리고 오리 인형을 훨씬 큰 고무 재질의 장난감으로 교체했다.

위험에 처한 것은 오리 인형만이 아니었다. 그날 밤늦게 자원봉사자들이 특이한 요청을 해왔다. 우회로를 찾는 게임 중에 쓸 자전거용 헬멧을 지급해달라는 것이었다. 게임에서 개들은 보상을 얻기 위해 작은 울타리를 우회해야 했다. 하지만 군견들은 빙 돌아가는 대신 쏜살같이 달려 울타리를 그대로 뚫고 나가버렸다. 자원봉사자들은 게임을 진행하다가 울타리나 개와 세게 부딪혀 다치지 않을까 걱정했던 것이다.

이런 성향은 군견에게 오히려 도움이 된다. 군견은 군인과 마찬가지로 모두가 위험을 피해 달아날 때 거기에 맞서 돌진해야 한다. 전장에서 두 번 생각했다가는 곧 죽음으로 이어질 수 있다. 우리는 군견들을 통해 게임에서 틀린 답을 내놓았다고 해서 반드시 그 개

가 현실에 실패한 것은 아님을 배웠다. 그것은 문제 해결 방식이 다르다는 뜻일 뿐이다.

한편 웨스턴은 나이가 들면서 긴 산책과 낮잠이 효과를 거두어 조금 더 자제력을 발휘하게 되었다. 그래도 여전히 보조견으로는 적합하지 않았다. 괜찮다. 웨스턴은 우리에게 인지적 특성들이 얼마나 유용한지 생생히 보여주었다. 이를 통해 특정한 개가 어떤 종류의 일을 가장 잘할지 단서를 얻을 수 있었다. 활발한 생활 방식이 필요했던 웨스턴은 결국 기자이자 롤리Raleigh 지역 명사인 모니카 랠리버티Monica Laliberte에게 입양되었다. 모니카는 여섯 마리 이상의 케이나인 컴패니언스 강아지를 길렀는데, 웨스턴을 새로운 프로젝트 대상으로 선택했다. 웨스턴처럼 빠르고 두려움을 모르는 성격인 모니카는 웨스턴이 환상적인 '뉴스데스크견'이 되리라는 것을 한눈에 알아보았다. 언제나 거침없이 맨 앞으로 나아가는 것. 그야말로 웨스턴에게 완벽하게 어울리는 일이다.

### 5장
# 놀라운 성공 지표

자제력 게임을 통해 우리는 강아지마다 지닌 문제 해결 방식이 어떤 상황에서는 장점이 되고, 다른 상황에서는 단점이 될 수 있음을 알았다. 그렇다면 개의 인지적 특성이 도움이 될지 방해가 될지 어떻게 알 수 있을까? 한 가지 문제는 우리 스스로 지닌 선입견이 평가를 왜곡할 수 있다는 것이다.

사람들은 이렇게 말한다. "아, 우리 개는 절대 보조견은 될 수 없어. 얼마나 게으른지 말도 못해." 하지만 진료실이나 학교에 몇 시간씩 가만히 앉아 있는 것이야말로 보조견이 반드시 갖춰야 할 능력이다. 사람들은 또 이렇게 말한다. "우리 개는 너무 수선스러워. 쓸모 있는 일이라고는 하는 꼴을 못 봤어." 하지만 지칠 줄 모르는

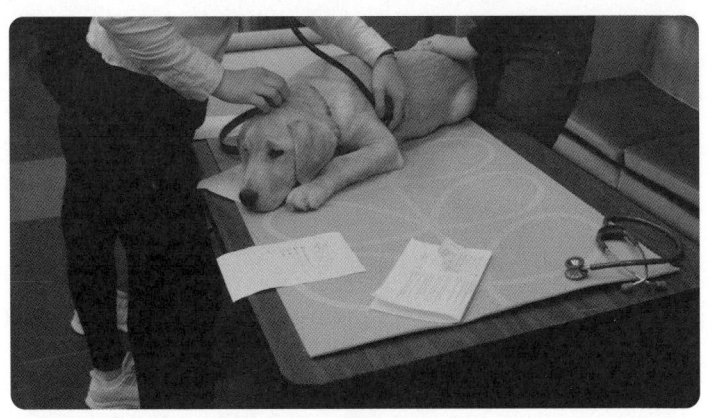

의대생들에게 어린이 진찰법을 가르치는 마거릿을 돕는 잭스. 영유아는 누운 상태에서 모든 장기가 강아지와 대략 비슷한 곳에 위치한다. 잭스는 의대생들이 잠시도 가만히 있지 않고 꼼지락대는 작고 귀여운 피조물을 어떻게 진찰해야 할지 가르치는 데 도움을 주었다.

투지야말로 군견이 갖춰야 할 핵심적인 능력이다. 군견들을 현장에서 보면 분명 부산스럽고 들뜬 것처럼 보이지만, 이처럼 높은 활력 수준을 이용해 적절한 훈련을 받고 정교한 재능을 발달시켜서 군견이 된 것이다. 2019년 가을반에서 잭스만큼 이런 사실을 잘 보여주는 개는 없었다.

잭스는 처음부터 눈에 띌 정도로 침착했다. 방 안을 온통 휘젓고 다니는 웨스턴과 달리 되도록 눈에 띄지 않으려고 했다. 어찌나 조용했던지 그저 배경의 일부처럼 느껴질 정도였다. 사자의 몸에 겁쟁이의 심장을 지닌 잉과도 달랐다. 타고난 리더들이 보이는 조용한 확신 같은 것이 있었다. 잘생기고 매력적인 잭스는 불안해하는 어린이들을 부드럽게 맞아주었다. 과거에 개와 안 좋은 경험이 있는 어른도 차분히 가라앉히는 힘이 있었다. 잭스를 약 올리기는 불가능했다. 다른 강아지들이 돌진해 와 부딪쳐도, 갖고 놀던 장난감을 빼앗아가도, 얼굴에 물을 튀겨도, 그저 차분히 자리에서 일어나 다른 곳으로 가버릴 뿐이었다.

잭스의 재능은 인지력 게임에서 빛을 발했다. 표지 시험은 항상 100점이었다. 고난도 버전도 한 번도 빠짐없이 반에서 1등을 달렸다. 자제력은 '제다이Jedi 마스터' 급이었다. 보조견의 용모와 행동이 어때야 하는지 꼽아보라. 잭스는 모든 항목에 합격점을 받을 것이다. 한 가지 중요한 점만 빼고.

녀석은 제 똥을 먹었다.

의심할 여지없이 절대로 용납할 수 없는 결점이었다.

젊은 자원봉사자들이 역겨움에 못 이겨 외치는 소리가 들려오면 녀석이 또 실수했다는 걸 알 수 있었다. **우웩! 잭스! 또 먹었어?**

잭스는 밤사이에 얼어붙은 똥을 먹었다. 다른 강아지의 엉덩이에서 막 땅으로 떨어진 따끈따끈한 똥도 먹었다. 똥을 누자마자 번개처럼 몸을 돌려 자기 것도 먹었다. 자원봉사자들은 너무나 절망한 나머지 2인 1조 시스템을 개발했다. 잭스가 똥을 눌 때마다 두 사람이 따라가서 한 사람은 목줄을 붙들고 다른 사람은 똥이 땅에 떨어지자마자 삽으로 떠내는 방식이었다.

분식증coprophagy, 즉 똥을 먹는 행동은 견주들 사이에서 드문 걱정거리가 아니다. 우리를 찾아온 사람들은 몹시 부끄러워하며 행여 누가 들을세라 목소리를 낮춘다. "어떻게 하면 똥을 먹지 않게 할 수 있나요?" 이 질문은 개와 관련된 구글 검색어에서 항상 최상위권을 차지한다. 물론 우리도 잭스가 똥을 먹게 내버려두지는 않는다. 감염 위험은 물론, 보기에도 흉하고 입에서 나쁜 냄새가 나지 않는가? 하지만 똥을 먹는 것은 포유동물에서 흔한 행동이다. 놀랍게도 그 행동이 유익하기 때문이다. 엄마 개는 생활 공간을 깨끗하게 유지하기 위해 갓 태어난 새끼들이 눈 똥을 먹어치운다. 코요테를 비롯한 다른 갯과 동물은 경쟁 상대의 똥을 먹고 그 자리에 똥을 눔으로써 영역을 표시한다. 사슴이나 소 등 발굽동물의 똥은 50~60퍼센트가 소화된 상태로, 그 속에 포함된 항산화물질과 여러 영양소가 면역계에 유익한 것으로 밝혀졌다.[1] 하지만 기생충이나 유해한 병원체에 감염될 위험이 따르기 때문에 똥을 먹는 것은, 설사 초식동물의 똥이라 해도 절대 권할 수는 없다.

분식증을 멈추는 방법에 대한 연구는 많지 않다. 한 연구에서는 예컨대 똥에다 매운 소스를 뿌리거나, 그저 눈을 감고 행동이 사라지기를 기대하는 등 다양한 예방 조치의 순위를 매기기도 했다. 연구 결과, 상업적으로 판매되는 제품들의 효과는 아무것도 하지 않는 것보다 딱히 나은 것 같지 않다.[2] 잭스가 똥을 먹지 않도록, 적어도 그 빈도를 줄이기 위해 가능했던 유일한 방법은 목줄을 단단히 붙잡고, 변을 보자마자 치우고, 항상 감시를 늦추지 않는 것뿐이었다.

모든 자원봉사자가 잭스는 똥을 먹기 때문에 보조견 과정을 절대 졸업할 수 없다고 확신했지만, 사실 그것이야말로 녀석이 과정을 성공적으로 마칠 수 있으리라는 징후일지 몰랐다. 에밀리는 138마리의 안내견 강아지를 기른 사람들이 응답한 조사 데이터를 분석한 결과, 똥을 먹는 개가 보조견 과정을 졸업할 가능성이 **더 크다는** 사실을 발견했다.\* 약간 상관관계가 있는 정도가 아니었다. 분식증은 케이나인 컴패니언스 개가 성공적으로 졸업할 가능성을 가늠하는 다섯 가지 행동 중 하나였다.[3] 가설 하나는 래브라도 리트리버 종인 잭스가 풋아편 흑색소 부신겉질 자극호르몬 pro-opiomelanocortin, POMC 유전자에 돌연변이가 있을 가능성이 크다는 것이다. 이 돌연변이가 있으면 베타-엔도르핀과 베타-멜라닌 세포 자극호르몬 melanocyte-stimulating hormone, MSH이라는 신경 펩티드를 부호화하는 염기서열이 변하면서 식욕이 억제할 수 없을 정도로 상승한다.[4] POMC는 래브라도 변종이 과체중이 되기 쉬운 이유이기도 하다(같은 유전자 돌연변이는 인간의 비만과도 관련이 있다). 래브라도가 양말의 보풀을 뜯어 먹었다거나, 닭 사료 한 통을 다 먹어치웠다거나, 축축한 시멘트 한 포대를 몽땅 먹었다거나 하는 기막힌 이야기가 끊이지 않는 이유도 다름 아닌 이 유전자 때문이다. 연구 결과, 이 유전

---

\* 에밀리는 C-BARQ 조사 결과를 분석했다. 이 조사는 기질과 행동 설문지로 활력 수준에서 짖기와 꼬리 쫓기에 이르기까지 모든 것을 평가한다.

자 돌연변이는 일반 반려견보다 보조견으로 선발된 개에게 더 자주 나타났다. 그러니 결정적인 약점이 동시에 결정적인 강점인 셈이다. 잭스가 똥을 먹는 이유는 뭐든 먹어치울 정도로 배고프기 때문이다. 바로 그런 특성 때문에 잭스는 훈련하기가 너무나 쉬웠다. 사료 한 알만 줘도 온갖 초능력을 발휘했던 것이다.

개가 똥을 먹는 행동은 우리의 선입견이 얼마나 잘못된 것인지, 약점이라고 생각했던 것이 실제로는 어떻게 강점이 될 수 있는지 뚜렷하게 보여주는 예라 할 수 있다.

### 물리학

선입견은 다른 방향으로도 작용한다. 보조견으로 성공하는 데 무엇보다도 중요할 것이라고 짐작하는 인지 능력들이 있다. 하지만 막상 연구해 보면 정반대 효과를 나타낸다는 것이 입증되기도 한다. 물리학을 예로 들어보자. 물리학이라고 하면 컴퓨터과학이나 수학처럼 '똑똑한' 과학 중 하나라고 생각한다. 물리학은 물리적 세계에 대한 이해를 검증하는 학문이다. 때로는 끈이론처럼 복잡하기도 하지만, 중력 때문에 모든 물체가 땅으로 떨어진다는 것처럼 단순할 때도 있다.

사실 우리는 하루도 빠짐없이 물질의 특성, 관성, 전기 에너지,

빛의 굴절, 날씨 패턴에 관련된 사소한 물리 시험을 통과하면서 살아간다. 두 살만 돼도 물체가 어떻게 움직일지 나름대로 예측한다. 어떤 물체는 물에 뜨고 어떤 물체는 가라앉는다든지, 사람은 동시에 두 곳의 장소에 존재할 수 없음을 안다.

일반적으로 개는 그런 식으로 물리학을 이해하지는 못한다. 걸핏하면 문에 부딪치고, 좁은 공간에 꼭 끼어 옴짝달싹 못하며, 막대기를 가로로 문 채 좁은 틈을 빠져나가려고 안간힘을 쓴다.[5] 물체가 아래로 떨어진다든지, 풍선이 터진다든지, 파도가 부서지는 현상도 대개 이해하지 못한다.*

하지만 인간도 어떤 이는 타고난 로켓 공학자인 반면에 어떤 이는 수십 년간 똑같은 옷장 문에 끊임없이 머리를 부딪치는 것처럼, 어떤 개는 다른 개들보다 세상의 물리적 특성을 훨씬 잘 이해한다.

잭스는 물리학을 너무나 좋아했다. 마치 가장 좋아하는 텔레비전쇼를 보듯 케라를 관찰했다. 고체는 항상 형태를 유지하며 서로 뚫고 지나갈 수 없다는 걸 이해하는지 알아보는 검사를 받을 때면 등을 곧추세우고 똑바로 앉아 검사를 시행하는 그녀에게서 눈을 떼지 않았다.

케라는 나무토막 위에 고정한 깊은 그릇 속에 간식을 떨어뜨린

---

* 중력이 좋은 예다. 개가 입에 물었던 공을 가파른 언덕길에 내려놓았다가 데굴데굴 굴러가는 것을 보고 깜짝 놀라는 모습을 본 사람도 있을 것이다. 물론 개도 물체가 땅을 향해 떨어진다는 건 아는 것 같지만, 그런 이해는 상당히 제한적이다.[6]

강아지는 물리적 연결법칙을 이해하지 못한다. 이 사진에서는 잭스(왼쪽)만이 올바른 방향으로 가고 있다. 콩고(맨 왼쪽)가 무한한 인내력을 발휘하는 모습도 눈여겨보기 바란다.

다. 이제 마법이 시작된다. 케라는 칸막이를 꺼내 그릇을 가린다. 그리고 과장된 동작으로 노란색 천을 칸막이 위로 들어올린 후 펄럭거려 잭스의 주의를 집중시킨다. 이윽고 칸막이 뒤에 있는 그릇 위에 천을 덮는다. 그다음에는 똑같은 노란색 원형 천을 꺼내 다시 한 번 과장된 동작으로 주의를 끈 후 잭스의 눈길이 닿지 않는 칸막이 뒤쪽 매트에 그대로 떨어뜨린다.

케라가 칸막이를 치우면 동그란 노란색 천 하나는 땅에 펼쳐져 있고 다른 하나는 어떤 물체를 덮고 있다. 그 물체는 좀 전에 간식을 떨어뜨렸던 그릇과 그 아래 놓인 나무토막과 형태와 크기가 대

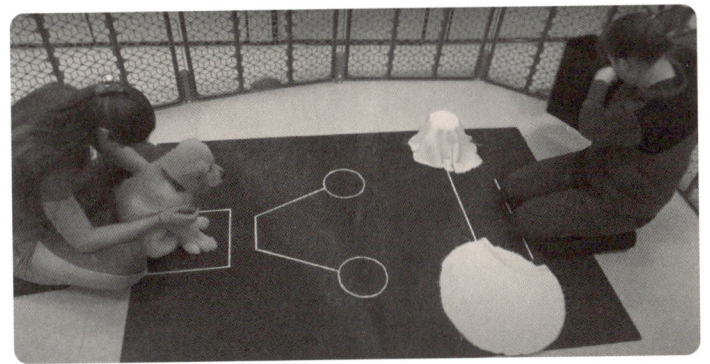

강아지 한 마리가(잭스는 아니다) 물리학 시험을 준비하는 케라를 지켜보고 있다.

략 같다. 이때 고체는 다른 것을 뚫고 지나갈 수 없으며, 눈에 보이지 않는 곳에 있더라도 형태가 그대로 유지된다는 사실을 이해한다면 어디를 뒤져야 간식을 찾을 수 있을지 명백할 것이다. 그러나 고체의 특성을 이해하지 못한다면? 혼란스러울 것이다. 인간이 이런 검사를 통과하지 못한다는 것은 상상하기 어렵지만, 어린 강아지들은 상당히 애를 먹는다. 전날에 웨스턴은 실패했다. 욜란다도 마찬가지였다. 특별한 일은 아니다. 많은 성견조차 첫 번째 시도, 심지어 두 번째 시도에서도 이 검사를 통과하지 못한다.

잭스는 멈칫했다. 그러더니 그릇 모양의 노란색 천 쪽으로 다가갔다. 고체에 관한 개념을 모두 안다는 듯. 강아지계의 아인슈타인이다. 여기까지 읽고 물리적 세계를 이해한다는 것이 큰 자산일 것이라고 생각할지도 모르겠다. 하지만 우리가 알아낸 바에 따르면

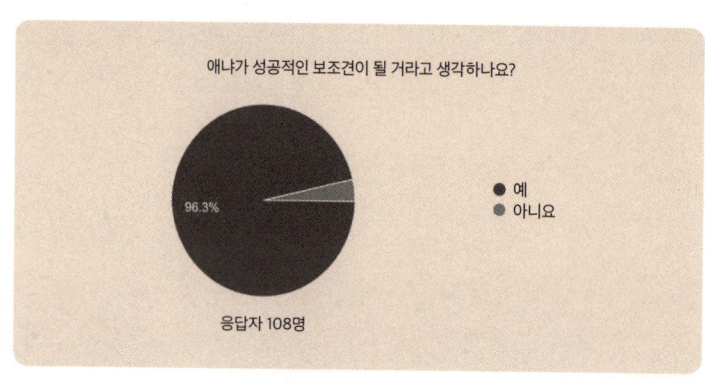

이 게임을 잘하는 개는 보조견으로 성공할 가능성이 오히려 **작다**.[7]

잭스 같은 강아지를 통해 우리는 어떤 개가 성공할지 예측하는 것이 상당히 복잡한 일임을 알 수 있었다. 선입견과 직관만으로는 충분하지 않다. 학기마다 자원봉사자들은 어떤 강아지가 보조견 과정을 성공적으로 졸업할지 예측한다. 2019년 가을반에는 압도적인 표를 얻은 강아지가 있었다. 바로 애냐였다.

우리의 '러시아 공주' 애냐는 모든 사람이 성공적으로 졸업할 것이라고 예상하는 강아지였다.

자원봉사자들은 친절하고 영리하며 따뜻한 품성을 지닌 애냐를 이렇게 묘사했다.

매우 붙임성 있으면서도 뭐든지 금방 배우고, 지켜야 할 한계를 알아요. 공주와 전사의 마음을 동시에 갖고 있죠.

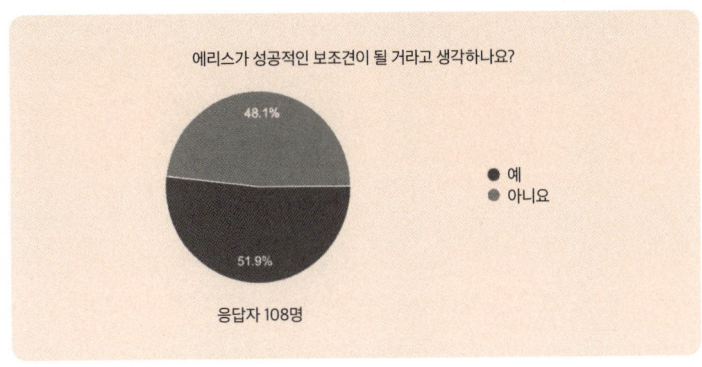

천사 같은 강아지, 너무나 친절하고 차분해요.
때때로 건방지게 굴기도 하지만, 보조견으로서 갖춰야 할 모든 것을 지니고 있어요.

반면에 기대치가 그리 높지 않은 강아지도 있었다. 예컨대 애냐의 형제인 에리스는 이름 그대로 사방을 들이받는 숫양 같았다.

우리는 강아지들이 유치원을 졸업할 무렵이면 기본적인 능력을 익혀야 한다고 생각한다. '앉아' '엎드려' '기다려' '손' '여기' 같은 기능들을 이해해야 한다는 뜻이다. 에리스는 한 가지도 익히지 못했다. 아니, 다 알지만 따르고 싶어하지 않았다고 하는 편이 더 낫겠다.

목표는 모든 강아지가 완벽하게 대소변을 가리고, 밤에 한 번도 깨지 않고 자는 것이었다. 에리스는 대소변을 가렸지만, 잠자리에서 짖어댔다. 배가 고프거나 화장실에 가려는 것이 아니었다. 그저 침대에서 누군가의 옆에 대자로 누워 베개를 베고 자야 한다고 상상하는 것이었다.

에리스는 도기 리더에 맞춰 걸으려고 하지 않았다. 우리는 어리둥절할 뿐이었다. 졸업 무렵에는 모든 강아지가 도기 리더에 보조를 맞춰 걸었다. 에리스는 그러기를 거부했다. 고집스럽게 한자리에 앉아 꼼짝도 하지 않았다. 이럴 때는 조금 기다리면 움직이게 마련이다. 좋아하는 간식으로 꾀어볼 수도 있다. 에리스에게는 통하지 않았다. 누군가 자기를 안아서 옮겨주기만 바랐다. 그러니 별수 있나?

자원봉사자들은 믿기 어려울 정도로 녀석을 사랑했다. 2019년 가을반부터 우리는 인기투표를 시작했다. 애정을 담은 열띤 토론이 벌어졌다. 우승자는 항상 확신에 가득 차 있는 웨스턴이나 모든 사람이 성공을 거두리라 생각하는 우리의 공주 애냐가 아닐까?

하지만 에리스와 잉의 치열한 접전이었다. 다른 경연대회(최고의 핼러윈 복장, 최고의 졸업사진) 점수를 합산해 산정한 최종 결과는 에리스의 아슬아슬한 승리였다.

자원봉사자들은 다루기 까다로워도, 아니 어쩌면 오히려 그것 때문에 에리스를 사랑했다. 녀석이 휠체어를 끄는 모습은 아무도 볼 수 없을지 몰라도, 녀석이 평생 누군가를 행복하게 해주는 모습은 모두가 볼 수 있을 것이었다. 에리스는 멋진 개라고 할 만한 뭔가를 갖고 있다. 애슈턴이나 잭스와 마찬가지로 에리스 또한 인지적 특성에 있어 '옳고 그름' 따위는 없음을 보여주는 생생한 예라 할 것

에리스가 누군가의 무릎 위에 엎드린 율란다 위로 올라타고 있다.

이다. 모든 강아지는 자신만의 시각으로 세계를 해석하며, 각기 독특한 방식으로 문제를 해결한다. 따라서 어떤 강아지가 자라서 어떻게 될 것이라고 예측하면 거의 항상 맞지 않는다. 물리학 게임을 잘하는 강아지, 그러니까 우리 인간이 지능이라고 생각하는 '복잡한 개념을 잘 이해하는 능력'을 가진 강아지는 보조견으로 성공할 가능성이 크지 않다. 반대로 우리가 적절하지 않다고 생각하는, 똥을 먹는 강아지는 오히려 보조견으로 성공하는 경향이 있다. 유치원에서 우리의 목표는 모든 강아지가 각자의 잠재력을 실현하도록 돕고, 어떻게 그럴 수 있었는지 조사하는 것이다. 우리는 강아지들의 인지적 특성을 이해하는 데 중점을 두지만, 동시에 어떻게 하면 녀석들이 성공하도록 도울 수 있을지도 알고 싶다. 다음 단계는 유전자와 환경이 어떻게 서로 작용을 주고받아 행동으로 나타나는지 알아보는 것이다. 우리는 모든 행동이 항상 두 가지 요소의 조합에 의해 발현한다는 것을 알지만, 특정한 강아지가 성공을 거두는 데 각각의 요소가 어느 정도 기여하는지도 알아낼 수 있을까?

# 6장
## 똑똑한 유전자

가족을 선택할 수는 없다. 개만 빼고는. 강아지를 집에 들이는 즐거움의 절반은 녀석이 내 삶에서 어떤 존재가 될지, 내가 좋아하는 사람들과 잘 어울려 지낼지 상상하는 데 있다. 크로스컨트리나 오리 사냥을 즐기는가? 자녀나 노부모와 함께 사는가? 비행기 좌석 밑에 들어가는 개, 또는 썰매를 끌 수 있는 개를 원하는가? 아마 대부분 특정 견종을 마음에 두고 있을 것이다. 전에 키워봤거나 멀리서 보고 내심 감탄했던 견종, 어쩌면 인스타그램의 미로를 헤매다 코커푸cockapoo(코커 스패니얼과 미니어처 푸들의 교배종이다. — 옮긴이)가 없다면 삶이 불완전하다는 결론을 내렸을지도 모른다.

우리 유치원을 방문한 사람들은 항상 강아지들이 무슨 견종이

냐고 묻는다. 래브라도 리트리버와 골든 리트리버 잡종이라고 하면 대부분 고개를 끄덕인다. 이렇게 말하는 사람도 있다. "래브라도는 멋진 견종이죠. 엄청 친절하고, 아이들하고도 잘 놀고요."

그때마다 그들이 군견을 한 번이라도 봤는지 궁금해진다. 군견도 래브라도지만, 기질과 인지 능력 면에서 보조견 래브라도와는 너무 달라서 다른 견종이라고 해도 좋을 정도다.[1] 앞서 에리스와 애냐의 예를 보았지만, 한배 강아지들조차 서로 완전히 다를 수 있다.

사람들이 '견종'이라고 생각하는 것은 사실 '유전'이라고 해야 옳다. 신체적, 행동적, 인지적 차이가 유전자를 통해 한 세대에서 다음 세대로 일관성 있게 전달된다고 믿기 때문이다. 물론 형태학적 특징은 견종에 따라 뚜렷한 차이를 보인다. 그레이트 데인은 모두 몸집이 크고, 치와와는 모두 작다. 래브라도는 귀가 축 늘어져 있지만, 저먼 셰퍼드는 뾰족하게 곤추서 있다. 견종 사이의 뚜렷한 형태학적 차이를 예로 들자면 끝도 없지만, 이런 특징들은 매우 단순한 유전적 차이에 기인한다.[2] 인간을 포함해 대부분의 생물종이 나타내는 특성은 거의 항상 수백, 수천 가지 유전자가 관여하는 복잡한 네트워크에 의해 조절된다. 하지만 견종의 형태학적 특징처럼 비교적 단순한 유전적 차이에 의해 조절되는 성질이라고 해도 개체마다 어느 정도 차이를 나타내게 마련이다. 예컨대 모든 그레이트 데인은 몸집이 크지만, 몸무게는 50킬로그램에서 80킬로그램까지 다양하다. 이런 개별적 차이는 특정한 개가 물려받은 신장(키) 유전자들과 더불어, 그 개가 살아온 환경에 의해 그 유전자들이 어떻게 발현되는지에 따라 정해진다.[3] 인지와 행동을 포함해 모든 특성 차이는 언제나 유전자와 환경의 상호작용에 의해 나타난다. 문제는 유전성heritability, 즉 유전자와 환경이 상호작용해 개체를 형성할 때 각기 상대적으로 얼마나 영향을 미치는지 가늠하는 것이다. 어떤 특성의 유전성이 크다면 개체 간 차이의 많은 부분을 유전적 차이로 설명할 수 있으며, 환경은 중요성이 훨씬 작을 것이다. 이때는 유전 쪽을 더 깊게 연구하면 그런 특성을 나타내는 데 큰 영향을 미친 유전적 기전을 종종 발견하게 된다. 유전성이 큰 특성은 선택 육종 시 유망한 표적이 되기도 한다. 선택 육종이란 한 집단에서 원하는 특성이 나타나는 빈도를 높일 가능성이 큰 선택적 교배를 말한다.[4]

마침 우리는 유치원에서 정확히 이런 부분에 관심을 두고 있었다. 환경 요인(양육, 훈련 등)보다 유전적 변이에 의해 나타나는 인지적 차이를 알아보고자 했던 것이다. 유전성이 큰 인지적 특성을 발견한다면 보조견의 공급을 늘릴 수 있는 새로운 방법을 개발할 수 있을지 모른다.

### 고전적 래브라도

2019년 가을반 졸업생들이 각기 새로운 양육자에게 보내졌다.

녀석들과 작별하고, 유치원을 깨끗이 치우고, 물품들을 주문하고, 한숨 돌릴 무렵이면 어느새 크리스마스와 연말 휴가가 모두 지나 새로운 입학생들을 받을 때가 된다.

2020년 봄학기 입학생들을 만나보자. 아서Arthur는 우리가 본 중 가장 래브라도다운 래브라도였다. 래브라도 리트리버는 30년 넘게 미국에서 가장 인기 있는 견종이었다.* 통념과 달리 이들의 조상은 래브라도(캐나다에서 가장 동쪽에 있는 주)가 아니라 뉴펀들랜드섬 출신이다. 두 지역 모두 아亞북극권이지만, 뉴펀들랜드섬은 래브라도주에서 약간 남동쪽에 위치한다. 이 견종은 1800년대에 영국으로 보내져서 어업견으로 훈련되었다고 전해진다. 어부들이 실수로 물에 떨어뜨린 물고기나 그물을 도로 찾아오는 일을 했다는 것이다. 이 개들은 수영을 아주 잘하는 데다가 털이 촘촘하고 물에 젖지 않아 겨울에 차가운 물에 들어가도 얼어붙지 않았다. 미국으로 수입된 래브라도 리트리버는 사냥견, 특히 오리 사냥에 유용하다는 명성을 얻었다. '부드러운 입'을 갖고 있어서 사냥감을 입에 물고 돌아와도 상하지 않았다.

이처럼 인기 있는 견종이라서 유치원을 찾는 사람은 대부분 래브라도를 키우고 있거나 키웠던 적이 있었다. 그리고 2020년 봄학기 방문객들은 하나같이 아서에게 끌렸다. 아서는 래브라도 하면

---

\* 2023년에는 프렌치 불도그가 왕좌에 앉았다.

떠오르는 모습을 고스란히 지니고 있었다. 뉴펀들랜드섬의 시조처럼 검은색인 데다, 물을 막아주는 짧은 털은 풍부한 피지 덕분에 윤기가 자르르 흘렀다. 따뜻한 날 강아지용 풀장에 물을 채우면 몇몇은 발을 적실까봐 조심했지만, 아서는 조금도 망설이지 않고 풍덩 뛰어들었다. 수영 실력을 타고난 것이다. 토실토실했지만 뚱뚱하지 않았고, 장난스러웠지만 어설프지 않았으며, 귀는 늘어졌지만 턱 바로 밑, 완벽한 길이에서 멈추었다. 턱은 강인했으나 뭔가를 입에 물 때는 부드러웠다. 다른 강아지들은 금속 재질의 물그릇에서 자원봉사자의 손에 이르기까지 사방팔방에 이빨 자국을 남겼지만, 아서는 가장 좋아하는 곰 인형을 물어 올릴 때도 인형의 털이 흐트러지지 않았다.

뭔가를 입에 물고 안전하게 가져오는 것은 보조견으로서 졸업장을 받을 수 있을지 예측하는 능력 중 하나이므로, 우리는 뭔가를 물어 오는 게임을 항상 수업에 포함시킨다. 그리고 장난감을 쫓아가는지, 슬쩍 건드리는지, 다시 던져줄 수 있도록 입에 물고 가져오는지 등을 세심하게 기록한다. 우리의 모든 강아지가 래브라도 리트리버 혈통이 조금은 섞여 있지만, 몇 녀석은 던져준 것을 물어 오는 데 전혀 관심이 없었다.(리트리버retriever라는 이름에서 알 수 있듯이, 원래 '뭔가를 찾아서 물어 오는 능력이 뛰어난 개'라는 뜻이다. ─ 옮긴이) 생후 8주가 되자 아서는 물어 오기 게임의 점수가 반에서 가장 높았다.

 아서가 당당한 자세로 선 채 코를 쳐들고 킁킁 냄새를 맡거나, 아무 소리도 내지 않고 강아지 공원을 가로질러 조용히 걸어갈 때면 나중에 커서 얼마나 차분하고 위엄 있는 개가 될지 눈앞에 선히 보이는 듯했다. 얼마나 잘생기고 부드러운 개가 될까! 그 품위 있고 위풍당당한 모습에 넋을 잃고 아서를 바라보는 순간, 녀석은 어느새 바닥에 배를 붙이고 납작 엎드린 채 조그만 분홍색 혀를 내밀며 다른 강아지들에게 함께 놀자고 응석을 부렸다.
 그럴 때면 모두가 그 치명적인 귀여움에 한바탕 자지러졌다.

## 견종의 기원

20세기까지 개는 맡은 역할에 따라 육종되었다. 견종의 명칭 또한 키우는 목적에 따라 붙여졌다. 양 떼를 지키는 개는 모두 셰퍼드shepherd(양치기), 토끼를 뒤쫓는 개는 모두 해리어harrier(개구리매), 무릎 위에 올려놓는 개는 모두 스패니얼spaniel(알랑거리는 아첨꾼)이었다. 과거에는 집을 지키고, 가축을 몰고, 쓰레기를 처리하는 등 특화된 용도에 맞게 육종한 개가 수십 가지 임무를 수행했다.[5] 시간이 지나면서 각 견종은 역할에 맞는 용모를 지니게 되었다. 예컨대 래브라도는 몸집의 크기도 특징의 일부다. 바다에서 헤엄칠 수 있을 정도로 힘이 세고 몸집이 크지만, 물고기를 끌고 배 위에 올라오지 못할 정도로 크지는 않다. 털은 방수 기능이 있어 물에 젖지 않고 빨리 마른다. 수달처럼 넓찍한 꼬리는 물살을 헤치고 헤엄치는 데 도움이 된다.[6]

또 다른 예로 잉글리시 불도그가 있다. 17세기에는 소를 도살할 때 말뚝에 묶어놓고 여러 마리의 개를 풀어 죽이도록 법으로 정해져 있었다. 그렇게 해야 육질이 부드러워진다고 믿었기 때문이다(잘못된 생각이다). 전해지기로는 잔뜩 성이 나서 날뛰는 황소bull를 향해 돌진할 정도로 용감한 개는 모두 불도그bulldog라고 불렀다는 말도 있지만, 일반적으로 개의 체고體高가 낮을수록 유리했다. 황소는 머리를 낮춘 채 돌진하기 때문이다. 이런 일에 쓰이는 개는 황소의 부드러운 코를 한번 물면 놓지 않을 정도로 턱이 강해야 했고, 황소가 사방으로 허공에 흔들어대도 빠지지 않을 정도로 이가 튼튼해야 했다. 그런 북새통 속에서 제대로 숨을 쉬려면 아래턱이 돌출하고 콧구멍은 옆으로 넓게 퍼진 것이 유리했다. 다행히 이처럼 비인간적인 관행은 1835년에 법으로 금지되었다. 하지만 지금도 불도그는 아래쪽이 앞으로 튀어나온 치열, 낮은 체고, 강인한 턱 등 황소를 공격하는 데 도움이 될 특징을 고스란히 유지한다.[7]

19세기까지 견종은 그리 다양하지 않아 수십 종에 불과했으며, 개의 용모에 대해서는 누구도 관심이 없었다. 맡은 일을 잘 수행하는지가 중요했을 뿐이다. 소위 '현대 견종'이라고 해서, 오늘날 우리가 아는 약 400가지 견종이 생겨난 것은 산업혁명과 함께 일어난 문화적 격변 때문이다. 산업혁명으로 인해 시골 지역 인구가 대도시로 물밀 듯 흘러들어가 노동계급을 형성한 것은 물론, 중산층이라는 새로운 계급이 출현했다. 중산층은 도시에 살면서 사무직에 종사하고, 유명한 귀족들의 패션과 생활 방식을 모방했다. 이들에게는 맡은 일을 열심히 하는 개가 필요 없었다. 애완용으로 적합하면서 명품 핸드백처럼 자신의 고상한 취향과 풍족한 수입을 은근히 드러낼 수 있는 개가 필요했다.[8]

빅토리아시대 사람들은 이내 개의 품종 개량에 강박적으로 매달렸다. 개의 머리털이 어깨에 닿을 정도로 치렁거리고, 눈썹이 무성하게 자라고, 심지어 콧수염이 돋아난다면 너무나 멋진 일, 어쩌

영국의 주간지 《펀치Punch》에 실린 1889년 당시 개들의 패션

면 마법 같은 일이었을 것이다. 개의 크기를 줄여 고양이만 하게 만들거나, 반대로 망아지만큼 큰 개를 만들면 어떨까? 왕자처럼 늠름하게 서 있거나, 옛이야기에 나오는 도깨비 얼굴을 한 개를 만들 수는 없을까?

최초의 공식적인 애완견 경연대회는 1859년 6월 28일에 열렸다. 이때는 개를 포인터pointer와 세터setter, 오직 두 종류로 구분했다. 4년 뒤에 열린 대회에는 1000마리가 넘는 개가 참가해 대회장이 터져 나갈 정도였다.

**6장 똑똑한 유전자**

애완견 경연대회는 벼락부자들이 몰려와 돈을 물 쓰듯 하는 장소였다. 평범한 양치기개는 1파운드면 살 수 있었지만, 경연대회에 출전하는 일급 콜리는 1000파운드의 가치가 있었다. 오늘날 화폐 가치로 환산하면 대략 12만 달러(한화 약 1억 6270만 원)에 해당하는 액수다.

짐작하듯 이 정도 금액이 오가다 보면 비양심적인 사람이 꼬이게 마련이다. 기술적으로 잘 꾸미고 단장해놓으면 평범한 양치기개도 경연대회감 콜리로 둔갑시킬 수 있었다. 사실이 발각될 즈음이면 사기꾼은 이미 자취를 감춘 뒤였다. 이런 불상사를 방지하기 위해 1873년 최초의 애견가 클럽을 발족해 개의 품종과 혈통을 보증하기 시작했다.

이리하여 애견가들은 자기도 모르는 새에 역사상 최대 규모의 유전학 실험을 시작했다.

### 다음 세대

1800년대 중반에는 아직 유전자라는 것이 알려지지 않았다. 많은 형질이 세대에서 세대로 전해진다는 사실은 누구나 알았지만, 어떻게 그런 일이 일어나는지는 아무도 몰랐다. 찰스 다윈은 신체를 구성하는 세포가 소아체小芽體, gemmule(작은 싹이라는 뜻이다. ─

옮긴이)라는 유전 입자를 방출한다고 생각했다. 그레고어 멘델은 진실에 한 발짝 더 다가가 콩에 대한 실험 기록을 남겼지만, 과학계가 1850년대에 쓰인 그의 논문을 재발견한 것은 무려 반 세기가 지나서였다. 이런 사정으로 DNA는 1950년대에야 제대로 발견되고 기술되었다.**9**(DNA는 핵산nucleic acid의 일종으로 물질 자체는 1869년 스위스의 과학자 프리드리히 미셔Friedrich Miescher가 발견했다. 하지만 당시에는 이 물질이 유전에 관여하는 줄은 전혀 몰랐다. — 옮긴이)

그때 육종가들과 애견가 클럽에서는 이미 수십 년간의 노력을 통해 각 견종의 신체적 특성에 대해 표준화된 목록을 만들어놓았다. 특정한 견종에 속하는 모든 개는 동일한 신체적 특성을 지녔으며, 그런 특성은 누구든 쉽게 관찰할 수 있었으므로 유전학자들은 한 견종의 외모가 다른 견종과 어떤 점에서 다른지 눈으로 확인할 수 있었다. 드물지만 운이 좋은 경우에는 그 특성에 관련된 유전자 또는 유전자들을 정확히 지목할 수도 있었다. 인간의 키를 결정하는 데는 수백 가지 유전자가 관여한다. 하지만 개에서는 IGF1이라는 단 한 가지 유전자가 작은 개를 작게 만드는 주요 인자이며, IGSF1이라는 유전자가 큰 개를 크게 만드는 주요 인자다.**10**(여기서 크다, 작다라는 말은 개의 키, 즉 체고를 말한다. — 옮긴이) 각 견종에서 어떤 유전자가 다른지 알기 위해 약 30억 개의 염기쌍으로 이루어진 게놈(유전체) 전체를 펼쳐놓고 들여다볼 필요는 없다. 차이를 유도하는 부위의 스냅숏, 즉 단일 염기 다형성single nucleotide polymorphism, SNP만 확인하면 된다. 이 방법을 이용해 유전학자들은 슈나우저의 콧수염과 눈썹이 RSPO2라는 유전자의 돌연변이와 관련됨을 알아냈다.[11]

이처럼 견종은 특징적인 용모를 얻기 위해 매우 세심한 형질 선택을 거쳤으므로, 어떤 견종을 떠올리든(예컨대 래브라도 리트리버) 거기 속하는 개들이 비슷한 신체적 특징을 나타내리라고 합리적인 수준에서 확신할 수 있다. 유치원의 모든 강아지는 물론, 대부분의 보조견은 래브라도 리트리버, 즉 래브라도와 골든 리트리버의 교배종이다. 우리는 이 견종이 대략 어느 정도 크기인지 알기 때문에 보조견의 임무를 제대로 수행할 신체적 조건이 된다는 것을 알고 있다. 예컨대 미니어처 푸들은 아무리 인지적으로 뛰어나도 전등 스위치를 켤 수 없다. 몸이 너무 작기 때문이다. 마찬가지로 치와와가 아무리 영리하다 한들 휠체어를 끌 수는 없는 노릇이다.

중간 크기에서 대형견에 이르는 모든 견종이 보조견이 될 수 있지만(안내견의 원조는 저먼 셰퍼드다), 케이나인 컴패니언스를 비롯한 보조견 양성 기관에서 래브라도 리트리버를 선택하는 이유는 일반 대중이 '보조견은 이렇게 생겼다'고 **생각하는** 이미지와 일치하기 때문이다. 장애인은 다양한 공간에 접근하는 데 이미 어려움을 겪는다. 그런 마당에 사람들의 선입견을 극복하기 위해 로트와일러(독일 원산의 덩치가 크고 사나운 개. 주로 가축을 몰거나 집을 지키는 역할을 한다. ─ 옮긴이)도 보조견이 될 수 있다고 매번 설명해야 한다면 어떻겠는가?

하지만 강아지를 입양하기 위해 어떤 견종이 우리 집에 가장 잘 맞을지 고민하고 있다면 한 가지 명심할 점이 있다. 분양받으러 사육자를 찾아가 견종을 말했을 때 유일하게 보장되는 특성은 신체적 외모뿐이다! 녀석이 자라면서 어떤 개가 될지는 견종과 거의 상관이 없다.

각 견종의 성격에 대한 대중의 거의 강박적인 선입관에 비추어 볼 때 깜짝 놀랄 사람도 있겠지만, 이 분야는 과학적으로 거의 발전한 것이 없다. 그러나 이제 연구자들은 앞으로 나아가기 시작했다.

## 가장 영리한 견종

아서 같은 래브라도 리트리버들이 어떻게 생겼을지는 합리적 수준에서 예상할 수 있지만, 하나하나의 개가 어떻게 생각하고 어떻게 문제를 해결할지, 인지 능력 중 얼마나 많은 것이 뚜렷하게 유전의 영향을 받을지에 대해서 우리가 아는 것은 거의 없다. 예컨대 아서의 엄마, 아빠가 단기 기억력이 아주 좋았다면 아서도 그런 능력을 물려받았을까? 자제력은 어떨까? 마음이론 능력은? 보조견으로 성공할 것을 예측하는 다른 인지 능력들은 어떨까?

사람들에게 훌륭한 개가 갖춰야 할 특성을 꼽아보라고 하면

'영리하다'라는 항목이 반드시 들어간다. 인지 능력이 그저 그런 훌륭한 개를 원한다는 사람은 없다. 하지만 우리가 유치원에서 관찰한 바에 따르면 지능이라는 개념에는 문제가 많다. 수많은 유형의 지능이 있으며, 이것들은 서로 독립적인 동시에 한데 합쳐져서 작용할 수 있기 때문이다.

특정 견종이 다른 견종보다 '더 똑똑하다'는 주장은 오래전부터 있었다. 하지만 많은 견종의 지능을 정량화하려는 시도는 지금까지 딱 한 번 있었다. 1994년 발표된 스탠리 코런Stanley Coren의 연구다.[12] 그는 훈련사들에게 어떤 견종이 가장 훈련하기 쉬운지 주관적으로 평가해달라고 요청했다. 실제로 지능을 측정하지 않고 훈련 용이성에 관한 의견(또는 고정관념)을 대리 지표로 사용한 것이다. 그 결과에 따라 가장 높은 순위를 기록한 세 가지 견종은 보더콜리, 푸들, 저먼 셰퍼드였다. 이처럼 한계가 뚜렷함에도 이 목록은 오래도록 영향력을 발휘했다. 지금도 이 세 가지 견종이 가장 영리하다고 생각하는 사람이 많다.

하지만 견종의 인지적 차이를 알아낸다는 것은 무척 복잡한 일이다. 단순해 보이는 행동에도 수많은 인지 능력이 복합적으로 작용하는가 하면, 복잡해 보이는 행동에 인지 능력이 전혀 필요하지 않은 경우도 있다. 인지란 언제나 유전자와 환경의 영향을 **동시에** 받으며, 쉬운 과제를 통해 두 가지 요소가 상대적으로 얼마나 기여하는지 알 방법은 없다. 우리가 직접 수행한 한 건의 연구를 포함해 견종의 인지 능력 차이를 알아내려는 시도는 대개 몇 가지 견종에 속하는 100마리 미만의 개를 대상으로 했다.[13] 하지만 견종에 따른 인지 능력 차이를 정확히 판정하려면 훨씬 다양한 견종과 연령에 걸쳐 수천수만 마리의 개를 검사해야 할 것이다. 또한 측정 대상인 인지 능력을 정확히 반영한다는 사실이 입증된 방법을 사용해야 한다. 오직 이런 연구를 통해서 특정한 인지적 특성의 유전성, 즉 인지 능력 중 얼마나 큰 부분이 유전적 차이로 인해 나타나는지 알 수 있다. 우리가 여생을 오직 이 일에만 매달린다고 해도 그 정도로 많은 개를 검사할 수는 없다.

다행스럽게도 수많은 견주가 우리와 함께 이 일에 뛰어들었다.

## 도그니션

다시 강아지 유치원으로 돌아가보자. 콩고는 게임을 좋아한다. "콩고, 학교에 가고 싶니?" 녀석을 쳐다보며 이렇게 물으면 좋아서 어쩔 줄 모른다. 원래 사람의 말을 잘 알아듣는 것 같지만 '학교'라는 단어는 확실히 알고, '마거릿'과 '케라'라는 이름이 누구를 가리키는지도 아는 것이 분명하다. 녀석은 유치원으로 가 교실로 들어서서 우리가 말한 사람이 어디 있는지 찾는다. 자기를 필요로 한다고 들었기 때문이다.

학교를 좋아한다니 참 특이한 개라고 생각할 사람도 있겠지만, 유치원을 시작하기 전에 이미 우리는 1000마리가 훨씬 넘는 개의 인지 능력을 검사했다. 그리고 거의 예외 없이 모든 개가 게임을 좋아한다는 것을 발견했다. 개들이 듀크대학교 캠퍼스에 오는 것을 어찌나 좋아했던지, 멀리 떨어진 주에서 차를 몰아 개를 데려오는 사람들이 있을 정도였다. 그들은 개가 듀크대학교에 간다는 사실을 깨닫자마자 얼마나 꼬리를 흔들어댔는지, 도착한 뒤에는 교실 쪽으로 얼마나 목줄을 잡아끌었는지 우리에게 알려주었다.

사람들은 그런 게임을 어떻게 집에서 하는지 가르쳐달라고 간청했다. 우리는 우리가 학교에서 하듯 집에서 개와 함께 즐길 수 있는 게임이 그리 많지 않다는 것을 깨달았다. 퍼즐 게임 몇 개와 던진 공 물어 오기처럼 고전적인 놀이가 있을 뿐이었다. 하지만 우리가 개발한 인지력 게임은 함께 시간을 보내면서 개를 더 잘 이해할 수 있는 독특한 방법을 제공한다. 우리는 콩고와 함께 게임하는 것을 특히 좋아하는데, 그 이유는 진정으로 하나가 되어 몰입할 수 있기 때문이다. 별생각 없이 함께 산책을 나가거나 프리스비를 반복해서 던져주는 것과는 달리, 녀석이 어떤 선택을 하는지에 완전히 집중할 수 있다. 녀석도 우리가 오롯이 게임에 빠져 있다는 것을 안다. 게임 중에는 콩고 때문에 몇 번이고 배꼽을 잡는다. 한 가지 예를 들어보자. 콩고는 유치원에 데리고 있었던 개 중에 제일 몸집이 크다. 나중에 유치원을 다시 방문한 졸업생 중에도 콩고만큼 큰 개는 없다. 그런데도 강아지 게임을 하다 보면 녀석은 자기가 강아지처럼 행동해야 한다는 걸 아는 것 같다. 강아지들의 출발점으로 그려놓은 작은 사각형 안에 어떻게든 몸을 욱여넣으려고 하는 것이다. 그리고 마치 조그만 강아지라도 된 듯 앙증맞은(?) 몸짓으로 게임용 매트 위를 발끝으로 살금살금 걸어간다. 간식을 먹을 때면 입술로 장비들을 건드리지 않게 조심조심 물어 올린다. 싫증이 나면 코끝으로 시험자를 밀어 쓰러뜨린 후에 방 안을 한바탕 미친 듯이 뛰어다닌다. 게임을 함께 하는 것은 콩고가 실제로 어떤 개인지 들여다볼 수 있는 또 하나의 창문이다.

유치원을 시작하기 한참 전인 2012년에 우리는 도그니션 Dognition('dog'와 'cognition'의 합성어로 '개의 인지 능력'이라는 뜻이다. ─옮긴이)을 출범했다.* 모든 개와 애견인이 언제 어디서든 듀크대학교를 방문한 개들과 똑같은 게임을 즐길 수 있는 온라인 시민 과학 프로젝트를 목표로 했다.

도그니션은 우리가 유치원에서 개들과 함께 즐기는 것과 비슷한 열 가지 인지력 게임으로 구성된 온라인 플랫폼이다.[14] 게임을 통해 개가 지시 동작을 얼마나 잘 이해하는지, 자제력은 어느 정도인지, 사물을 얼마나 잘 기억하고 숨겨놓은 간식을 얼마나 잘 찾아내는지 측정할 수 있다. 견주들은 설명서를 읽고 자신의 개와 게임

---

* 우리는 도그니션으로부터 어떠한 금품이나 후원도 받지 않는다.

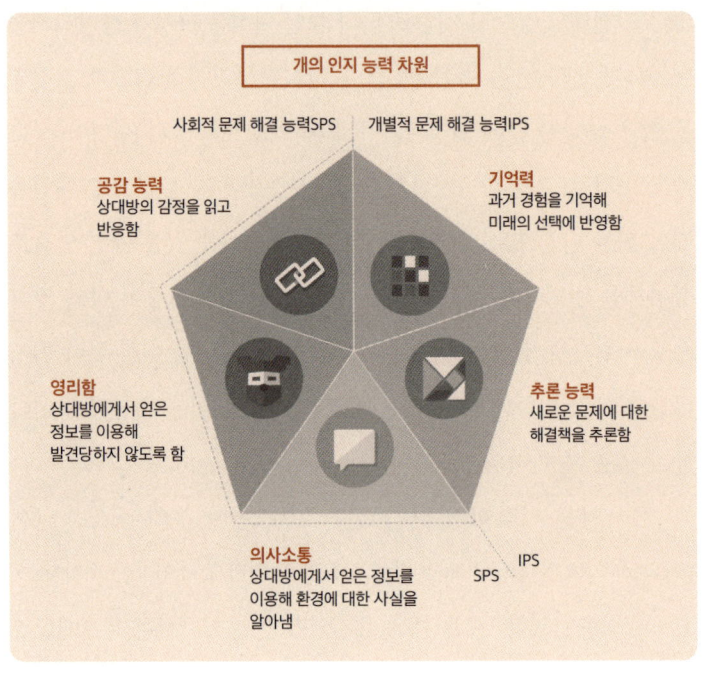

을 즐기면서 개가 어떤 선택을 했는지 입력한다. 모든 게임을 마치면 도그니션 프로그램은 그 결과를 같은 게임을 즐긴 개들과 비교한 보고서를 생성한다.

약 5만 명에 이르는 견주들이 도그니션에 등록해 연구에 기여했다. 그들은 자기 집 거실에서, 부엌에서, 지하실에서 개와 함께 놀았다. 전 세계에 걸쳐 수많은 사람이 모든 견종의 개와 도그니션 게임을 즐기면서 동물의 인지에 관해 역사상 가장 방대한 데이터세트를 생성해냈다.

시민 과학자들이 만들어낸 데이터세트의 과학적 가치는 엄청나다. 모든 게임이 기존에 발표된 연구를 기초로 했으므로, 우리는 시민 과학자들이 보고한 결과를 기존 실험 데이터와 비교할 수 있었다. 그 결과는 우리 연구팀은 물론 전 세계 다른 연구팀들이 보고한 결과와 정확히 일치했다.[15] 수많은 개와 주인들이 새로운 게임을 즐기고 배우는 데 기쁨을 느꼈을 뿐 아니라, 데이터 역시 과학적으로 활용하는 데 아무런 문제가 없었다는 뜻이다. 우리는 어떤 과학자도(설사 삶을 몇 번씩 다시 산다고 해도) 답을 얻으리라 기대할 수 없을 질문들을 탐구할 수 있었다.*

도그니션 데이터를 이용해 우리는 견종과 견종군breed group의 인지 능력을 조사했다. 데이터를 분석하기 전에 우리는 견종별로 수행하는 임무에 따라 인지 능력이 달라질 수 있다고 생각했다. 인지 능력은 임무와 관련된 문제 해결 능력을 강화하기 위한 인공 선택 과정을 통해 형성되는 것이 아닐까? 예컨대 조류 사냥견은 인간과 긴밀히 보조를 맞춰야 하므로 협력적 의사소통 능력이 뛰어날 것이다. 작업견은 다양한 기술을 익혀야 하므로 기억력이 뛰어날 터였다. 하지만 분석 결과는 예상을 크게 빗나갔다.

---

* 애초에 개를 영리한 순서로 순위를 매길 수 있다는 일차원적 지능 개념의 허구를 지적하고, 개도 다양한 지능 영역에 걸쳐 서로 다른 능력을 나타내며 그런 능력들이 조합되어 인지적 프로필을 구성한다는 사실을 입증한 것이 바로 도그니션 데이터였다.

각 견종군을 나누고, 일흔네 개 견종에 속하는 7000마리가 넘는 순종견의 인지 능력을 분석하는 작업을 이끈 사람은 에번이었다. 우선 도그니션에 참여한 개 한 마리 한 마리마다 '가축몰이견herding' '수렵견hound' '토이견toy' '조류 사냥견sporting' '비사냥견non-sporting' '테리어terrier' '작업견working' 등 미국 애견가 클럽 분류에 따라 코드를 부여했다. 모든 견종군의 성적을 비교한 결과, 견종군 사이에 인지적 차이가 있다는 증거는 거의 발견되지 않았다. 측정한 열 가지 인지 능력 중 아홉 가지에서 모든 견종군이 거의 동일한 성적을 나타낸 것이다.

오직 한 가지 게임에서 근소하지만 유의한 차이가 나타났다. 사냥견과 작업견은 기억에 의존하는 대신 지시 동작, 즉 인간의 가리키는 몸짓에 따를 가능성이 더 컸다. 반면 가축몰이견과 테리어는 지시 동작보다 기억력에 의존할 가능성이 더 컸다.

보더콜리가 가장 영리하다고 했던 코런의 연구와 달리, 우리가 분석한 결과에 따르면 특정 견종이나 견종군이 '더 영리하다'는 증거는 전혀 없었다.[16] 각 인지 영역에서 어떤 견종도 일관되게 좋은 성적을 거두지 않았으며, 마찬가지로 어떤 견종도 일관되게 나쁜 성적을 거두지 않았다. 보더콜리, 푸들, 저먼 셰퍼드는 어떤 인지 영역에서도 최상위 견종에 오르지 못했다. 전체적으로 가축을 몰든 사냥감을 물어 오든 어떤 견종이 역사적으로 수행한 기능에 따라 개별적인 개가 지닌 인지 능력을 예측하기는 불가능했다.

견종의 크기와 관련해서는 일부 차이가 있었다. 예컨대 콩고의 뇌는 닥스훈트의 뇌보다 훨씬 크다. 이것은 콩고가 닥스훈트보다 더 영리하다는 뜻일까? 또는 닥스훈트의 뇌가 훨씬 작지만 콩고와 마찬가지로 강력한 기능을 발휘한다는 뜻일까? 우리 연구 결과에 따르면 그 답은 인지 능력에 달려 있었다. 대체로 닥스훈트의 조그만 뇌는 기능을 수행하는 데 별문제가 없었다. 열 개의 게임 중 여섯 개에서 큰 뇌를 지닌 견종과 작은 뇌를 지닌 견종 사이에 아무 차이가 없었다. 예컨대 협력적 의사소통 게임이나 물리학 게임 성적은 뇌의 크기와 전혀 관련이 없었다.[17] 하지만 기억력이나 자제력 등 실행 기능을 검사하는 게임에서는 분명한 차이가 관찰된다.

도그니션의 기억력 게임은 유치원에서 시행하는 게임과 비슷하다. 다만 간식을 20초 동안 감추는 것이 아니라 최대 2분간 감출 수 있다. 몸집이 큰 견종은 작은 견종에 비해 간식이 어디 있었는지 더 오래 기억하는 경향이 있었다. 도그니션 버전의 자제력 게임에서 견주들은 개 앞에 간식을 놓아두고 먹지 말라고 말한다. 그리고 눈을 뜬 채 지켜보거나, 눈은 감지만 여전히 개를 향해 있거나, 개에게서 등을 돌린다. 여기서도 몸집이 큰 견종이 간식을 먹으려는 유혹에 저항하는 능력이 더 뛰어났다. 몸집이 작은 견종은 훨씬 빨리 유혹에 굴복했다. 하지만 동시에 더 전략적이었다. 몸집이 작은 견종은 주인이 눈을 뜨고 있을 때보다 눈을 감거나 뒤로 돌아설 때 간식을 훔칠 가능성이 더 컸다. 즉, 작은 개들은 더 크고 자제력이

개의 인지 능력을 설명할 수 있는 한 가지 유형의 지능 또는 특정 학습 능력이 있다면 모든 항목에서 동일한 견종이 최상위 및 최하위를 차지할 것이다. 하지만 우리가 관찰한 패턴을 분석해보면 개들은 견종에 따라 서로 다른 인지 능력(눈 맞추기, 가리키는 몸짓에 따르기, 기억력 등)에 의존하는 것 같다.

뛰어난 개들과 달리 감시가 느슨해졌다는 미묘한 신호에 훨씬 민감했다.[18]

## 유전자는 어떻게 성공과 관련될까?

각 견종의 역사적인 역할이 인지 기능과 거의 관련이 없다면 보조견으로 성공을 거두는 데 중요한 인지 기능은 어떻게 유전될까? 유치원에서 우리는 협력적 의사소통, 자제력, 기억력, 물리적 세계에 대한 이해가 성공적으로 졸업하는 데 영향을 미친다는 것을 알았다. 그리고 도그니션 데이터 덕분에 유전자와 환경의 상대적 기여도를 유추할 수 있었다. 지금까지 유전에 관한 대부분의 동물 행동 연구는 파리, 어류, 쥐 등의 생물종에 초점을 맞추었지만, 개의 복잡한 인지 기능을 이해하는 데는 도움이 되지 않았다. 도그니션에 참여한 모든 개는 동일한 인지력 게임을 수행했으며, 보호자들은 견종을 명시했으므로 우리는 견종 사이의 유전적 차이가 인지 기능에 미치는 영향을 관찰할 수 있었다.

에번과 기타 나나데시칸Gita Gnanadesikan은 도그니션 데이터에서 서른여섯 가지 견종에 걸쳐 1500마리 이상의 개들이 거둔 성적을 분석해 다양한 인지 능력의 유전성을 알아보았다. 기타는 대규모 유전 데이터베이스를 이용해 서른여섯 가지 견종의 유전적 관계를 추정한 후 견종 사이의 유전적 유사성과 차이가 자제력, 의사소통, 기억력, 추론 능력 측정치와 어떻게 연관되는지 조사했다.[*]

기타는 일부 인지 능력의 유전성이 매우 크다는 것을 발견했다. 그중에서도 자제력의 유전성이 가장 커서 수행 능력 차이의 45퍼센트를 유전으로 설명할 수 있었다. 협력적 의사소통 역시 41퍼센트로 유전성이 상당히 컸다. 그 정도면 인간의 인지 능력 연구에서

---

[*] 또한 분석 중 개들의 훈련 경험과 크기를 통제했다.

관찰된 유전성과 비슷한 수준이다. 반면 기억력과 물리적 이해력은 유전성이 그리 크지 않아 수행 능력 차이의 20퍼센트만 유전으로 설명할 수 있었다. 나머지 80퍼센트는 다른 요인 때문이라는 뜻이다. 일단 유전이 개의 인지 능력에 얼마나 영향을 미치는지 알아내자, 견종 간 인지 능력 차이에 관련된 유전자들을 찾아볼 수 있었다. 연구에서 측정된 다양한 유형의 인지 능력 중 한 가지 이상에 관련된 유전자는 총 188개였다. 대개 각 인지 능력 유형은 수십 개의 유전자와 관련이 있었으며, 각각의 유전자는 아주 작은 효과만 일으키는 것이 분명했다.[19]

인지 능력 차이에 관련된 유전자를 발견했다고 해서 그 유전자들이 그런 차이를 일으키는 원인이라고 할 수는 없다. 예컨대 다른 연구자들도 대담함이나 사교성 등 기질과 관련된 유전자들을 발견했지만 추가 연구 결과, 이 유전자들은 뇌에서 발현되는 것이 아니라 개의 귀 크기와 형태를 결정짓는 것으로 알려졌다.[20]

하지만 기타는 인지적 특성과 관련된다고 밝혀낸 유전자 중 많은 수가 뇌 조직에서 발현되며 신경 기능에 관여한다는 사실을 알아냈다.[21] 이 유전자들이 우리가 찾던 인지적 특성 차이의 원인일 가능성이 상당히 크다는 뜻이다. 예컨대 EML1이라는 유전자의 변이는 견종 간 자제력 차이의 29퍼센트를 설명해주었다. 이 유전자는 뉴런의 성장과 구성에 관여하는 것으로 알려져 있다.[22] 기타의 연구를 통해 개의 인지 능력을 형성하는 데 결정적인 역할을 하는 일군一群의 유전자가 있음을 알 수 있었다. 또한 이 유전자들은 다양한 개에게서 관찰되는 개성의 일부와도 관련될 가능성이 있다. 결국 개의 인지적 개성은 우리가 개를 어떻게 키웠는지에 따른 결과가 아니라는 것이다.

이런 발견으로 인해 어쩌면 보조견의 공급을 늘릴 다른 방법을 찾을 수 있을지 모른다. 그렇게 유전성이 크다면 세심한 선택을 통해 향후 강아지 집단 전체의 자제력을 높일 수 있지 않을까? 보다 직접적으로 EML1 유전자와 높은 자제력과 관련된 다른 유전자들을 가진 강아지와 견종을 찾아낸 후, 그 녀석들끼리 교배하고 보조견 훈련을 시킬 수도 있지 않을까?

강아지 유치원 프로그램의 일부로 견종 간 차이에 주목한 것은 아니지만, 너무나 많은 사람이 견종 간 인지 능력 차이에 대해 묻기 때문에 우리는 도그니션 프로그램을 통해 얻은 지식을 널리 알리기로 했다. 우리의 발견은 시민 과학자로서 각자 집에서 실험을 수행해준 수많은 강아지 보호자 덕분이므로 더욱 그래야 했다.

장차 강아지를 가족으로 맞이하려는 사람들에게 확실히 말할 수 있는 단 한 가지는 가장 똑똑한 견종 같은 것은 없다는 점이다. 개의 생김새는 인지적 특성과 거의 관련이 없다. 견종의 특성 중에 중요한 것이 있다면 몸 크기 정도일 것이다. 인지 능력을 나타내는 과제가 전부 그런 것은 아니지만 일부 과제에서는 몸집이 큰 견종이 더 자제력이 뛰어난 반면, 몸집이 작은 견종은 보다 약삭빠르게 굴어 자제력 부족을 보완한다는 사실이 드러났다.

또한 개들의 다양한 문제 해결 능력 차이는 단순히 개를 어떻게 키웠는지에 의해 나타나는 것이 아니었다. 자제력과 협력적 의사소통은 보조견으로 성공하는 데 가장 중요한 두 가지 인지 능력이다. 우리는 두 가지 모두 유전성이 매우 크다는 것을 발견했다. 또한 같은 연구를 통해 개의 뇌를 발달시키고 인지 능력을 형성하는 데 관련된 특정 유전자들을 밝혀냈다.

이를 통해 우리는 장차 반려견 또는 보조견의 훈련 성공률을 향상할 방법을 찾는 과정에서 유용하게 쓰일 또 하나의 잠재적 도구를 갖게 되었다. 이런 새로운 발견들을 기존에 시행 중인 보조견의 세심한 선택 육종에 추가하면, 과거 육종가들이 수많은 세대를 거듭하면서 의도적으로 개의 외모를 원하는 방향으로 바꾸었듯이 개의 인지 능력도 원하는 방향으로 형성해갈 수 있을 것이다. 이런 전략은 더 많은 개가 더 많은 사람을 돕는 세상으로 나아가는 데 결정적인 변곡점이 될 수 있다.

하지만 인지 능력이 전부는 아니다. 우리가 개와 사랑에 빠지는 유일한 이유도 분명 아니다. 모든 개가 특별한 가장 큰 이유는 개의 개성, 즉 성격에 있다.

**7장**

# 견종이 전부가 아니다

콩고가 멋진 이유를 적어본다면 가장 먼저 떠오르는 것은 뛰어난 인지 능력이 아니다. 콩고를 특별한 존재로 만드는 자질은 별난 성격에 있다. 예컨대 어떤 일을 하고 싶지 않을 때 콩고는 마치 절을 하듯 몸을 낮춘다. 그리고 아주 오래도록 그러고 있다. '미안하지만, 그건 싫어요'라는 뜻이다. 늦은 밤 문 옆에 서서 짖기도 한다. 화장실에 가고 싶은 듯. 사람이 다가가 문을 열어주면 그의 다리에 가만히 몸을 기대고 빠른 속도로 꼬리를 획획 젓는다. 이런 행동이 화장실에 가고 싶다는 뜻일 리 없다. 녀석은 그저 누군가 따뜻하게 안아주기를 원하는 것이다.

멋진 개를 키워본 사람은 누구나 이와 비슷한 이야기를 갖고 있다. 하지만 앞으로 강아지를 들일 생각이라면 성격이 어떨지, 어떤 요인이 영향을 미칠지 미리 알 수 있을까? 견종에 따라 인지 능력이 다르다는 증거는 거의 없다고 했지만 성격도 그럴까? 과학자의 입장에서 생각해본다면 애초에 개의 성격이 어떻게 발달하는지 측정할 수나 있는 것일까?

래브라도 리트리버는 '태평스러운 성격'이며 '친절하고 활발하다'는 말을 들어본 사람이 많을 것이다. 잉글리시 쉽독은 '적응력이 뛰어나고 온화하다'는 말도 흔히 듣는다. 하지만 견종에 작용하는 가장 강력한 선택압은 항상 신체적 외양을 목표로 한다. 성격 특성을 바꾸기 위해 의도적으로 일관성 있게 선택 교배하는 일은 많지 않다. 예외가 있다면 사냥견이나 경비견 등 특별한 임무를 성공적으로 수행하기 위한 성격 특성에 초점을 맞추는 것 정도일 것이다. 그런 때도 한 견종 내에서 고립된 집단을 대상으로 선택 육종을 수행하는 것이 보통이다. 인지적 장점과 약점도 그렇지만, 한 집단의 성격도 너무나 다양하기 때문에 견종 전체가 그렇다고 일반화하기에는 많은 무리가 따른다.

강아지 유치원 입학생들은 모두 같은 견종이지만 성격은 천차만별이다. 아서가 전형적인 래브라도라면, 같은 반이었던 진델Zindel은 전혀 래브라도답지 않다. 무엇보다 절대로, 아무것도 물어 오는 법이 없었다. 유치원에 들어오는 모든 강아지가 아서처럼 뭐든 기막히게 찾아내서 물어 오는 리트리버의 화신인 것은 아니지만, 생후

10~12주 사이에 평범한 공이 그저 지루한 물체에서 **날아다니는 장난감**으로 변신하는 마법의 순간이 있는 것 같기는 하다.

진델에게는 계시의 순간이 결코 찾아오지 않았다. 물어 오기 시험 점수가 빵점인 강아지는 많지 않은데, 진델은 맡아놓고 빵점이었다. 공을 물어 오라고 멀리 던지면 던진 사람을 멀뚱멀뚱 쳐다보기만 했다. 마치 이렇게 말하는 것 같았다. "댁은 그걸 싫어하는 것 같은데, 왜 내가 그걸 좋아해야 해?"

진델은 물도 좋아하지 않았다. 강아지 수영장에 데려가면 불쾌하고 불신한다는 태도가 역력했다. 심지어 길에 물이 고인 곳도 피해 다녔다. 너석이 뼈가 시릴 정도로 차가운 북대서양의 바닷물 속으로 뛰어들어 물고기를 물어온다는 것은 상상할 수 없는 일이었다. 100만 년이 지난다고 해도 그런 일은 절대 없을 것이다.

인지력 게임 성적은 들쭉날쭉했다. 모든 시험에 올바른 답을 맞혀 100점을 기록하기도 했다. 하지만 그 다음 주에는 똑같은 게임에서 몽땅 틀린 답을 내놓았다. 빵점. 그 다음 주에는 마치 눈을 꼭 감고 마구잡이로 답을 찍은 것 같았다. 50점. 이런 패턴은 시간이 지나도 향상되지 않았지만 나빠지지도 않았다. 도대체 어떤 종류의 인지력이 발달하고 있는지 알 길이 없었다. **분명** 뭔가 변화는 있는데, 보기만 해도 혼란스러워 그게 뭔지 알 수 없었다.

래브라도의 평판을 온몸으로 입증하는 듯한 아서는 친절하고 사교적이었다. 사람을 좋아하고, 어린이에게 친절하고, 잡아당기거

나 쫓고 쫓기는 모든 게임에 기쁘게 뛰어들었다. 누가 이기는지 따위에는 관심이 없었다. 그저 논다는 기쁨에 취할 뿐이었다.

진델은 감정 기복이 심했다. 어떨 때는 강아지 공원으로 힘차게 뛰어들어가 파티 분위기를 만들었다. 하지만 다음 순간, 녀석은 부루퉁한 표정을 지으며 벤치 아래에 털썩 주저앉아버렸다. 표정만 봐도 이렇게 말하는 소리가 귀에 들리는 듯했다. "뭐라고 하든 난 절대 안 해."

또한 진델은 절대로 패배를 인정하지 않았다. 어떤 게임이든 질 것 같으면 그만둬버렸다. 종종 장난감을 자기만의 장소에 쌓아두기도 했다. 옛날이야기 속에서 보물 더미를 지키는 용처럼 벤치 밑으로 끌고 가 그 위에 길게 누워버렸다. 기분이 '꿀꿀할' 때면 자기보다 작은 강아지들을 골라 그들에게 다가갔다. 지금까지 만나본 강아지 중에서 최악이라고 생각하려는 순간, 녀석은 등을 바닥에 대고 벌렁 드러누워 작은 강아지들이 제 가슴 위로 뛰어오르게 했다. 때로는 강아지 공원 저쪽 끝에서 계속 몸을 통나무처럼 굴려 다가와서는 무릎 위로 폴짝 뛰어오르기도 했다. 아서와 진델의 차이는 우리의 호기심을 자극한다. 하지만 그 차이를 어떻게 과학적으로 측정한단 말인가? 그런 차이가 녀석들이 다 자라서도 그대로 유지될까? 최고의 보조견이 되려면 어떤 성격이 가장 도움이 될까? 그런 걸 연구하면 사람들에게 멋진 개를 고르는 방법을 알려줄 수 있을까?

## 기질은 힘이 세다

강아지 유치원에서 우리가 실제로 성격을 연구한 것은 아니다. 대신 우리는 기질을 연구했다. 기질은 성격의 중요한 요소다. 성격은 변하고 성장할 수 있지만, 기질은 처음부터 끝까지 함께한다. 모든 행동 특성이 그렇듯 기질 역시 유전적 요소가 있다. 유전자가 기질에 영향을 미친다는 뜻이다. 하지만 유전자가 기질을 완전히 통제하는 것은 아니다. 기질은 시간이 지나도 변하지 않고 일관성 있게 유지된다. 기질을 통제하는 법을 배울 수는 있지만 그렇다고 타고난 기질이 바뀌는 것은 아니다. 어떤 연구자가 말했듯 성격이 교향곡이라면, 기질은 그 교향곡이 연주되는 음조에 해당한다.¹

기질 연구의 선구자 제롬 케이건Jerome Kagan은 단 한 가지 기준으로 갓난아기의 기질을 평가했다. 새로운 것에 어떻게 반응하는가?² 케이건은 생후 4개월 된 아기들에게 여러 가지 새로운 물체와 장난감을 보여주었다. 약 40퍼센트의 아기가 차분하면서도 호기심 어린 태도를 보였다. 이들은 자라서 감정적으로 자연스러우며 쉽게 친구를 사귀는 경향이 있었다. 약 20퍼센트의 아기는 등을 활처럼 뒤로 구부리며 울기 시작했다. 이들은 열한 살이 되었을 때 겁이 많고 새로운 장소에 가기를 꺼리는 경향이 있었다. 10대 때는 불안하고 약간 우울한 청소년이 될 가능성이 더 컸다.

기질과 인지는 대개 두 가지 분리된 영역으로 간주된다. 기질이란 특정한 상황에, 특정한 감정적 반응을 나타낼 확률이다.³ 반면 인지란 뇌가 정보를 받아들이고, 처리하고, 사용해 문제를 푸는 방식을 의미한다. 기질은 예컨대 낯설고 새로운 것을 마주했을 때처럼 평소와 다르거나, 특이하거나, 친숙하지 않은 상황에 처했을 때 행동하는 방식을 포함한다. 한편 인지는 통찰력이나 추론 능력을 이용해 판단을 내리고, 융통성 있게 반응해 문제를 해결하는 방식을 말한다. 하지만 현실 속에서 기질과 인지가 뇌에서 일어나는 두 가지 서로 다른 과정으로 존재하지는 않는다. 자제력은 기질적 특성인 동시에 인지적 특성이라고 볼 수 있다. 기질 연구자는 자제력을 자기 조절self-regulation이라고 하지만, 인지 연구자는 실행 기능 executive function이라고 부른다.[4] 자제력은 문제 해결에 유용하지만, 감정적으로 격앙된 상황에서 행동을 조절하는 데도 결정적이다.

기질과 인지는 복잡한 방식으로 상호작용하며, 자제력처럼 양쪽 영역에 모두 속하는 특성도 많다. 성격이란 기질과 인지가 조합된 것이며, 성장하면서 기질과 인지라는 요소가 환경과 상호작용하는 방식이기도 하다.

유치원에서 우리가 고안한 게임이 모두 문제 해결에 관한 것이 아닌 이유가 바로 여기에 있다. 기질 역시 훌륭한 강아지를 이루는 중요한 특성이다. 또한 매우 어린 나이에 나타나므로 강아지 때야말로 완벽한 연구의 시작점이다.

### 새롭고 예상치 못한 것

고전적 기질 검사는 어린 개체가 새롭고 예상치 못한 것에 어떻게 반응하는지 관찰한다. 그리고 생후 8주 된 강아지에게 키티Kitty보다 더 새롭고, 더 예상치 못한 것은 없다.

키티는 실물 크기의 고양이 로봇이다. 연한 적갈색 얼룩무늬 몸통에 분홍색 코, 그리고 커다란 눈. 키티는 정해진 순서로 일정한 행동을 취하도록 프로그래밍되어 있다. 우선 자기를 소개하는 노래를 부르면서 양쪽 앞발을 허공에 흔든다. 그 뒤로는 움직임에 반응한다. 벌떡 일어설 수도 있고 특공대원처럼 포복을 하기도 한다. 그리고 무척 자주 가르랑거린다.

2020년 봄학기 입학생 중에 키티를 처음 만난 것은 아서였다. 아서는 생후 8주에 이미 흠잡을 데 없는 매너를 갖추고 있었다. 키티를 본 녀석은 다가가 자기를 소개하고, 예의 바르게 엉덩이 쪽으로 돌아가 킁킁 냄새를 맡았다. 키티가 가르랑거렸다. 키티의 냄새는 분명 아서가 짧은 생애 동안 마주친 그 무엇과도 달랐을 것이다.

말하자면 키티는 아동심리학자들이 갓난아기에게 시행하는 새로운 물체 검사의 강아지 버전이다. 동물에게 키티처럼 낯설고 특이한 것을 마주치게 한 후 우리는 얼마나 빨리, 얼마나 가까이 다가가는지, 행동이 우호적인지 적대적인지, 얼마나 오래 곁에 머무는지 관찰할 수 있다.

키티가 야옹거리면서 앞발을 흔들어대는 동안 아서는 큰 원을 그리며 주변을 돌았다. 그러더니 한 곳에 앉아 키티를 관찰했다. 녀석은 상당히 긴 시간을 참을성 있게 기다렸다. 그리고 90초로 정해놓은 시간이 거의 끝날 때쯤 양쪽 앞발을 우리에 걸치고 이제 강아지 공원으로 돌아가 친구들과 놀고 싶다는 뜻을 드러냈다.

2주 뒤 아서는 블루Blue를 만났다. 블루는 거대한 볏을 지닌 청록색 트리케라톱스 로봇이다. 공룡이지만 아서가 이해하는 몸짓 언어를 구사한다. 강아지들이 하는 것처럼 가슴을 땅에 대고 납작

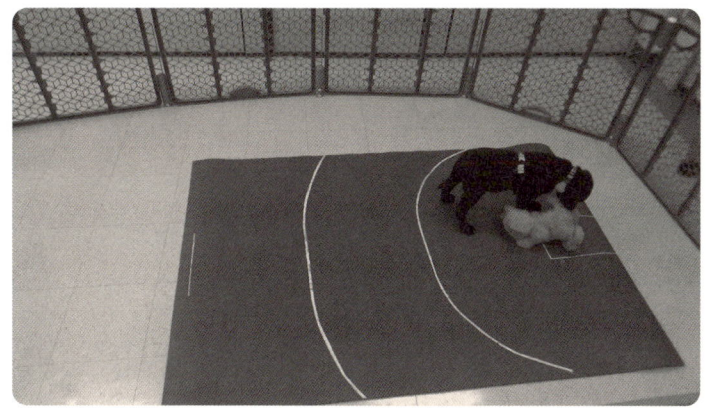

엎드려 놀자고 청하거나 꼬리를 흔든다. 머리를 좌우로 젖히기도 한다. 언제나 점잖고 예의 바른 아서는 이번에도 가까이 다가가 자기소개를 하고 킁킁 엉덩이 냄새를 맡았다. 블루는 뒷발을 딛고 일어서더니 이렇게 말했다. "와우!"

아서는 아직도 로봇을 어떻게 대해야 할지 확신이 없었지만, 2주 더 나이를 먹기도 했고 지난번 경험도 있고 해서 약간 자신감을 얻은 것 같았다. 이번에는 딴 곳으로 가자고 조르지 않았다. 블루가 까르륵거리며 혼잣말을 하는 동안 약간 뒤로 물러났지만, 키티 때보다는 더 가까운 거리를 유지했다. 그리고 조용히 앉아서 시험 시간이 끝날 때까지 계속 블루를 관찰했다. 마치 실험 수행자가 되어 블루라는 피험자를 면밀히 관찰하는 것 같았다.

2주 뒤 아서는 라이언Lion을 만났다. 장난감 회사에서 라이언

을 프로그래밍할 때 무엇을 염두에 두었는지는 분명치 않다. 어쨌든 라이언은 아서를 '보고' 더듬거리듯 포효했다.

아서는 다가가 인사를 건넸다. 그러자 라이언은 어디가 아파서 볼썽사납게 날뛰듯 섰다가 움직이기를 불규칙하게 반복하며 아서 주위를 한 바퀴 돌았다. 아서는 라이언을 판단하지 않았다. 다른 로봇들에게 한 것처럼 존중하는 태도로 점잖게 엉덩이 냄새를 맡으려고 했지만, 라이언이 너무 빨리 빙글빙글 도는 바람에 원하는 곳에 코를 댈 수도 없었다. 최선을 다해도 뜻대로 되지 않자 아서는 로봇을 자연적 서식 장소에서 관찰하는 연구자 역할로 돌아갔다.

아서는 흔히 아동심리학자들이 말하는 순하고 반응성 낮은 기질을 타고났다. 친절하고 호기심이 많으며, 약간 조심스럽지만 두려워하지는 않으며, 성숙할수록 자신감을 갖는 성격이다. 반면에 진델

은 새로운 로봇을 만날 때마다 전혀 다르게 반응했다. 키티를 만났을 때는 거의 울면서 도망쳐버렸다.

2주 뒤에 트리케라톱스 로봇인 블루를 만났을 때는 친절하고 붙임성 있게 굴었다. 다시 2주 뒤에는 라이언의 존재를 거의 인정하지 않듯 부루퉁하고 지루하다는 태도를 드러냈다.

케이건의 종단 연구에서는 갓난아기의 40퍼센트가 특정한 범주에 딱 들어맞지 않았다. 어떤 상황에서는 불안해하던 아기가 다른 상황에서는 그렇지 않았다. 어떤 사람에게는 까다롭게 굴던 아기가 다른 사람에게는 순했다.

그는 스펙트럼의 양쪽 끝에 있는 아기들(다루기 어렵고, 모든 것에 민감하게 반응하는 내향적인 아기들과 순하고, 반응성이 낮으며, 외향적인 아기들)을 성인이 될 때까지 추적했다. 쉽게 구분 짓기 어려운 아기들은 시나브로 분석에서 탈락하는 경향이 있었다. 어쨌든 어떤 범주로 구분할 수 없다면 다른 사람과 비교하거나 시간에 따라 어떻게 변하는지를 관찰하기도 쉽지 않은 법이다.

뭐라고 딱 범주화하기 어려운 부류가 바로 진델이었다. 그리고 모든 사람이 아서의 순한 태도와 예측 가능한 사랑스러움에 푹 빠졌지만, 진델에게는 뭔가 사람을 흥분시키는 구석이 있었다. 한 마리 값으로 여섯 마리의 강아지를 키우는 것 같달까. 상황에 따라 전혀 다른 진델의 행동은 기질적 특성을 견종 탓으로 돌리는 것이 왜 문제인지 보여주는 또 다른 예라 할 것이다. 개의 기질은 인지 능력에 비해 의도적 선택 육종의 대상이 되었을 가능성이 더 크기는 하지만, 어떤 견종이든 그 안에 엄청난 기질상의 차이가 여전히 존재한다. 어쩌면 아서는 고전적인 래브라도 리트리버의 기질을 가졌을지도 모르지만, 가장 넓은 의미로도 뭐라 범주화할 수 없는 진델의 기질은 도대체 어떻게 생각해야 할까? 견종 내에서 기질상 유사성이 전혀 없다거나, 육종을 통해 어떤 기질을 유도할 수 없다는 뜻은 아니다. 사실 케이나인 컴패니언스에서는 친절한 기질을 세심하게 골라내 개들이 집단 수준에서 낯선 사람에게 공통적인 기질 반응을 보이도록 유도한다.[5]

아서와 진델이 새로운 로봇을 만날 때 나타낸 반응이 서로 달랐다고는 하지만, 새로운 사람을 만날 때는 두 녀석 모두 똑같이 긍정적인 방식으로 반응한다.

## 낯선 사람은 위험해

게임과 간식으로 흡족한 아침을 보낸 후, 케라는 아서에게 목줄을 매서 함께 대기실로 들어갔다. 노란색 레인 재킷에 스키 마스크를 쓴 낯선 사람이 계단에 앉아 있었다. 통화를 하고 있었는데 목소리가 날카로웠다.

"이것 봐요, 심판 나리… 그건 분명 차지charge였어요. 블로킹 반칙이 아니었다고요!"

그가 갑자기 벌떡 일어났다. 걷는 게 불편한지 지팡이를 짚고 아서를 향해 똑바로 다가왔다.

아서는 낯선 사람을 보더니 확신 없는 태도로 꼬리를 흔들었다. 그의 목소리가 더 커졌다.

"아아, 안경이라도 쓰고 좀 똑바로 보라고!"

그는 아서 쪽으로 지팡이를 마구 흔들었다. 아서는 케라 쪽으로 물러나 발치에서 입을 딱 벌렸다. 그리고 케라의 다리에 몸을 밀착했다. 강아지 버전의 끌어안기였다.

낯선 사람이 자리에 앉더니 후드를 벗고 얼굴을 드러냈다. 그리고 말했다. "강아지, 안녕!"

결정적인 순간이었다. 세상을 많이 보지 못한 것은 물론, 키 큰 낯선 사람이 기다란 막대기를 휘두르는 긴장된 순간을 경험해봤을 리 없는 생후 8주짜리 강아지에 불과했음에도 아서는 바로 꼬리를

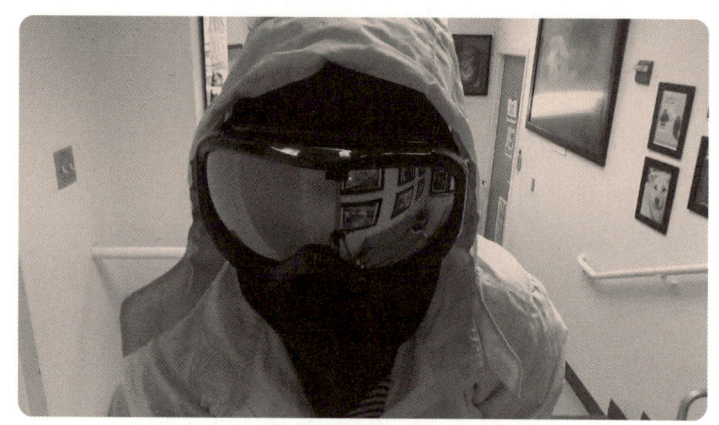

대기실에 낯선 사람이…

흔들며 다가갔다. 킁킁 냄새를 맡고 그 자리에 앉았다가 엉덩이를 들썩거렸다. 그리고 껑충 뛰어오르더니 두 앞발을 낯선 사람의 무릎에 올리고 그의 얼굴을 핥으려고 했다.

이제 진델 차례였다. 생후 8주 된 어린 강아지는 냄새 시험에서 막 일등을 차지하고 교실 밖으로 의기양양하게 걸어 나갔다. 확신에 가득 찬 진델은 낯선 사람을 보고도 불안해하며 케라를 끌어안지 않았다. 대신 몸을 돌려 계속 다가오는 그를 무시해버렸다. 그가 묵직하고 기다란 막대기를 마구 휘젓자 슬쩍 피해가려고 했다.

그때 낯선 사람이 후드를 벗으며 말했다. "강아지, 안녕!"

진델이 키티에게 보였던 반응을 생각하면 죽도록 도망쳤으리라 생각할지 모르겠다. 진델은 정반대의 행동을 보였다. 모든 공포를 일시에 잊어버리고 꼬리를 신나게 흔들면서 그의 무릎 위로 뛰어오르려고 했다.

움직이는 로봇에 대해 느끼는 감정은 달랐지만, 결국 아서와 진델 모두 사람을 무척 좋아했다. 모든 케이나인 컴패니언스 개들이 그렇다. 낯선 사람을 두려워하지 않는다. 모든 사람을 좋아할 뿐 아니라 낯선 사람에게 오히려 **애착을 느낀다.**[6]

개가 경보 장치 역할을 하는 능력은 예로부터 말할 수 없이 귀중한 것이었다. 펠로폰네소스전쟁에서 코린트의 경비견들은 아테네의 침공을 알렸다. 기원전 55년에는 거대한 마스티프들이 율리우스 카이사르에 맞서 영국을 지켜냈다. 나폴레옹전쟁 때는 무스타쉬 Moustache라는 이름의 검은 푸들이 프랑스군 사이에 섞여 있는 오스트리아 스파이를 찾아냈다. 하지만 우리가 훨씬 많은 사람이 모인 도시에 살며 개를 공공장소나 휴가지에 데리고 다니게 되자, 낯선 사람에 대한 공격성은 물론 조심성조차 전보다 덜 바람직한 특성이 되었다. 수십 년간 보조견 양성 기관들은 낯선 사람을 좋아하는 개를 집중적으로 선택 육종했다. 그 결과 어린이들이 가득한 놀이터, 사람으로 붐비는 카페, 직장의 책상 아래 등 어디서든 행복해하는 개들이 탄생했다.[7] 삶의 더 많은 부분을 개와 공유하고 싶다면 낯선 사람에게 개방적인 개를 고르는 것이 무엇보다 중요하다.

## **불가능한 과제**

아서와 진델, 다른 보조견들이 공통적으로 지닌 또 다른 기질 특성은 다른 개보다 자주 눈을 맞추는 경향이다. 눈 맞추기가 중요한 이유는 옥시토신 분비를 촉진하기 때문이다.* 옥시토신은 분자량이 매우 작은 신경 호르몬으로 사회적 삶의 거의 모든 측면에 관여하지만 부모와 갓난아기 사이의 애착에 특히 중요하다. 부모가 아기와 눈을 맞추면 아기도 몸속에서 옥시토신이 분비되어 부모와 눈을 맞춘다. 그러면 부모는 아기와 더 오래 눈을 맞추고 싶어진다. 이런 식으로 계속 상승 작용이 이어진다.[8]

옥시토신은 우리와 개의 관계에서 중요한 역할을 한다. 개가 어찌어찌해서 옥시토신 회로에 영향을 미치는 법을 알아냈기 때문이다.[9] 문득 강아지가 특별한 이유도 없이 빤히 쳐다보고 있다는 것을 느낀 적이 있는가? 이처럼 강아지가 우리 눈을 쳐다보면 우리 몸속에서 옥시토신 분비가 늘어나 강아지를 더 쳐다보고 싶어진다. 강아지 역시 옥시토신 분비가 늘어 계속 사람을 쳐다본다. 서로 꼭 끌어안고 상대방의 눈을 들여다보는 것과 마찬가지다.**

---

\* 옥시토신은 뇌에서 직접 혈액 속으로 분비되며, 또 한편으로 신경 섬유를 따라 신경계로 전달된다. 사랑하는 사람과 신체를 접촉하거나, 기다리던 소식을 듣거나, 멋진 식사를 즐기고 나면 기분이 좋아지는 것은 모두 옥시토신 덕분이다. 옥시토신은 통증을 덜어주고, 스트레스를 감소시키며, 혈압을 낮추는 효과도 있다.[10]

눈 맞추기는 강아지는 물론 모든 개에게 매우 중요할 수 있다. 오래 눈을 맞추는 반려견을 키우는 사람은 짧게만 눈을 맞추는 반려견을 키우는 사람에 비해 옥시토신이 훨씬 많이 분비되는 것으로 나타났다.[11] 연구에 따르면 동물 보호소에서 (흰자를 보이면서) 사람과 더 오래 눈을 맞추는 개는 더 빨리 입양된다.[12] 더 오래 눈을 맞추는 반려견을 키우는 사람은 개와 함께 사는 것이 행복하다고 보고하는 비율이 더 높다.[13]

그런데 개의 눈 맞추기를 어떻게 측정할까? 웨스틀리Westley의 예를 들어보자.

웨스틀리는 특이할 정도로 얼굴에 주름이 많다. 걱정에 휩싸인 것처럼 보인다. 아침에 일어나 신문에서 온갖 재난 기사를 본 사람 같다. 게다가 매사에 느릿느릿한 편이라 녀석이 다가올 때면 뭔가 안 좋은 말을 하려는 것이 아닌가 생각될 정도다.

웨스틀리가 얼마나 오랫동안 눈을 맞출 수 있는지 알기 위해 케라는 녀석에게 '불가능한 과제'를 주었다. 플라스틱 그릇 안에 간식을 떨어뜨리는 것이다. 웨스틀리는 음식만 보면 화들짝 반색하는 강아지라서 케라가 허락하자마자 뒤뚱뒤뚱 그쪽으로 다가가더니 냉큼 먹어버렸다. 케라는 더 어려운 과제로 그릇 안에 간식을 넣고

---

** 사람과의 사회적 상호작용은 개의 옥시토신 수치에 영향을 미친다고 생각된다. 많은 실험에서 사람과 친근한 상호작용을 한 후 개의 옥시토신 수치가 상승했다.[14] 사람도 개를 꼭 안고 있으면 스트레스 지표가 낮아지고 옥시토신 수치가 상승한다.[15]

뚜껑을 덮었다. 그 정도는 웨스틀리에게 문제가 되지 않았다. 그러자 케라는 정말로 어렵고 좌절스러운 과제로 넘어갔다. 딱 소리를 내며 그릇 뚜껑을 잠가버린 것이다. 이제 다른 손가락과 맞잡을 수 있는 엄지를 가지지 않은 동물은 뚜껑을 열 수 없다.

불가능한 과제를 마주하면 누구에게나 세 가지 선택지가 생긴다. 포기하든지, 나름대로 계속 노력해보든지, 도움을 청하는 것이다. 우리 연구에서 관찰한 군견들은 끈질겼다. 분명 몇 분 전에는 간식을 먹을 수 있었다는 걸 **기억한다**. 녀석들은 잠긴 용기를 앞발

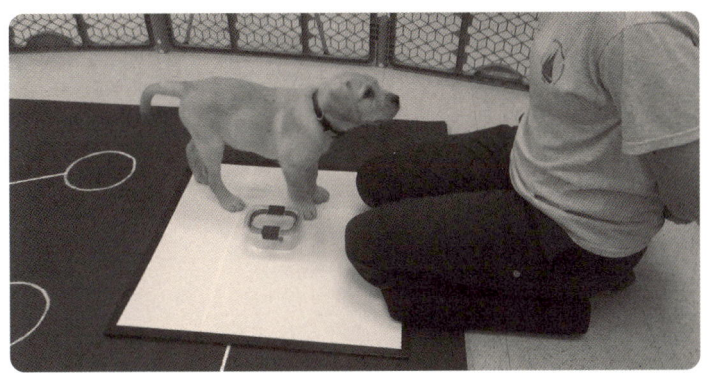

웨스틀리와 불가능한 과제

로 치고 뚜껑을 마구 물어뜯었다. 결코 포기할 줄 몰랐다. 하지만 도움을 요청하는 경우는 거의 없었다.

웨스틀리는 달랐다. 용기가 열리지 않자 몇 초간 가만히 응시하더니 바로 케라에게 고개를 돌렸다. 그리고 그녀의 눈을 뚫어져라 쳐다보았다. 60초가 지나자 케라는 용기 뚜껑을 열어주었다. 웨스틀리는 간식을 맛있게 먹은 후에 케라에게 뽀뽀를 해주었다.

웨스틀리는 2020년 봄학기 입학생 중 눈 맞추기 능력이 단연 톱이었다. 하지만 아서와 진델도 평균적인 개보다 자주 눈을 맞추었으며, 군견을 비롯한 다른 래브라도 리트리버에 비하면 훨씬 자주 눈을 맞추는 편이었다.

눈 맞추기가 사람과 개의 관계에 그렇게 중요한 역할을 할 수 있다면, 집에서 강아지가 더 자주 눈을 맞추도록 주인이 할 수 있는 일은 없을까? 우리 연구 결과, 초기 경험 중 아주 작은 부분이 강아지와 주인의 눈 맞추기 빈도를 높이는 것으로 나타났다.

생후 8~20주 사이에 2주마다 불가능한 과제 게임을 수행한 강아지는 20주가 되어서야 처음 게임을 수행한 강아지보다 눈 맞추는 시간이 2배 정도 늘었다. 2주에 한 번씩 5분밖에 안 걸리는 간단한 게임을 하는 것만으로 눈 맞추기를 더 많이 하게 되는 것이다.

동물 보호소에서 강아지들과 눈 맞추기 게임을 한다면 입양 빈도가 향상될지 모른다.[16] 집에서 이런 게임을 하면 강아지와의 관계가 훨씬 좋아질 수 있다. 우리가 수행한 게임 중에 가정용으로 좋은 게임이 뭔지 묻는다면 불가능한 과제를 최우선으로 추천한다.

### 견종의 미래

생활 방식이 변하면서 우리는 개에게 과거와 다른 행동을 기대한다. 앞서 설명한 대로 통념과 달리 견종은 다 자랐을 때의 모습 말고는 그리 많은 것을 알려주지 않는다. 하지만 생김새가 아니라 기질을 일관성 있게 선택 육종한다면 어떤 일이 벌어질까?

오늘날 개가 어딘가를 지키거나, 사냥을 하거나, 가축을 모는 등 전통적인 역할을 수행하는 경우는 거의 없다. 과거에 선택된 특성은 점점 도시화되는 현대적 생활 방식에 맞지 않는다. 큰소리로 짖는 것은 이제 매우 성가신 행동으로 간주되며, 낯선 사람에게 공격성을 드러내는 것은 개로 인해 초래되는 심각한 부상의 주요 원인이 되었다. 개가 집을 잘 지킨다면 편리할지 모르지만, 현관 앞에서 문을 두드리는 모든 사람을 공격한다면 생각해볼 문제다.

보조견과 군견에 대한 연구 결과, 우리는 기질을 직접 선택해 육종한다면 괄목할 효과가 나타날 수 있음을 알아냈다. 케이나인 컴패니언스는 기질이 차분하고 순하며, 낯선 사람에게 친절하고, 자주 눈을 맞추는 개들을 꾸준히 선택 육종한다. 그런 방법의 효과는 매우 강력했으며 심지어 생리학적인 측면마저 바꿔놓았다.

에번은 반려견과 케이나인 컴패니언스 개들의 옥시토신 수치를 측정해보았다. 케이나인 컴패니언스 개는 일반 반려견보다 순환형 옥시토신과 총 옥시토신 수치가 더 높았다.[17] 합리적인 범위에서 '친근하고 느긋하며 어린이들에게 친절하리라'고 확신할 수 있는 견종을 만들 수 있다는 뜻이다. 핵심은 외양이 아니라 함께 살고 싶은 기질에 초점을 맞추는 것이다.

이런 개야말로 가족이 될 가능성이 크다. 집에 찾아온 손님을 반기고 주인의 친구들과 편하게 어울리는 개, 하이킹이나 동네 산책은 물론 오래도록 고대했던 휴가에 함께할 수 있는 개 말이다.

웨스틀리, 아서, 진델 같은 케이나인 컴패니언스 개들이 눈에 띄게 차분하고 친절한 기질을 갖고 있다는 사실은 주의 깊은 선택 육종 프로그램이 개체군 전체에 영향을 미칠 수 있음을 뚜렷하게 보여준다. 어쩌면 이것이 견종의 미래가 될 수 있을 것이다. 개의 마음씨, 기질은 최소한 개의 외양만큼이나 중요하다.

### 어떤 강아지를 들일 것인가?

개별적인 개는 견종의 특성보다 훨씬 큰 다양성을 지니지만 여전히 많은 사람이 견종에 집착한다. 짧은 다리, 평평한 얼굴보다 기질에 중점을 두고 선택해야 한다는 점을 충분히 많은 사람에게 설득하려면 시간이 걸릴 것이다. 실제로 그런 변화가 나타날 때까지는 더 많은 시간이 걸린다. 그사이에 우리는 어떤 견종의 강아지를 골라야 할지 조언해달라는 요청을 계속 받는다. 개를 원하는 사람에게 첫 번째로 권하는 것은 임시 위탁이다. 많은 동물 보호소와 비영리 단체에서 정해진 기간 동안, 또는 다른 사람이 입양할 때까지 개를 집에 데리고 있을 수 있는 임시 위탁 프로그램을 운영한다.

임시 위탁된 개는 대개 강아지 시기를 지나 성격이 어느 정도 형성되어 있으므로 가족의 생활 방식에 잘 맞을지 알 수 있다(강아지도 임시 위탁하는 경우가 있긴 하다). 데리고 있는 동안 서로 알게 되고, 잘 맞을지 가늠해볼 수 있으며, 개가 우리 집이라는 환경을 어떻게 받아들이고 행동할지 미리 알아볼 기회도 된다.

일이 잘 안 풀린다고 해도 개에게 잠시나마 보호소 아닌 환경을 제공하고, 개를 돌보는 경험을 해볼 수 있다. 물론 일이 잘 풀리면 평생 떠돌이가 될 수 있었던 개에게 영원히 머물 가정을 선사해줄 수 있다.

임시 위탁을 할 수 없다면 우리는 동물 구조 단체를 방문해보라고 권한다. 직원들에게 어떤 개를 찾는지 설명하고, 혹시 떠오르는 개가 있는지 묻는다. 개의 이력과 행동상 특징, 건강 기록 같은 것을 요청할 수도 있다. 구조 단체에는 한동안 그곳에 머물러 직원들이 잘 알고 어떤 집에 잘 맞겠다고도 생각하지만, 이런저런 이유로 아직 입양되지 않은 개가 있게 마련이다. 직원들은 정직하게 답해줄 것이다. 개가 며칠 만에 돌아오는 것을 원치 않기에 찾아온 사람의 입장에서 개가 우리 집에 잘 맞을지 기꺼이 고민해줄 것이다.

성견이 아니라 반드시 강아지라야 한다고 해도 우리의 권고안은 역시 동물 보호소나 임시 위탁 가정을 먼저 고려하는 것이다. 반드시 순종 강아지를 고집한다면 순종 강아지 구조 기관도 있다.*

당신은 새로운 강아지와 10년 정도 함께 살 가능성이 크다. 그러니 어떤 강아지를 고를지, 그 강아지가 다음 세대의 건강과 행복

---

\* 믹스견이 소위 '잡종 강세'라는 현상 때문에 유전적 건강 문제가 덜 생긴다는 말을 들어본 사람도 있을 것이다. 두 마리의 순종 사이에서 태어난 강아지가 부모보다 건강하다는 것이다. 하지만 그때도 어떤 종끼리 교배되었는지, 혈통상 유전 질환이 있는지에 따라 결과는 천차만별이다. 그렇다고 해도 믹스견이 순종보다 건강하다는 몇 가지 증거가 있다. 피부암, 고관절 이형성증, 당뇨병, 안구 질환, 뇌전증 등 유전 질환 발생 비율이 낮다는 것도 그중 하나다.[18] 몇몇 연구에서는 믹스견이 순종보다 평균적으로 1~2년 더 살며 노화도 더 느리다는 점이 입증되었다.[19]

2020년 봄학기 입학생들. 왼쪽에서 오른쪽으로, 진델, 아서, 위즈덤, 오로라, 웨스틀리, 졸라Zola, 욘더Yonder다.

에 도움이 될 것인지 신중하게 생각해야 한다.

결국 강아지의 이력이 베일에 싸여 있다면 어떤 견종인지, 어디서 왔는지 전혀 알 수 없다. 하지만 걱정하지 않아도 된다. 유전자가 모든 것은 아니니까.

강아지를 어떤 방식으로 키우느냐는 강아지가 어디서 왔느냐만큼이나 중요하다!

## 8장
# 결정적 경험

모든 강아지가 개별적 존재이며, 유전자가 인지 능력과 기질을 결정하는 데 역할을 한다면, 강아지가 훌륭한 개로 성장할 가능성을 극대화하는 환경도 있지 않을까?

강아지는 최대한 많은 사람을 만나야 할까, 아니면 그런 경험에 압도당하고 말까? 최대한 빨리 다른 강아지를 만나야 할까, 아니면 예방접종을 맞을 때까지 기다려야 할까? 다른 연령의 강아지들과 얼마나 시간을 보내야 할까? 피해야 할 장소가 있을까? 강아지의 뇌가 빠르게 성장하는 동안 연령은 지능에 어느 정도까지 영향을 미칠까? 이것은 강아지를 키우는 사람이 흔히 묻는 질문 중 일부일 뿐이지만 정확한 답은 어디서도 찾기 어렵다. 과학적인 연구가 거의 수행되지 않았기 때문이다. 수의사, 육종가, 훈련사들은 각자의 경험과 관찰에 기대어 다양한, 심지어 서로 모순된 온갖 의견을 내놓는다. 이번 장에서는 몇몇 전통적인 방식이 어떻게 강아지에게 가장 필요한 '결정적인 경험들'을 제공하는지 설명하려고 한다. 우리는 유치원에 입학한 강아지들과 일반 가정에서 키운 강아지들을 면밀히 비교하는 실험을 설계해 이런 결론에 도달했다.

우리는 사회적 경험이 강아지의 인지 능력, 기질, 행동에 결정적으로 중요하다는 사실을 안다. 그런 경험 없이 자란 동물이 어떻게 되는지 알기 때문이다. 어린 동물은 엄마의 돌봄과 같은 종 내 다른 개체와의 상호작용이 반드시 필요하다. 타협하는 법을 배워야 하는 환경에서 풍부한 경험을 쌓아야 한다.* 생쥐에서 원숭이에 이르기까지 많은 동물종이 생애 초기에 고립되어 이런 환경을 박탈당하면 자라면서 다양한 신경생리적 질환과 이상 행동을 나타낸다. 특히 강아지는 같은 종과 상호작용하는 법을 배워야 할 뿐 아니라 전혀 다른 종과 애착을 형성해야 한다는 점에서 매우 독특하다. 가축화에 의해 강아지는 긴 사회화 기간을 진화시켰다. 더 오랜 시간 동안 애착을 형성할 수 있다는 뜻이다.

새끼 늑대는 사회화 기간이 생후 2~6주 정도로 비교적 짧다.[1]

---

\* 포유류에서 사회화 기간이란 두려움과 반응성이 낮은 기간이다. 즉, 어린 포유동물이 감각을 발달시키고, 같은 종의 다른 개체와 함께 자라면서 마주칠지도 모를 상황에 친숙해지는 시간을 말한다.

다 자란 늑대가 인간을 공격하지 않고 어느 정도 용인하기를 바란다면 이 시기에 집중적으로 인간과 어울리게 해야 한다. 인간이 젖병을 써서 젖을 먹이고, 함께 자고, 주된 신체 접촉 대상이 되어야 한다. 이렇게 집중적인 사회화를 거쳐도 늑대는 결코 개만큼 인간과 애착관계를 맺지 못하며, 여전히 인간을 경계하고 두려워한다.

새끼 강아지의 특징은 사회화 기간이 훨씬 길다는 점이다.[2] 이 기간 동안 강아지는 인간과 빠르고 쉽게 애착을 형성한다. 사회화 기간이 길기 때문에 우리는 이를 기회로 어떤 환경 요인이 인지 발달에 가장 큰 영향을 미치는지 알아볼 수 있다. 과학적으로 최선의 방법은 서로 다른 두 가지 방식으로 기른 강아지를 비교하는 것이다.

첫 번째 시험군을 '집 강아지'라고 부르자. 전문적으로 강아지를 기르는 사람의 집에서 자랐기 때문이다. 자원해서 보조견 강아지를 기르는 특별한 사람들이다. 그러니까 자신이 아니라 남을 위해 강아지를 기르는 것이다. 이들은 강아지를 교실에 데려오고, 경과 보고서를 제출하고, 초기 훈련 단계를 마칠 때마다 전문가의 자문을 받는다. 또한 강아지를 다른 개, 다양한 사람들에게 소개하고, 상점이나 다른 사람의 집은 물론 공항, 병원에도 데리고 간다. 집에 다 자란 반려견이 있을 수는 있지만 또 다른 새끼 강아지는 없다.

두 번째 강아지 시험군은 '유치원 강아지'라고 부르는 게 좋겠다. 우리 유치원에서 기르기 때문이다. 우리는 집 강아지보다 풍부한 환경을 만들려면 어떻게 해야 할지 진지하게 생각했다. 이들은 한 가정에서 자라는 대신 수많은 학생의 보살핌을 받으며 자란다. 그리고 도서관, 병원, 학생식당 등 듀크대학교 캠퍼스를 구석구석 돌아다닌다. 주변에 다른 개가 없거나 있더라도 한 마리만 있는 환경이 아니라, 여러 마리의 강아지와 함께 자란다. 같은 또래 강아지들과 어울려 놀고, 씨름을 하고, 야단법석을 떨고, 때때로 싸우기도 한다.

다른 양육 환경이 어떤 영향을 미쳤는지 알아보기 위해 우리는 집 강아지와 유치원 강아지의 인지 능력을 비교했다. 집 강아지는 2주에 한 번씩 유치원에 와서 유치원 강아지와 동일한 인지력 게임을 했다는 것이 주된 차이다. 어떤 양육 방식이 강아지의 성공 가능성을 향상하는지 알기 위해서다. 그 과정에서 자연스럽게 어떤 방식이 일반적인 반려견에게 가장 좋을지도 드러날 터였다. 집 강아지는 흔히 강아지를 키우는 것과 비슷한 방식으로 자라기 때문이다.

유치원 강아지와 집 강아지의 초기 경험이 얼마나 다른지 제대로 알려면 하루를 꼬박 함께 지내봐야 한다.

### 위즈덤과 함께 지낸 하루

위즈덤에게는 세 명의 '기숙사 부모'가 있었다. 이 학생들은 기숙사에 살며 일주일에 며칠씩 번갈아 밤에 위즈덤을 돌보았다. 아침에 녀석이 잠에서 깨어나 몸을 쭉 늘이며 기지개를 켜면 그날 당번인 기숙사 부모는 얼른 화장실로 데려간다. 볼일을 보고 돌아와 시간이 남으면 학생의 무릎을 파고들어 잠깐 졸기도 한다. 느긋하게 아침을 먹고, 재킷을 걸친 후 목줄을 매면 기숙사 부모를 따라 학교에 갈 준비가 된 것이다.

듀크대학교 학생들은 대부분 위즈덤만큼 일찍 일어나지 않지만, 마침 학교에 온 학생들은 발길을 멈추고 강아지를 꼭 끌어안으며 하루 잘 보내라고 인사를 건넨다. 유치원에 도착한 위즈덤은 동급생들을 만나러 급히 뛰어 들어간다. 기숙사 부모는 목줄을 자원봉사자에게 건네고, 위즈덤은 친구들과 어울려 모두 함께 듀크연못 주변을 한 바퀴 산책한다.

듀크연못은 엄청난 감각적 경험이다. 위즈덤은 오리들이 물 위를 떠다니는 모습과 벌들이 야생화 사이에서 붕붕거리며 나는 모습을 본다. 수염을 적시는 아침 이슬과 발바닥에 닿는 땅의 촉감을 느낀다. 숲에 숨어 있는 토끼와 라쿤(미국너구리) 냄새를 맡는다. 산책을 마치면 자원봉사자들은 위즈덤과 강아지들을 침실로 데려간다. 칼라를 풀고 뽀뽀를 받으면 어느새 잠에 빠져든다. 몇 시간 뒤 일어나 보니 새로운 자원봉사자들이 와 있다. 위즈덤을 가볍게 안고 인사를 건넨 후 화장실로 데려간다. 이제 하루 중 가장 좋아하는 시간이 다가온다. 바로 점심이다.

점심을 먹고 나면 수업을 받는데, 이 또한 위즈덤이 무척 좋아하는 시간이다. 훈련 과제들을 마치고 중간고사 준비에 열중한다.

새로운 자원봉사자들이 들어오고, 역시 좋아하는 시간이 이어진다. 쉬는 시간이다. 형제인 웨스틀리는 물론, 모든 친구가 함께 강아지 공원으로 향한다. 강아지 풀장에서 놀고, 강아지 미끄럼틀을 타고, 서로 쫓고 쫓기며, 매일 바뀌는 다양한 장난감을 물고 흔들며 신나게 논다.

오후에는 다시 교실로 간다. 2020년 봄학기 졸업생 대표인 위즈덤은 처음부터 거의 모든 인지력 게임에서 두각을 나타냈다. 생후 8주에 표지 시험에서 100점을 맞더니, 처음에 잘했다가 성적이 떨어지는 강아지들과 달리 늘 최고 성적을 놓치지 않았다. 생후 10주가 되자 기억력 게임의 모든 것을 완벽하게 기억한다. 생후 12주에는 잉이 거의 졸업할 때가 되어서야 겨우 이해하기 시작했던 자제력 검사를 마스터한다.

위즈덤은 물리학 수업에서도 부동의 일등이었다. 같은 반 친구인 아서는 물어 오기 게임에 누구보다 열정과 헌신을 보였지만, 생후 10주가 되자 위즈덤은 물어 오기 점수 만점을 기록해버렸다(아서는 절대 그 수준에 도달하지 못했다). 하지만 그 뒤로 녀석은 아서에게 추월을 허용했다(좋은 친구였기 때문일까?). 기질 검사에서 위즈덤은 로봇 친구인 키티, 블루, 라이언과 엄청 장난을 쳤다. 후드를 뒤집어 쓴 낯선 사람이 심판에게 소리를 지르고 자기 쪽으로 커다란 막대기를 휘두르자 몹시 놀라 어쩔 줄 몰랐지만, 한바탕 소란이 가라앉고 나서는 행복해져서 쓰다듬어 달라고 다가갔다. 녀석은 다른 강

아지들과 잘 어울려 놀았지만 혼자 있어도 개의치 않았다.

때때로 위즈덤은 재킷을 걸치고 골프 카트에 뛰어올라 병원까지 타고 갔다. 아픈 사람, 불안한 사람, 안심한 사람 사이로 반짝반짝 윤이 나는 병원 로비를 가로지른다. 바로 옆에 병원 배지를 착용한 콩고가 차분히 걷고 있었으므로, 누구나 이 개들이 병원에 들어와도 된다는 것을 알 수 있다. 강아지들은 엘리베이터를 타고 소독약 냄새가 나는 2층에서 내려 함께 복도를 걸어 작은 방으로 들어간다. 소아 심장 전문 간호사들이 기다리고 있다. 대개 간호사들은 활기차고 행복하게 위즈덤을 반긴다. 하지만 슬픔에 가득 차서 위즈덤을 끌어안고 우는 때도 있다.

때때로 위즈덤은 인공 폭포와 싱잉볼singing bowl이 있는 헬스장을 찾아 아로마 테라피 오일 향이 나는 방에서 수십 명의 학생을 만난다. 점심시간에 학생식당에서 자신을 못 봤던 학생들의 찬탄 속에 그들 사이를 돌아다닌다. 이제 녀석은 오리엔테이션 중 자신에게 푹 빠진 500명의 청중 앞에 선다. 하지만 여기서 핵심적인 요소는 불과 몇 개월 사이에 수천 명을 만난다고 해도 모든 경험이 긍정적이라는 것이다.

위즈덤에게 소리를 지르는 사람은 결코 없다. 어떤 식으로든 벌을 받지도 않는다. 관심을 원할 때는 반드시 누군가 곁에 있어서 놀아주거나 끌어안아준다. 혼자 있고 싶을 때는 그럴 수 있는 공간이 허용된다. 일과가 끝나면 그날의 기숙사 부모가 유치원으로 찾아와 함께 집으로 간다. 저녁 식사를 마치고도 여전히 사람들을 만나고 싶다면 기숙사 휴게실로 가면 된다. 거기에는 언제나 반겨줄 누군가가 있다. 하루가 끝나면 기숙사 부모의 책상 아래 마련된 집에서 몸을 둥글게 만 채 잠이 든다.

유치원을 찾아왔다가 강아지들이 배를 드러낸 채 누워 발바닥 마사지를 받거나(이렇게 하면 발톱을 깎기가 훨씬 쉽다), 누군가 얼굴을 물수건으로 닦아주거나, 사랑스러운 손길로 오래 털을 빗겨주는 모습을 본 사람들은 감탄하며 고개를 젓는다. 강아지들이 유치원에 머무는 10주 동안 얼마나 많은 사랑과 관심을 받는지 생각하면 놀라지 않을 수 없다. 그리고 이런 질문을 떠올린다. 이렇게 하면 정말

뭐가 달라질까?

위즈덤의 경험을 되살리려면 직장을 그만두고, 100명의 대학생을 모집하고, 집에 여섯 마리의 강아지를 더 데려와야 하는 것인지 슬슬 궁금해질지도 모르겠다.

좋은 소식이 있다. 현재까지 연구 결과에 따르면 집 강아지와 유치원 강아지는 크게 다른 결과를 나타내지 않았다. 두 시험군을 비교하기 위해 우리는 생후 8~18주 사이에 2주 간격으로 똑같은 게임을 시켰다. 인지 능력과 기질을 평가하는 검사였다. 대부분 듀크대학교의 동일한 방에서 검사받았으며, 모든 강아지가 케이나인 컴패니언스 보조견이라는 같은 집단에 속했다. 각기 다른 방식으로 길렀음에도 두 시험군은 모든 인지 능력 검사에서 비슷한 결과를 나타냈다. 기질 검사에서도 큰 차이가 없었다. 유치원에서 자란 강아지라고 해서 매일 가족이 기다리는 집으로 돌아간 강아지들에 비해 보조견 졸업장을 받는 데 성공하는 비율이 더 높지 않았다. 한쪽이 더 차분하거나, 더 사회적이거나, 인지적으로 더 발달했다는 증거도 전혀 없다. 이 시기의 빠른 뇌 성장은 비교적 안정적인 궤적을 따르며, 우리가 비교한 양육 방법 차이의 영향을 받지 않는 것 같다.

양육이 중요하지 않다는 뜻은 아니다. 오히려 양육 방식은 절대적으로 중요하다. 사교적인 접촉을 전혀 허용하지 **않거나** 방치, 학대한다면 그 영향은 강아지에게 매우 빠르고 심하게 나타난다. 사회화에는 어떤 문턱값threshold이 있는 것 같다. 강아지가 문제없이 잘 자라려면 새로운 개, 사람, 장소에 강아지를 일정 정도 노출시켜야 한다는 뜻이다. 하지만 문턱값을 넘어서는 노출은 대개 눈에 띄는 차이를 불러오지 않는 것 같다. 전반적으로 훌륭한 개가 되려면 친절하고 사랑이 넘치는 가족의 일원이 되는 것만으로 충분하다.

### 어미의 보살핌

생애 초기, 그러니까 아직 젖을 떼지 못하고 한배에서 태어난 다른 형제들과 함께 어미 개의 보살핌을 받는 시기는 어떨까? 이때라면 서로 다른 경험을 하는 것이 중요한 영향을 미칠 수 있지 않을까? 에밀리는 초기 보살핌 경험이 강아지에게 미치는 영향을 조사한 몇 안 되는 연구 중 한 건을 수행했다.[3, 4] 그 결과 생애 초기에 어미의 보살핌을 받은 경험은 분명한 차이를 나타내는 것으로 나타났다. 에밀리는 보조견 또는 안내견 훈련을 받기로 예정된 몇몇 강아지 집단을 연구했다.* 연구 대상은 젖을 떼기 전인 생후 6~8주에 아직 어미의 보살핌을 받는 강아지였다. 강아지들과 어미는 바닥에 수건을 깐 유아용 풀장이 갖춰진 방에 머물렀다. 젖을 먹이는 어미와 새끼 모두에게 완벽한 장소였다. 어미는 피곤하면 언제든 테두리에 기대어 쉴 수 있고, 새끼들은 안전하게 보호받는다고 느낀다. 가장 중요한 것은 테두리 높이가 강아지는 기어오를 수 없지만, 어미는 언제라도 드나들 수 있는 정도로 딱 맞다는 점이다.

에밀리는 어미가 풀장 안에서 새끼들과 보내는 시간을 측정하고, 각 어미가 새끼들과 함께 있을 때 어떻게 행동하는지 관찰했다. 어미의 보살핌에는 두 가지 스타일이 있었다. '헬리콥터형'과 '자유방임형'이었다. 헬리콥터형 어미는 새끼들이 항상 눈길 닿는 곳에 있어야 했다. 항상 신체 접촉이 있으면 더욱 좋았다. 따라서 헬리콥터형 어미는 거의 항상 풀장 안에 머물렀다. 한시도 쉬지 않고 새끼

---

* 케이나인 컴패니언스는 다양한 유형의 보조견을 훈련하지만 시각장애인을 위한 안내견은 훈련하지 않는다.

를 핥고, 털을 가지런히 골라주고, 코를 비비며 애정을 표현하고, 잘 때는 몸을 따뜻하게 해주었다. 새끼들이 배가 고프면 기꺼이 옆으로 누워 배를 깔고 젖을 빨게 해주었다.

자유방임형 어미는 정반대다. 풀장 안에 새끼들만 놓아두는 편을 선호했다. 칭얼거려도 바로 반응을 보이지 않았으며, 신체 접촉 시간도 훨씬 짧았다. 새끼들이 젖을 먹고 싶어도 똑바로 선 자세를 유지해 새끼들은 서로의 몸을 타오르고 젖꼭지를 향해 뛰어올라야 했다!

에밀리는 2년간 추적 관찰을 진행했다. 강아지가 보조견으로 졸업에 성공하는지 확인하기에 충분한 시간이다. 이전 연구를 보면 헬리콥터형 어미의 새끼가 훨씬 우수할 것으로 예상되었다. 몇몇 연구에서 지극정성으로 보살피는 어미의 새끼는 두려움을 덜 느끼며, 사회적 및 물리적 세계에 적극적으로 참여할 가능성이 더 컸던 것이다. 공격성, 불안, 공포 수준도 더 낮았다.[5, 6] 에밀리의 연구도 다르지 않았다. 헬리콥터형 어미의 새끼는 자유방임형 어미의 새끼보다 졸업할 가능성이 더 컸다. 낯선 사람에 대한 두려움도 훨씬 덜했다. 다만 사람의 청소년기에 해당하는 시기에 부모와 떨어지는 것과 관련된 행동 문제를 겪을 가능성이 크기는 했다.

하지만 이 강아지들은 모두 케이나인 컴패니언스의 보조견이었다. 안내견은 다른 유형의 보조견으로 특별한 훈련이 필요하다. 예컨대 주인이 차도 쪽으로 걸어가는 등 위험한 일을 하려고 하면

헬리콥터형 어미. 풀장 안에서 옆으로 누워 새끼들에게 젖을 먹이고 있다.

자유방임형 어미. 새끼들을 방치할 뿐 아니라 풀장 밖에서 낮잠을 자기도 한다.

안내견은 스스로 판단해 주인에게 복종하지 않아야만 한다. 안내견 강아지를 조사한 에밀리는 자유방임형 어미의 새끼들이 졸업할 가능성이 더 크다는 것을 발견했다. 이들은 차분하고 침착한 성견으로 자랐으며, 다 자란 후에는 인지력 게임에서 더 좋은 성적을 거두었다. 헬리콥터형 어미의 새끼들은 혼자되었을 때 더 많이 동요했으며, 문제를 푸는 데 시간이 더 걸렸고, 새로운 물체와 마주치는 과제를 수행할 때 더 혼란스러워했다. 결국 훈련 프로그램을 끝까지 마치지 못할 가능성이 더 컸다.

에밀리는 어미의 돌보는 스타일에 따라 장차 수행할 역할의 적합도가 달라질 수 있다고 결론내렸다. 헬리콥터형 어미의 새끼는 쉽게 안심하고 애착을 맺는 경향이 있었으며, 주변에 사람이 있을 때도 더 편안하게 느꼈다. 반면 자유방임형 어미는 분명 안내견에게 중요한 독립성 같은 특성을 길러주는 것 같았다.

또 다른 연구는 안내견을 포함해 다양한 유형의 작업견에 초점을 맞추어, 생애 초기에 사람과 더불어 집중적인 사회화 과정을 거친 강아지들을 살펴보았다. 집중적인 접촉은 젠틀링gentling, 즉 매일 일정한 신체적 자극을 주는 방식으로 이루어진다. 예컨대 생후 3일이 되면 사람이 강아지를 들어올려 발가락 사이를 살살 간질인다. 아주 짧은 동안 아주 조심스럽게 발을 잡고 거꾸로 드는 등 특이한 자세를 취하거나, 강아지를 차갑고 축축한 헝겊 위에 두기도 한다. 이런 식의 훈련을 대략 생후 3주 될 때까지 매우 짧게 반복한다.

이 연령의 강아지는 다치기 쉽고 힘이 없기 때문에 이런 식으로 다루면 약간 위험하다. 하지만 연구 결과, 젠틀링 기법에 노출된 강아지는 심박동이 힘차고, 심박수가 향상되며, 스트레스와 질병 저항력이 더 높았다.[7]

이 모든 연구는 어미의 양육 스타일이 새끼가 향후 작업견으로 일하는 데 서로 다른 장기적 영향을 미칠 수 있음을 시사한다. 우리 연구가 어미를 떠난 뒤 강아지에게 결정적으로 중요한 경험이 무엇인지 밝히는 데 도움이 되기를 바란다. 강아지는 다양한 개와 사람을 만나고 긍정적인 상호작용을 주고받아야 한다. 이런 식으로 사회화된 강아지는 성견이 된 후에 사회적인 상황에 더 잘 대처하고 자신 있게 행동한다. 하지만 집에서 키우는 강아지를 수천 명의 사람과 만나게 하고, 같은 연령의 강아지와 함께 키우고, 우리가 듀크대학교에서 하듯 집중적인 훈련을 받게 하는 것은 실질적으로 도움이 되지 않는다. 그보다 강아지 학교에 보내는 편이 훨씬 낫다. 거기서는 기본적인 기술뿐 아니라 새로운 사람과 새로운 개를 만났을 때 어떻게 긍정적인 상호작용을 주고받을 것인지 가르친다. 생후 8~18주 된 강아지가 있다면 가족과 친구, 친절한 개들을 만나게 하라. 길고 짧은 산책에 늘 데리고 다니며 많은 신체 활동을 즐기게 하고, 듬뿍 사랑을 베풀라.

그 정도면 충분하다.

9장
# 어서 와, 우리 집은 처음이지

    2020년 봄 팬데믹이 처음 발생했을 무렵, 우리는 모든 사람이 그랬듯 몇 주만 지나면 모든 것이 정상으로 돌아오리라 기대했다.
    여름이 되자 사태가 금방 끝나지 않을 것이 명백해졌다. 연구는 계속 지연되었다. 코로나-19가 여전히 기승을 부려 결국 2020년 가을반 입학생을 받지 못했다. 항공사는 개를 받아주지 않았고, 케이나인 컴패니언스는 프로그램 자체를 중단했다. 강아지의 일거수일투족을 관찰하고, 아무리 변덕을 부려도 맞춰주던 100여 명의 자원봉사자도 곁에 없었다. 연구팀의 수의사 마거릿도 캠퍼스에 머물며 강아지들의 긁히고 찢긴 상처를 봐줄 수 없었다. 케이나인 컴패니언스 훈련사들도 듀크대학교로 날아와 강아지 훈련 과정을 도

울 수 없었다. 이러지도 저러지도 못할 형편이었다. 강아지가 없는데 어떻게 강아지 유치원을 운영하겠는가?

그때 케이나인 컴패니언스에서 전화가 왔다. "강아지 네 마리를 키워주지 않겠어요?" 우리는 유치원을 집으로 옮겨 두 마리를 받았다. 대학원생 중 하나가 한 마리를 받아주었다. 연구실 코디네이터가 네 번째 강아지를 맡기로 했다. 이리하여 2020년 가을반은 네 마리의 강아지로 구성된 미니 학급이 되었다. 목표에 한참 못 미쳤지만 아예 운영하지 않는 것보다는 훨씬 나았다.

집을 유치원으로 꾸미자고 결심하자마자 우리 집이 유치원으로 쓰기에 얼마나 부적합한지 깨달았다. 듀크대학교에서 강아지들은 8600에이커(약 3500만 제곱미터)에 달하는 깔끔하게 손질된 부지와 널찍한 보도의 혜택을 누렸다. 자동차도 거의 다니지 않았다. 화창한 날은 듀크연못 주변을 산책하고, 날이 궂으면 실내 복도를 따라 상당한 거리를 걸을 수 있었다.

우리 집은 분주한 도로변에 있어서 어린이와 동물에게 무척 위험했다. 진흙투성이 정원은 개에게 독성이 있는 식물로 가득했다. 집 자체도 경사면에 지어져 비만 왔다 하면 뒷마당에 물웅덩이가 생기고, 조금 지나면 작은 새만 한 모기들이 들끓었다.

집 안은 사정이 더 나빴다. 유치원은 애초에 강아지를 염두에 두고 지어진 곳이다. 바닥, 벽, 가구는 모두 쓱쓱 닦으면 깨끗해지는 재질이었다. 카펫은 깔지 않았다. 강아지들은 항상 누군가가 관찰하고 돌보았지만, 어쩌다 몇 분쯤 혼자 둔다고 해도 다치지 않을 것이라고 합리적으로 확신할 수 있었다. 반면 우리 집은 그냥 난장판이었다. 일반 가정의 강아지가 쉽게 접근할 수 있는 위치에 위험한 것이 얼마나 많은지 생각해보라. 전기 콘센트, 계단, 가정용 화학물질…. 하나하나 떠올리다 보니 정신이 혼미해졌다.

진짜 문제는 온라인 수업이었다. 집을 한창 강아지 유치원으로 개조하고 있을 때, 거실 한복판에서 '인간 유치원 수업'이 진행되었던 것이다. 사회적 접촉이 제한되던 때에 소규모로 가까이 교류했던 가정에 아이가 두 명 있었다. 이는 종종 거실에서 각자 학년이 다른 네 명의 어린이가 원격 수업을 받는다는 뜻이었다. 아이패드, 노트북 컴퓨터, 하루에 한 번 이상은 풀어줘야 하는 온갖 전선들로 인해 정신이 홀랑 나갈 것 같았다. 연필깎이는 식탁 밑에 뒹굴고, 지우개는 환기구에 처박혔다. 서두르느라 조금만 방심하면 레고 조각을 밟고 비명을 지르기 일쑤였다. 오직 콩고만이 잘 훈련된 감각과 섬세한 인지 능력 덕분에 이 재난 구역에서도 의연함을 유지했다.

거의 공황 상태에 빠져 어쩔 줄 모르고 며칠을 날린 끝에 우리는 마침내 움직이기 시작했다. 매우 특수한 상황이었지만, 우리의 준비 태세는 마지막 순간까지 일을 미루는 버릇 때문에 강아지를 맞이할 준비가 전혀 안 된 강아지 부모들의 모범이 될 만했다. 일단 계단에 아기용 안전문을 설치해 위층과 아래층을 분리했다. 허리 높이보다 낮은 곳에 있는 물건 중 생존에 직결되지 않는 건 모두 위층으로 옮겼다. 그간 관찰한 바에 따르면 강아지는 부드럽고 네모난 물체 위에 용변 보기를 좋아하므로, 문간에 깔린 매트와 거실에 깔아둔 러그를 모두 치웠다. 소파 옆에 두었던 작은 탁자도 다른 곳으로 옮겼다. 낡은 수건과 강아지 탈취제 스프레이를 큰 바구니에 담아 문간에 놓아두었다. 스탠드 조명의 코드를 뽑고, 전기 콘센트에는 안전 커버를 씌웠다. 아이들 학용품은 책꽂이 위 칸을 안전 구역으로 정해 모두 거기에 두도록 했다. 아이들은 발돋움을 하면 손이 닿지만 강아지는 뒷발로 서도 입이 닿지 않을 높이였다. 아이들을 불러 앉힌 후 헝겊 인형에서 떨어져나간 부분이나 레고를 해체할 때 흘린 조각을 미처 알아차리지 못하면 얼마나 무서운 일이 벌어질 수 있는지 말해주었다. 그런 일에 무관심했다가는 **아래층에서 언제 죽음이 입을 벌릴지 모를 일이었다.**

이런 식으로 거실을 아무도 살지 않는 곳처럼 치운 후, 강아지 공간을 만들었다. 우선 잠자리가 있어야 했다. 아래쪽에 넣고 뺄 수 있는 플라스틱판이 깔린 강아지용 우리 두 개를 유치원에서 가져왔다. 또 하나의 필수 장비는 엑스펜x-pen이었다. 엑스펜이란 즉석에서 안전한 놀이 공간을 만들 수 있는 접이식 플라스틱 울타리로, 끝에 연결 부위가 있어 작은 정사각형 공간을 만들 수 있다. 방 안에 작은 방이 생기는 셈이다. 어디서든 몇 분 만에 조립해 세울 수 있으므로 교실에서 게임을 할 때나 식사 시간은 물론, 잠깐 동안 강아지들을 못 돌아다니게 해야 하는 모든 상황에 유용하다. 안전 구역이 확보되자 소모품을 들여야 했다. 목록이 상당히 긴 데다, 매년 새로운 강아지 학급을 만들 때마다 추가되거나 빠지는 물품이 생기게 마련이다. 가장 최신 버전의 준비물 목록을 부록 1에 수록했다.

집 바깥은 마당에서 가장 평평한 가로세로 6미터의 공간을 골라 1.2미터 높이로 닭을 칠 때 사용하는 울타리를 쳤다. 바닥에는 뿌리 덮개를 깔았다. 푹신푹신하고 지저깨비가 생기지 않게 일부러 상당히 분해가 진행된 것을 구해왔다. 강아지는 특히 바닥이 축축한 날에는 땅에서 조금 떨어진 곳을 편안해하므로, 다리 달린 섬유 재질의 커다란 개 침대와 화물 운반에 사용했던 목재 플랫폼을 들여놓았다.

조금 떨어진 곳에는 물이 들어가지 않는 금속 상자에 강아지용 장난감을 넣어두었다. 분해성 재활용 소재로 만든 강아지용 배변 봉투 두루마리도 1000개 주문했다. 그만하면 최선을 다한 셈이었다. 2020년 10월 7일, 마침내 레인보우와 새시Sassy가 도착했다.

### 수면 주기

강아지가 달성해야 하는 발달 지표 중 우리가 가장 면밀히 관찰한 것은 밤새 깨지 않고 자는 것이었다. 밤새 잘 자는 강아지는 규칙적으로 잘 형성된 대변을 본다. 모든 생활에 잘 적응해 환경을 차분하고 편안하게 느낀다. 무엇보다 너무 지쳐서 짜증이 나 있는 부모를 깨우지 않는다. 유치원에서 잠자리에 들기 전에 시행하는 '잠자리 루틴'은 어린이에게 권장하는 것과 똑같다.

첫 번째 규칙은 되도록 일찍 차분한 분위기로 전환하는 것이다. 듀크대학교에서 기숙사 부모들은 강아지에게 저녁을 먹이는 오후 7시, 즉 잠자리에 들기 4시간 전에 잠자리 루틴을 시작한다. 저녁을 먹이고 30분 정도 지나면 자원봉사자는 강아지를 데리고 나가 배변을 시킨다. 목표는 강아지가 저녁을 먹고 나서 한 차례 용변을 보는 것이다. 잠자리에 들기 3시간 전인 오후 8시가 되면 강아지의 물을 치운다. 그 후 이를 닦고, 털을 골라주고, 부드럽게 안아주는데 이때쯤 되면 대부분의 강아지가 꾸벅꾸벅 졸기 시작한다. 몇 차례 더 화장실에 다녀온 후, 오후 10시 45분이 되면 꽤 긴 시간 밖에서 기다리며 배변을 시킨다. 이때 강아지는 너무 졸려서 문자 그대로 선 채 잠들기도 한다. 이런 모습이 보이면 자원봉사자는 강아지를 더 멀리 데려간다. 결국 밤이슬 맞은 풀을 헤치며 다시 걸어 돌아와야 따뜻한 침대로 들어갈 수 있다. 강아지도 따뜻한 침대에서 다시 나오기는 싫기 때문에 돌아오는 길에 마지막으로 한 번 오줌을 누이기도 쉽다.

두 번째 규칙은 침실이 편안해야 하며, 오직 잠을 위한 공간일 뿐 다른 활동을 해서는 안 된다는 것이다. 모든 케이나인 컴패니언스 강아지는 밤에 자거나 낮잠을 잘 때 반드시 강아지용 우리 안으로 들어간다. 몇 주간 우리는 때때로 갓난아기용 모니터를 동원해 우리 안에 머무는 강아지를 면밀히 관찰했다. 우리 안에서 차분하고 행복한지, 어디 불편해 보이지는 않는지 확인하기 위해서였다. 몇 주가 지난 후에는 강아지 스스로 우리에 들어가 자도록 격려했다. 집에 두고 나가도 돌아올 때 그 안에 그대로 있게 하기 위해서였다. 우리에 들어가서 자는 강아지는 밤에 제멋대로 돌아다니다가 소파 아래 똥을 싸놓지 않는다. 우리에 들어가 낮잠을 자는 강아지는 주인이 다른 일을 하는 동안 일어나 돌아다니면서 전선을 마구 씹어놓지 않는다. 우리는 마음의 평화를 가져온다. 주인도 그렇지만 강아지도 마찬가지다. 우리는 야생동물의 굴처럼 언제라도 돌아가 쉴 수 있는 따뜻하고 안전한 사적 공간으로, 거기서 강아지는 혼자 있는 법을 배운다. 우리 속에 머무는 시간은 제한적이다. 오전 중 낮잠 자는 2시간, 오후에 낮잠 자는 2시간, 밤새 편안히 잠드는 8시간. 때때로 이 시간 외에 강아지 스스로 우리에 들어가는 경우도 있다. 거기서 강아지는 다른 것에 주의를 빼앗기지 않고 편안히 잘 수 있다. 장난감도 없고, 담요도 없다.

세 번째 규칙은 자는 시간이 일정해야 한다는 것이다. 정확히 밤 11시가 되면 불을 끈다. 강아지의 일주기 리듬은 사람과 비슷해서 낮에는 활발하고 밤에는 잠을 잔다. 하지만 연구에 따르면 잠의 구성은 우리와 다른 것 같다. 인간의 수면 주기는 90분이지만, 개의 수면 주기는 대략 30분이다. 한 번의 수면 주기가 끝나면 인간은 깨

새시와 우리 딸이 이른 저녁부터 차분히 누워 있다.

어나지 않고 다음 주기로 넘어가지만, 개는 실제로 깨어나 수면 주기와 각성 주기를 반복한다. 개는 하룻밤 사이에 평균 스물세 번 깨어난다. 그래서 침입자가 있으면 금방 알아차리고 경고할 수 있는 것이다. 하지만 그 때문에 조그만 자극에도 깨어나 짖기도 한다. 집 안에서 재우는 개는 우리와 수면 시간이 비슷해지는 것 같지만(밤 시간의 80퍼센트), 집 밖에서 자는 개는 밤 시간의 70퍼센트만 잠들어 있으며 담장이 없으면 밤 시간의 60퍼센트만 수면을 취한다.[1]

개의 일주기 리듬은 융통성 있게 변한다는 사실도 밝혀졌다. 개는 밤새 경비견이나 마약 탐지견으로 일하고도 인간 야간 경비원이 겪는 부정적인 영향을 겪지 않는다.[2]

새시와 레인보우가 오전 낮잠 잘 준비를 하고 있다.

하지만 전반적으로 매일 밤 개가 얼마나 길게 자는지에 대해서는 일치된 의견이 없다.³ 추정치는 7~13시간으로 다양한데, 그조차 일부는 낮잠 시간을 포함하고 일부는 포함하지 않는 등 일관성이 없다. 개가 발달하면서 수면 패턴이 변하기 때문에 불확실성은 더욱 커진다. 유아는 수면 시간이 더 길 뿐 아니라 렘REM수면이 차지하는 비율도 더 높다. 이런 현상 때문에 일부 연구자는 렘수면이 뇌의 성장과 발달에 중요한 역할을 한다고 주장하기도 한다.⁴ 인간 갓난아기는 하루에 최대 17시간을 자며, 그중 절반이 렘수면이다. 우리는 청소년기가 시작된 뒤로도 한참 지나서야 수면 시간이 성인 수준으로 줄어든다.⁵ 1960년대에 수행된 몇몇 연구에서는 강아지가 낮이든 밤이든 대부분의 시간을 수면 상태로 보내며, 그중 95퍼센트가 렘수면이라고 보고했다.[6] 하지만 강아지가 정확히 하루에 몇 시간이나 자며, 성장하면서 수면 시간이 어떻게 변하는지에 대해서는 데이터가 거의 없다.

## 수면 훈련

레인보우는 잠을 자지 않았다. 그러니까 밤에 자지 않았다는 뜻이다. 낮잠 자는 데는 아무 문제가 없었다. 자기 우리를 좋아했으며, 오전과 오후 낮잠 시간이 되면 행복하게 그 속으로 들어가 잠을 청했다. 혼자 있어도 아무런 문제가 없었다.

밤에는 사정이 달랐다. 오후 7시경이 되면 졸려하기 시작해 11시에 우리로 들어갈 때까지 졸다가 깨기를 거듭했다. 그러나 몇 시간 뒤 우리는 완전히 밤의 야수로 돌변한 녀석 때문에 잠에서 깨어나곤 했다. 잠에서 덜 깬 몽롱한 상태로 아래층에 내려가면 레인보우는 우리를 보고 미칠 듯이 기뻐했다. 자기를 데리고 엄청난 모험을 떠나기 위해 내려왔다고 생각하는 것 같았다. 자신의 일주기 리듬이 우리와 완전히 다르며, 집 안에 사는 개로서 수면 주기를 가족과 일치시켜야 한다는 것 따위에는 조금도 관심이 없는 것 같았다. 마치 박쥐 같았다. 그저 한밤중에 깨는 정도가 아니라 밤만 되면 **다시**

**살아난 것처럼** 신이 나서 어쩔 줄 몰랐다.

거의 모든 면에서 레인보우는 그때까지 만난 어떤 강아지와도 달랐다. 생후 9주가 되자 우리가 한 번도 본 적이 없는 짓을 하기 시작했다. 엑스펜을 기어올라 밖으로 나오는 것이다. 우리에게는 끔찍한 재난이었다. 엑스펜은 유치원을 지탱하는 중추였다. 강아지를 먹이고, 게임을 시키고, 너무 거칠게 놀아 타임아웃을 시킬 때 등 모든 활동에 사용했다. 레인보우 전에 입학했던 스물세 마리의 강아지 모두 엑스펜을 뛰어넘을 수 없는 장벽으로 존중했다. 높이로는 123센티미터에 불과하지만, 키가 25센티미터밖에 안 되는 강아지가 기어오른다는 것은 어린아이가 지붕 위에 올라가는 것만큼이나 힘든 일이다.

하지만 레인보우는 마치 절벽에서 태어나기라도 한 듯 거침없이 엑스펜을 기어올랐다. 그리고 '스파이더맨'처럼 소리 없이 반대편에 착지한 후 아무 일도 없었다는 듯 우리를 빤히 쳐다봤다. 그 순간 우리 모두 깨달았다. 어떤 울타리도 녀석을 가둬둘 수 없다는 걸.

문자 그대로 만리장성을 쌓았다. 울타리 기둥을 30센티미터 정도 더 높이고 출입문을 보강했다. 하지만 깃털처럼 가볍고 호리호리한 레인보우는 발톱을 손가락처럼 써서 그물을 붙잡고 기어오른 후 몸을 뒤집어 울타리를 넘었다. 우리는 판지로 복잡한 모양의 절벽을 만든 후 윗부분에 삼차원적 돌출부를 붙였다. 하지만 레인보우는 중력의 법칙을 거슬렀다. 마치 다람쥐와 원숭이를 섞어놓은

헝겊 인형 흉내를 내는 새시와 우리 아들

것 같았다.

새시는 레인보우보다 일주일 정도 어렸지만 몸무게가 훨씬 더 나갔고, 털이 풍성해 원래 몸보다 2배쯤 커 보였다. 어찌나 게으른지 마당 이쪽에서 저쪽까지도 걸으려고 하지 않았다. 밖이 너무 덥거나, 너무 늦은 시간이거나, 너무 이른 시간에는 우리가 데리러 나갈 때까지도 참지 못하고 뿌리 덮개 위에 털썩 주저앉았다. 레인보우가 아무리 현란한 곡예를 펼쳐도 어리둥절한 표정으로 멀뚱멀뚱 쳐다보기만 했다.

레인보우는 갈수록 영리해지고 기술도 늘었다. 마침내 우리가 도저히 기어오를 수 없을 정도로 울타리를 높게 쌓는 데 성공하자, 녀석은 심호흡을 한 번 하더니 아래쪽으로 기어서 나왔다. 우리가 보기엔 레몬 씨앗만 한 틈새로 어떻게든 몸을 욱여넣어 통과하는 모습은 눈으로 보고도 믿기 어려웠다. 저렇게 형태를 자유자재로 바꾸다니 뼈가 액체 수은으로 되어 있기라도 한 걸까? 여전히 새시는 이렇게 말하는 듯한 표정을 지을 뿐이었다. "재미있네. 하지만 그게 뭐?"

새시는 우리가 유치원에서 만난 스물두 마리의 강아지와 똑같았다. 첫 주에는 밤에 몇 차례 깼다. 하루는 새벽 1시 반, 며칠 뒤에는 새벽 3시였다. 두 번 다 화장실에 다녀오더니 조용히 잠자리로 돌아갔다. 그리고 생후 12주까지 하룻밤에 6시간씩 거의 규칙적으로 잠을 잤다. 생후 14주가 되자 야간 수면 시간은 7시간으로 늘어났다.

새시와 한배에서 태어난 수컷 형제로 우리 대학원생이 기른 스탠리는 그보다 더 쉬웠다. 녀석이야말로 이번 학기의 '미스터 퍼펙트'였다. 수면 훈련은 아예 필요 없었으며 거의 손이 가지 않았다. 밤이 되면 낑낑대는 소리 한번 없이 우리로 들어가 다음날 아침 8시까지 코를 골았다. 심지어 등을 대고 벌렁 누운 후 다시 잠들기도 했다.

스탠리는 완벽한 개였다. 심지어 고양이와도 사이좋게 지냈다.

새시와 스탠리뿐이라면 좋은 수면 유전자를 타고났다고 생각했을지 모른다. 하지만 연구실 코디네이터의 집으로 간 또 다른 형제 바키 스파키Barky Sparky가 있었다. 스파키는 칠흑처럼 까맣고 군인 같은 느낌을 풍기는 수컷이었다. 근육질 몸매에 자세는 완벽했으며, 항상 먼 곳을 응시하는 듯 공허한 시선을 띠고 있었다. 전투에 데리고 나갈 강아지를 고른다면 누구나 스파키를 선택할 터였다.

하지만 그는 후회하리라. 겉모습만 보면 장군감이었지만 스파키의 성격은 갓난아기 그 자체였다. 일단 목줄이나 긴 산책을 좋아하지 않았다. 비 오는 날 밖에 나가 오줌 누는 것도 싫어했다. 아니, 아예 발이 젖는 것 자체를 몹시 꺼렸다. 가장 큰 문제는 잠과 관련된 모든 것을 싫어했다는 점이다. 스파키는 낮잠을 싫어했으며 우리도 좋아하지 않았다. 심지어 우리를 설치해둔 세탁실마저 싫어했다. 밤에는 말도 안 되는 시간에 깨어나 주인을 찾았다.

스파키는 불안함을 짖는 것으로 표현했다. 잠시도 쉬지 않고 아주 길게 짖어댔다. 케이나인 컴패니언스 개들은 대개 조용했다. 잘 짖지 않았으며 짖는다고 해도 짧게 끝났다. 우리 집에서 똑같은 방식으로 키운 레인보우와 새시는 어떻게 그토록 다른 수면 패턴을 갖게 되었을까? 한배에서 태어난 스탠리와 스파키, 새시는 왜 그토록 다른 수면 패턴을 보일까?

잠 못 이루는 강아지 부모라면 결단의 순간을 맞게 마련이다. 애착 양육을 할 것인가, 울다 지쳐 잠들게 내버려둘 것인가?[7] 애착 양육이란 갓난아기를 키울 때처럼 신체적으로 가까이 머물면서 그때그때 즉시 반응을 보이는 육아법이다. 잠은 같이 잘 수도 있고 따로 잘 수도 있다. 아기가 울면 즉시 어르고 달래는 일반적인 태도를 가리키기도 한다. 기저귀를 갈든, 젖을 먹이든, 어쨌거나 아기를 편

안하게 해서 다시 잠들게 하는 것이 목표다. 애착 양육의 철학은 고통에 즉시 반응하면 더 강한 애착이 형성되고 밤중에 불안을 덜 느낀다는 것이다.

울게 내버려두는 방법은 소거법extinction method이라고도 한다.[8] 아기가 생후 6개월 정도 되면 요람에 눕혀 혼자 재우고, 보채거나 울어도 스스로 마음을 진정해 다시 잠들게 내버려둔다. 소거법의 철학은 아기가 안전하고 안심할 수 있는 환경에 있기만 하다면, 오히려 울게 내버려두는 편이 스스로 마음을 달래는 법을 익히는 데 도움이 된다는 것이다. 아기는 점점 덜 울다가 결국 울지 않게 된다.

수십 년간 연구에 연구를 거듭했지만, 적어도 수면에 관한 한 애착 양육과 소거법 중 어느 쪽이 더 효과적이라는 학문적 합의는 아직 이루어지지 않았다. 우리가 아는 한 강아지에게 두 가지 방법의 효과를 시험해본 사람은 없다.

유치원에서는 생후 12주까지 애착 양육법을 사용한다. 밤에 깨어나 울더라도 5분 정도는 스스로 진정하는지 두고볼 수 있다. 하지만 고통스러워하거나 실제로 울기 시작하면 우리에서 나오게 해 5분 정도 함께 걸어다니다 우리로 돌려보낸다. 안아주거나, 뽀뽀를 해주거나, 지나친 관심을 보이지 않는다. 한밤중에 깨어났다고 파티를 벌일 필요는 없다.

생후 12주가 지났는 데도 강아지가 여전히 밤새 깨지 않고 푹 자지 않는다면, 소거법으로 작전을 바꾼다. 한 가지 주의할 점은 대변이 고형으로 굳게 나와야 한다는 것이다. 조금이라도 설사기가 있다면 한밤중에 깨자마자 데리고 나가야 한다. 마찬가지로 요로 감염 징후도 없어야 한다. 자주 쪼그려 앉는데 오줌을 많이 누지 못하거나 실내에서 자꾸 실수를 하지 않는지 잘 살핀다.

스파키는 무사히 잠자리 훈련을 마쳤다. 생후 12주부터 며칠간 밤에 짖어도 모른 척 내버려두었더니 일주일 정도 지나자 다른 개처럼 잘 자기 시작했다.

레인보우는 잘 되지 않았다. 가벼운 요로 감염 증세가 있었고, 그 뒤로 약간 설사도 했지만, 변이 완전히 좋아진 후에도 하룻밤에 두세 번씩 깨어났다. 무사히 넘어가는 날이 하루도 없었다. 우리에서 꺼내주지 않으면 15분마다 짖어댔다. 매일 밤, 하루도 빠짐없이. 그렇게 한 주가 지나고, 두 주가 지났다. 세 주가 지나도 달라지지 않았다.

녀석을 재우려고 온갖 방법을 다 써보았지만 소용이 없었다. 절박해진 우리는 운동선수 같은 일정을 짰다. 아침에 몇 킬로미터 산책을 시키고, 오후에 다시 1.5킬로미터 정도 걷게 했다. 공을 던져 뒤쫓게 하는 방식으로 한 번에 20분씩 오르막길을 전력 질주하게 했다. 밤 10시 30분이 되면 밖으로 데려가서 지쳐 떨어질 때까지 함께 놀았다.

슬슬 녀석이 수면 박탈 상태가 되지 않을까 걱정이 되었다. 하지만 활동 기록을 보았더니 네 마리의 강아지가 자는 시간은 똑같았다. 레인보우만 밤에 덜 잔 만큼 낮잠으로 보충했을 뿐이었다.

이런 노력 끝에 우리는 양육이 강아지에게 미치는 영향을 과대평가했다는 값진 교훈을 얻었다. 레인보우에게 자는 법을 가르치려다 우리가 나가떨어지고 만 것이다.

바로 그것이 요점이다. 얼마나 최근까지 강아지를 키웠든, 얼마

레인보우와 새시가 마침 조간신문을 읽고 있다.

나 많은 강아지를 키워보았든, 우리는 강아지를 키운다는 것이 얼마나 신나고, 얼마나 피곤하고, 얼마나 정신 나간 짓인지 늘 잊는다. 설사 모든 것을 완벽하게 기억한다 해도 모든 강아지는 다르다. 이전에 쌓은 경험과 지식이 새로운 강아지에게 통하지 않는 일은 얼마든지 있다.

## 10장
# 기억을 걷다

인간과 다른 동물종에서 수면과 기억력은 대체로 밀접한 관련이 있다. 강아지에게도 기억력은 중요하다. 우선 배우고 익힌 기술과 동작이 어떤 단어와 연결되는지 떠올리려면 기억력이 좋아야 한다. 어디는 가도 되고 어디는 들어가지 말아야 하는지 기억해야 할 필요도 있다. 무엇은 먹어도 되고 무엇은 먹으면 안 되는지, 어떤 장난감은 갖고 놀아도 되고 어떤 것은 안 되는지도 기억해야 한다. 하지만 도대체 기억은 어떻게 형성될까? 단기 기억과 장기 기억의 차이는 무엇일까? 보조견에게는 어떤 기억이 가장 중요하며, 그것은 어떻게 측정할 수 있을까?

2020년 가을반은 혼합형 수업을 받았다. 온라인 수업은 케이나인 컴패니언스의 강아지 프로그램 관리자이자 훈련사인 애슈턴 로버츠Ashton Roberts가 올랜도에서 줌Zoom으로 진행했다. 애슈턴은 진행 상황을 체크하고, 우리에게 시범을 보이고, 강아지 키우기 프로토콜이나 기술의 변화가 있을 때마다 알려주었다. 우리는 정해진 날에 각자 맡은 강아지를 유치원에 데려가 전국의 강아지 학교(교육기관)가 안전하게 다시 문을 열기 위해 어떤 예방조치들이 필요한지 반복해서 교육받았다.

오늘은 레인보우가 학교에 가서 기억력 검사를 할 차례다.

기술적으로 기억력이란 오랜 시간 지속되는 학습을 말한다. 저장된 상태로 머물며 필요할 때는 되살릴 수 있는 정보가 곧 기억이다.[1] 하지만 이렇게 단순한 정의로는 기억을 형성하고, 때로 잊어버리는 데 관련된 인지 능력의 범위와 복잡성을 모두 포괄할 수 없다. 기억이라는 현상에 관련된 신경생물학은 믿을 수 없을 정도로 복잡하다.[2] 하지만 기억 형성 과정은 단순한 용어로 설명할 수 있다. 우리는 보고, 듣고, 만지고, 맛보고, 냄새 맡는 등 감각을 통해 뭔가를 경험한다. 기억을 형성하려면 우선 살아가는 매 순간 생겨나는 감각 입력을 작업 기억 속에 부호화해야 한다. 작업 기억이란 쏟아져 들어오는 감각 정보를 의식적이고 능동적으로 처리하는 과정이다. 전화번호를 기억하려고 애쓸 때를 생각해보자. 기억을 붙잡아두려고 상당한 노력을 기울이지 않는 한 전화번호는 작업 기억 속에 채 30초도 머물지 않는다. 평균적으로 우리의 마음은 한 번에

네 개에서 일곱 개의 정보를 붙잡아 둘 수 있다. 그리고 30초가 지나면 각각의 기억은 사라지거나 장기 기억으로 옮겨진다.³

장기 기억은 한 사람의 일생에 걸친 경험으로 구성된, 정보의 방대한 데이터베이스다. 우리는 몇 가지 다른 방식으로 장기 기억에 접근한다. 그저 불러오거나, 현재 인식하는 뭔가를 통해 과거에 경험했던 것을 상기하거나, 과거 경험을 재학습함으로써 기억을 되살린다. 장기 기억은 피아노로 어떤 곡을 연주하거나 키보드 자판을 두드려 글자를 치듯 절차적일 수도 있다. 또한 과거에 일어났던 어떤 사건에 국한된 삽화적 기억도 있다.⁴

강아지 유치원에서 가장 자주 들었던 질문은 '개가 우리 곁을 떠나서 오랜 세월이 지난 뒤에도 우리를 기억하느냐'는 것이다. 적어도 일화적으로 개는 오랜 세월이 지나도 주인을 기억하는 것으로 유명하다. 다윈은 3년간 비글호를 타고 항해한 후 돌아왔을 때 반려견이 자기를 기억할 것이라고 확신했다. 시나Cina는 강아지 때 우리 집에서 6개월을 키운 후 버네사의 어머니가 데려간 개다. 한두 해 뒤에 호주를 방문했을 때 녀석은 우리를 알아보았다. 실컷 울고 싶은 기분이 들 때는 인터넷을 찾아보라. 몇 년씩 군 복무를 하고 돌아온 주인을 열광적으로 반기는 개들의 동영상을 얼마든지 볼 수 있다. 개는 주인이 그 자리에 없어도 주인의 모습과 목소리를 기억한다는 몇 가지 증거도 있다. 연구에 따르면 개는 어미를 기억한다. 한 연구에서는 젖을 뗀 몇 마리의 강아지를 어미와 분리해 한 가족에게 입양시켰다. 2년 후 개들을 진짜 어미, 그리고 아주 비슷하게 생긴 다른 암캐 앞에 데려갔다. 그러자 모두 어미에게 다가가 인사를 건넸다. 또한 개들은 모르는 개의 냄새가 밴 헝겊보다 어미의 냄새가 밴 헝겊을 더 좋아했다. 하지만 같은 연구에서 개들은 동일한 기간 동안 떨어져 있던 형제자매는 기억하지 못했다.[5]

강아지 유치원에서 우리가 장기 기억을 연구할 수 있는 능력은 제한적임을 인정하지 않을 수 없다. 생후 수개월밖에 안 된 강아지는 얼마나 많은 기억을 형성할까? 다행히 우리는 충분히 오래도록 흥미로운 삶을 살아온 피험자가 있었다. 바로 콩고다.

이제 일곱 살인 콩고는 삶의 계절에 비유하면 가을에 접어든 셈이다. 주둥이에는 희끗희끗한 털이 보이고 귀 주변으로도 드문드문 흰 털이 보인다. 하지만 누군가 콩고에게 늙었다고 한다면 녀석은 매우 불쾌하게 생각할 것이다. 콩고는 유치원이 문을 연 순간부터 함께하며 팬데믹 중에 운영된 2020년 가을반을 포함해 스물세 마리의 강아지를 가르쳤다. 원로 대접을 받기에는 아직도 원기 왕성해 하루 5킬로미터 정도는 거뜬히 걷고, 놀이를 할 때면 몇 번 정도는 폭발적인 순발력을 발휘하기도 한다. 음식에 세심히 신경 쓴 덕에 몸은 아직도 날씬하고 유연하며, 털에는 윤기가 흐르고, 갈색 코는 항상 촉촉히 젖어 있다.

콩고는 빛나는 경력을 쌓았다. 우선 보조견 인증 과정을 두 번씩이나 통과했다. 보조견으로서 필요한 능력을 거의 오십 가지나 훈련했으며, 그중 일부는 4년 전 유치원에서 역할을 맡기 전에 한 번도 쓴 적이 없지만 여전히 숙달된 솜씨로 해낼 수 있다.

케이나인 컴패니언스의 강아지 프로그램 관리자이자 훈련사인 애슈턴이 팬데믹 직전에 우리를 방문했을 때, 우리는 개의 장기 기억을 검사해볼 기회가 왔음을 깨달았다. 애슈턴은 개를 다루는 데 특별한 재능이 있다. 그녀가 콩고를 교실에 데려오자마자 녀석은 완전히 다른 개가 되었다. 애슈턴의 목소리, 자세, 동작 하나하나가 녀석에게 젊음을 돌려주었다. 애슈턴과 함께 있을 때 콩고는 위엄 있게 가슴을 펴고 당당한 자세로 서서 자신에게 주의를 집중시켰다. 다시 한번 화창한 캘리포니아의 캠퍼스에서 훈련했던 '사관후보생' 시절로 돌아간 것 같았다.

연습이나 워밍업도 없이 애슈턴은 콩고에게 과제들을 수행시켰다. 아주 오래전에 누군가의 삶을 완전히 뒤바꿔놓는 과정을 돕기 위해 배웠던 능력들이었다. 녀석은 반갑다는 뜻으로 앞발을 내밀고, 그녀가 손을 잡자 예의 바르게 악수했다. 뒷다리만으로 일어서 앞발로 전등 스위치를 올리기도 했다.

콩고는 애슈턴이 떨어뜨린 펜을 주워, 달라고 할 때까지 입으로 살짝 물고 있었다(콩고는 작은 동전이나 열쇠 꾸러미도 쉽게 입으로 물어 올릴 수 있었다).

콩고는 방을 한 바퀴 돌면서 열려 있는 벽장 문을 모두 닫았다. 자기 목줄을 애슈턴에게 가져다주고, 그녀가 실수해서 자기 다리

콩고, 주워!

주위로 목줄이 엉키면 스스로 푼 후 다시 목줄을 건넸다. 방 안을 돌아다닐 때는 조심스러우면서도 능숙했다. 애슈턴이 휠체어에 앉으면 마치 바늘에 실을 꿰듯 정확히 이끌었다. 완벽하게 유턴하고, 마루를 미끄러지듯 가로지르고, 직각으로 꺾인 모퉁이를 부드럽게 돌았다. 마침내 애슈턴이 그만하면 됐다고 신호를 보내자, 전등 스위치를 내리더니 예의 바른 신사처럼 그녀를 위해 문을 열어주었다.

애슈턴이 콩고에게 요청한 마흔네 가지 과제 중에 열여덟 가지는 4년 전에 우리와 함께 살기 시작한 뒤로 한 번도 들어본 적이 없는 것이었다. 콩고는 열여덟 가지 중에서 열한 가지 과제를 요청하자마자 기억해냈다. 61퍼센트라. 대단한 기억력이 아닐 수 없다. 아무런 연습도 하지 않고 상기해준 적도 없는데 오랜 시간이 지난

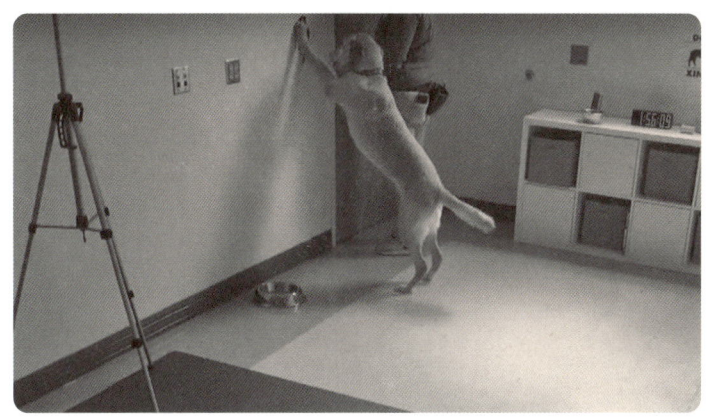

콩고, 불 꺼!

후에도 그 기술을 정확히 기억해내리라고는 상상도 못했다. 그리스의 영웅 오디세우스가 20년 만에 집에 돌아왔을 때, 아무도 그를 알아보지 못했지만 그의 개만이 알아보았다는 얘기가 신화만은 아니라는 생각이 들었다.

작업 기억은 장기 기억과 다르며 별도의 인지 메커니즘을 사용하지만, 작업 기억과 장기 기억이 상호작용을 주고받는 것은 사실이다. 또한 우리가 발견한 바에 따르면 작업 기억은 보조견의 성공을 예측하는 인지 능력 중 하나이기도 하다.[6]

유치원에서는 주로 작업 기억을 검사한다. 앞서 말했듯 이것은 용량이 제한적이며 정보를 일시적으로 저장하는 인지 시스템이다.

작업 기억을 검사하기 위해 우리는 동일한 원리를 기반으로 두

가지 간단한 게임을 고안했다. 강아지는 간식을 숨긴 곳을 얼마나 잘 기억할까? 첫 번째 게임에서 케라는 두 개의 그릇 중 하나에 간식을 숨긴다. 그리고 20초를 기다렸다가 "오케이!"라고 외친다. 그 소리를 들은 강아지는 그릇 쪽으로 다가가 어디에 간식이 있는지 선택한다. 생후 12주가 되었을 때 레인보우는 매번 틀린 쪽을 골랐다. 겨우 20초를 기다렸을 뿐이지만, 녀석의 작업 기억은 정확한 정보를 기억할 수 없었다. 그 뒤로 세 번 시도했을 때는 조금 나아졌지만, 결국 점수는 같은 연령 강아지의 평균에 미치지 못했다. 반면 새시는 늘 지루하다는 표정을 지었음에도 항상 만점이었다.

그 다음 기억력 게임은 더 어려웠다. 강아지들이 두 개의 그릇 중 하나에 간식을 숨기는 모습을 지켜보는 데까지는 똑같지만, 이번에 케라는 느닷없이 강아지들이 가장 좋아하는 장난감인 소방호스로 만든 뱀을 품속에서 꺼냈다. 그리고 좌우상하로 꿈틀꿈틀 움직여 주의를 집중시켰다. 주의를 분산해 기억을 교란하는 요소가 있는데도 과자를 숨겨놓은 곳을 기억할 수 있는지 알아본 것이다.

제 차례가 되자 레인보우는 완전히 흥분한 상태로 펄쩍 뛰며 뱀에게 달려들었다. 이전 검사보다는 성적이 좋았지만, 매주 정확한 그릇을 기억하는 데 실패했다. 생후 10주에 한 번씩 답을 놓치더니 16주에도 마찬가지였다. 전반적인 성적은 의심할 여지없이 평균 미만이었다. 반면 새시는 역시 탁월한 성적을 거두었다.

가장 어려운 과제로 케라는 뱀 대신 소리 나는 초록색 토끼를

콩고와 2020년 가을 팬데믹반

사용했다. 역대 강아지들이 가장 좋아하는 장난감이다. 레인보우는 초록색 토끼를 보자마자 흥분한 나머지 거의 발작을 일으켰다. 새시는 아무런 관심이 없다는 듯 토끼를 그저 쳐다보더니 지루하다는 표정으로 고개를 돌렸다. 그리고 20초가 지나자 곧장 올바른 그릇 쪽으로 달려갔다.

이런 게임에서 레인보우와 새시가 다른 성적을 거둔 것은 강아지마다 기억력이 얼마나 다른지 보여준다. 새시 같은 강아지는 거의 아무런 노력도 기울이지 않고 정보를 기억하는 반면, 레인보우 같은 강아지는 불과 20초 전에 본 것도 기억하지 못한다.

## 기억, 수면, 그리고 꿈

어떤 면에서 레인보우의 작업 기억은 최악이라고 해야 할 것이다. 기억과 수면의 연관성 때문이다. 레인보우도 다른 강아지와 비슷한 시간을 잘지 모르지만 녀석의 잠은 간헐적인 토막잠이다. 여전히 밤새껏 푹 자지 못했으며 우리도 좋아지지 않으리라 체념하고 있었다.

사람은 충분히 자지 못하면 작업 기억이 떨어지고 뭔가를 배우기가 더 어렵다는 증거가 있다.* 개의 수면과 기억력의 관계에 대해서는 데이터가 거의 없지만, 수면 방추의 숫자를 살펴본 연구가 한 건 있다. 수면 방추란 수면 중에 나타나는 특정한 패턴의 뇌파다. 수면 방추는 뇌의 하부 중심에 있는 시상thalamus을 통과하는 뉴런들이 주기적으로 급격히 신호를 발산하기 때문에 생기는 현상으로, 학습과 기억 공고화memory consolidation에 일정한 역할을 하는 것으로 생각된다. 연구에서는 개에게 몇 가지 기능을 가르친 후 낮잠을 재웠다. 자는 동안 개의 뇌파를 측정했는데 수면 방추가 많이 나타

---

\* 수면과 기억의 관계가 가장 잘 연구된 동물은 침팬지다. 세 개의 컵 중 하나에 음식을 숨기고 일정 시간 기다리게 한 후 올바른 컵을 선택하게 했다. 우리가 강아지에게 시행한 게임과 비슷하지만 침팬지는 20초가 아니라 2분, 2시간, 또는 24시간을 기다리게 했다는 점이 달랐다.
예상대로 침팬지는 2시간 기다렸을 때보다 2분 기다렸을 때 음식을 숨긴 컵을 더 정확히 기억했다. 하지만 놀라운 소견이 있었다. 24시간을 기다리면서 밤에 숙면을 취했을 때는 2시간 기다렸을 때보다 음식을 숨긴 컵을 **더 잘 기억했다**는 점이다. 연구자들은 수면이 기억 공고화, 즉 작업 기억이 장기 기억으로 이전되는 과정에 중요하다는 결론을 내렸다.[7]

난 개일수록 기능을 더 잘 기억했다.[8]

수면과 기억의 관계를 언급할 때마다 개를 키우는 사람들은 개도 꿈을 꾸느냐고 묻는다. 짧게 답하자면 그럴 가능성이 매우 크다. 자는 동안 개는 수면 주기를 거치면서 우리가 꿈을 꿀 때 나타내는 것과 똑같은 유형의 뇌파를 나타낸다.[9] 하지만 개가 무엇에 관해 꿈을 꾸는지는 여전히 수수께끼다. 동물의 꿈을 들여다보는 데 가장 가까이 근접한 연구는 쥐를 대상으로 했다. 연구자들은 쥐가 미로를 달려 통과하는 동안 뇌파를 기록했다. 그리고 쥐의 수면 주기 중 미로 문제를 푸는 동안 나타났던 것과 동일한 패턴의 뇌파를 관찰했다. 이런 소견은 쥐가 미로 문제 풀이에 관한 꿈을 꾸고 있음을 시사한다.[10]

자는 동안 꿈속에서 동일한 미로 문제를 푸는 쥐들을 꾸준히 연구한 끝에 뇌파 패턴만으로 미로의 어떤 지점을 통과하는지 정확히 알 수 있었다. 놀랍게도 뇌에 전기 자극을 가하는 방식으로 연구자들은 쥐가 꿈속에서 미로의 특정 방향으로 몸을 돌리게 할 수 있었다.[11]

동물의 꿈 중 유일하게 기록할 수 있었던 것이 쥐가 문제 해결 방법을 연습하는 꿈이었다는 사실 자체가 어쩌면 수면이 기억과 학습에 어떤 역할을 한다는 사실을 시사하는지도 모른다.

밤에 숙면을 취하면 기억과 문제 해결 능력이 향상된다. 어쩌면 꿈도 그 과정의 일부일지 모른다. 쥐처럼 우리의 꿈도 학습한 내용

레인보우가 자는 모습

이나 발견한 해결책을 강화하는 데 도움이 되지 않을까? 꿈은 기억을 소환하기도 한다. 오랫동안 보지 못한 사람, 좋아하지만 오랫동안 찾지 않았던 장소들을 불러온다. 하지만 유치원에서 우리가 기억과 수면과 꿈의 연관성에 대해 뭐라고 정의하기에는 아직 이르다. 따라서 우리는 밤새 푹 자는 강아지와 녀석들이 작업 기억 게임을 얼마나 잘하는지 사이의 관계를 계속 연구할 것이다. 하지만 그 전에 표본 크기가 1인 집단에서 어떤 결론을 끌어낼 수 있다면, 최악의 수면 패턴과 최악의 기억력을 지닌 레인보우야말로 강력한 증거가 아닐까?

### 모든 것이 하나로 합쳐지던 순간

레인보우와 새시가 제일 좋아하는 게임은 정원을 한 바퀴 도는 고리 모양의 길을 따라 쫓고 쫓기는 것이다. 길은 나무 위에 지은 아이들의 오두막을 지나 작은 연못 쪽으로 꺾여 내려갔다가 다시 오르막이 되어 정원 벤치 쪽으로 돌아온다. 숨 막히는 추격전은 새시에게 쫓긴 레인보우가 길을 따라 돌다가 나무 위 오두막 아래 산더미처럼 쌓아둔 낙엽 속으로 사지를 활짝 벌린 채 처박히고, 뒤쫓던 새시 역시 미처 속도를 줄이지 못해 그대로 충돌하는 것으로 막을 내린다.

오늘은 아차 하는 순간 레인보우가 낙엽 무더기를 놓쳐 아이들이 뒷마당에 방치해둔 낡은 텐트에 그대로 충돌한다. 레인보우의 몸이 텐트 아래로 미끄러져 들어가더니 텐트 안으로 불쑥 솟아오른다. 무슨 영문인지 몰라 가만히 있는 눈치다. 새시는 텐트 주위를 빙빙 돌며 땅에 코를 대고 킁킁거린다. 이 녀석이 갑자기 어디로 사라졌담?

레인보우가 가장자리로 불쑥 고개를 내민다. 마침 다른 쪽을 향해 있는 새시의 엉덩이가 눈앞에 있다. 레인보우는 다시 텐트 안으로 기어든다. 그리고 새시 앞에 불쑥 모습을 드러냈다가(새시는 놀라서 펄쩍 뛰어오른다) 다시 자취를 감춘다. 새시는 당황해서 레인보우가 사라진 텐트 가장자리로 다가간다.

레인보우가 다시 고개를 내민다. 새시는 펄쩍 뛰며 뒤로 물러선다. 놀라서 눈이 왕방울만 하다. 레인보우가 사라진다. 천천히, 새시는 조심스럽게 코끝을 텐트 밑으로 밀어 넣는다. 그리고 갑자기 꼬리를 미친 듯 흔들어댄다. 이윽고 텐트 밑으로 낮은 포복을 감행한다. 잠시 정적이 흐르더니 텐트 안에서 난리가 났다. 100명의 지니Genie가 한꺼번에 요술 램프를 뚫고 나오려는 듯 텐트가 마치 살아 있는 것처럼 요동친다. 우르릉 쾅쾅! 즐겁게 짖는 소리가 이어진다. 그 기세에 텐트가 번쩍 들려 허공에 머물다가 다시 땅으로 처박힌다.

레인보우가 맹렬한 기세로 튀어나온다. 새시가 바로 뒤를 따른다. 두 녀석이 고리 모양 정원 산책로를 미친 듯이 내달린다. 낙엽이 쌓인 곳을 지나친 레인보우가 다시 텐트로 뛰어든다. 이번에는 새시도 망설이지 않는다. 뒤따라 그대로 뛰어든다. 텐트가 다시 살아난다.

바로 이것이다. 그토록 공들여 측정한 모든 인지 능력이 장엄하게 우리 눈앞에 펼쳐지는 마법 같은 순간. 레인보우는 새시에게 마음이론을 작동한 결과, 새시는 자기를 보지 못하고 자기가 어디 있는지 알지 못한다는 사실을 안 것이다. 여기서 갑자기 게임이 시작되었다. 레인보우는 텐트로 뛰어들면서 자제력을 잃어버렸고, 새시는 훨씬 신중하게 조사에 나섰다. 새시의 작업 기억은 레인보우가 어느 지점에서 없어졌는지 알려주면서 이전에 알고 있던 물리적 특

성에 대한 이해, 즉 텐트 같은 고형물질에 대한 이해와 상호작용을 주고받는다. 이는 다시 대상 영속성에 대한 이해, 즉 레인보우 같은 단단한 물체는 더 이상 눈에 보이지 않는다고 해서 그저 없어질 수는 없다는 이해와 상호작용한다.

레인보우는 거의 생후 18주가 되었고, 새시는 딱 17주다. 녀석들은 빠른 뇌 발달기의 끝자락에 도달했다. 그들의 마음은 앞으로 세계를 마주하는 데 필요한 것들을 거의 갖추었다. 이제 곧 다른 강아지들처럼 녀석들도 유치원을 졸업하고, 세심한 훈련을 이어가면서 성견의 세계로 이끌어줄 새로운 강아지 부모와 함께 또 다른 모험을 시작할 것이다.

레인보우와 새시에게 우리 집 뒷마당, 콩고, 우리 가족은 이내 기억에 불과한 존재가 될 것이다. 그중 어떤 것이 녀석들의 장기 기억으로 스며들까? 우리가 안고 흔들며 재워주던 밤들, 아침마다 마주했던 콩고의 촉촉한 코, 모두가 함께했던 산책과 모험을 기억할까? 어쩌면 오랜 세월이 지난 후에도 녀석들은 오늘 발견한 새로운 게임을 기억할지 모른다. 모든 인지 능력이 하나로 합쳐져 폭발하던 순수한 기쁨의 순간을.

# 11장
# 요점을 정리하자면

## 우리가 강아지 유치원에서 배운 것들

 2024년 5월 기준으로 우리는 총 101마리의 강아지가 어떻게 발달하는지 지켜보았다. 모두 빠른 뇌 발달이 일어나는 마지막 시기인 생후 8~12주에 2주마다 우리가 직접 검사했다. 이 표본 집단에서 쉰두 마리의 강아지는 우리가 유치원의 열두 개 학급을 운영하며 직접 길렀다. 나머지 강아지는 케이나인 컴패니언스 자원봉사자들이 일반 가정에서 길렀다. 그 밖에 우리는 또 다른 221마리의 케이나인 컴패니언스 강아지와 서른일곱 마리의 새끼 늑대를 한 번씩 검사했다. 성견에 이른 반려견, 군 작업견, 보조견 수백 마리를 검사하기도 했다. 마지막으로 우리는 시민 과학자 프로젝트인 도그니션의 일환으로 견주들이 검사한 약 5만 마리의 반려견 데이터를 갖고 있다. 이 모든 정보를 통해 우리는 개가 어떻게 발달하는지, 어떻게 하면 강아지를 훌륭한 성견으로 키울 수 있는지 좀 더 확실히 이해할 수 있었다.

유치원에서 우리가 발견한 가장 중요한 소견은 강아지의 뇌가 그저 스위치를 올리면 켜지는 전구처럼 작동하지는 않는다는 점이다. 그렇다고 점진적으로 밝아지는 조명처럼 지능이 일정한 속도로 서서히 성숙하는 것도 아니다. 보통 IQ라고 부르는 일반 지능이 존재한다는 증거는 전혀 없었다. 그보다 강아지의 뇌를 '빛으로 연주되는 교향곡'이라고 이해하면 어떨까 싶다. 각각의 인지 기능은 각기 다른 시점에 불이 들어온다. 어떤 능력은 조기에 나타나 거의 즉시 밝게 빛나지만, 다른 능력은 오랜 시간이 지난 뒤에야 희미하게 빛나기 시작해 서서히 최고조에 이른다.

프로젝트를 시작했을 때 우리는 강아지의 출생 시 뇌에서 가장 발달한 영역이 운동 피질임을 알고 있었다. 생후 2주가 되어 눈을 뜨기 시작하면 시각 피질이 빠른 속도로 성숙한다. 생후 6주경이 되면 강아지의 뇌는 움직임, 시각, 후각, 청각 자극을 처리할 수 있다. 우리는 생후 20주가 되면 강아지의 뇌가 빠른 성장을 마친다는 것도 알고 있다. 하지만 생후 8~18주에 강아지의 마음에서 어떤 변화가 일어나는지는 우리 프로젝트가 시작되기 전까지 대부분 수수

께끼로 남아 있었다. 우리의 연구 결과, 사상 최초로 언제 특정한 주요 인지 능력이 발달하는지 정확히 말할 수 있게 된 것이다. 그런 인지 능력이야말로 보조견과 군견으로 훈련할 때는 물론, 우리가 기르는 모든 강아지에게 가장 중요한 능력이다.

### 생후 8주

우리는 젖을 떼고 생후 8주경에 강아지의 시력이 거의 성견 수준으로 발달한다는 사실을 발견했다. 강아지는 우리가 시행한 시각 및 후각 탐지 검사를 모두 통과했다. 또한 이때부터 사물이 사라지는 모습을 본 장소를 기억하기 시작했다. 간식을 숨기면 한참 지난 후에도 간식이 어디로 갔는지 기억했다. 뻑뻑 소리 나는 장난감으로 주의를 분산시켜 검사를 더 어렵게 해도 여전히 간식 숨긴 장소를 기억한다. 생후 8주가 되면 기억력이 갖춰지는 것이다.

새끼 늑대와 강아지를 비교한 우리 연구에서 보았듯 강아지는 생후 8주가 되면 기본적인 기억력과 의사소통 기술을 나타낸다. 간단한 인간의 몸짓을 해석하기 시작하는 것이 바로 이때다. 간식을 감춘 후에 그 장소를 손으로 가리키면 당신의 8주된 강아지는 틀림없이 간식을 찾아낼 것이다. 그 이유는 사람이 가리키는 동작에 익숙해졌기 때문이 아니다. 이 시기 강아지는 예컨대 간식을 숨긴 곳 옆에 물리적 표지를 놓아두는 등 전에 한 번도 보지 못했던 몸짓의 의미를 알아차릴 정도의 능력을 이미 갖추고 있다.

생후 8주째 에이든과 애슈턴

### 생후 10주

생후 8주에서 2주만 더 지나면 강아지는 기본적인 인간의 몸짓을 완전히 이해할 뿐 아니라 성견 수준의 이해력을 나타낸다. 강아지가 최초로 뚜렷이 드러내고 완전히 습득하는 인지 능력은 자제력이나 물리적 세계를 이해하는 능력이 아니다. 바로 사회적 기술, 즉 인간의 몸짓을 읽어내는 협력적 의사소통 능력이다(이 능력은 사실 인간의 조기 발달에도 결정적이다). 협력적 의사소통 능력은 강아지가 이후 평생 사람과 함께 살면서 사회적 학습에 이용하는 중요한 인지 능력이다. 새끼 늑대가 그런 능력이 없다는 사실은 가축화의

왼쪽에서 오른쪽으로 웨스틀리(생후 10주), 졸라(생후 9주), 욘더(생후 9주)다.

결과로 생애 초기부터 협력적 의사소통 능력이 발달한다는 생각을 뒷받침한다.

　강아지가 협력적 의사소통 능력을 완벽하게 익히는 짧은 기간 동안 다른 능력들도 나타나기 시작한다. 특히 우리 강아지들은 생후 10주가 되었을 때 원통을 빙 돌아가야 하는 기본적 자제력 문제를 해결하기 시작했다. 강아지가 유혹적이지만 옳지 않은 선택을 하려는 충동을 극복하고, 시간이 걸려도 성공하는 길을 택할 수 있다는 첫 번째 증거다. 이처럼 초기에 발달하는 자제력은 향후 보다 복잡한 문제들을 해결하는 데 필수적인 요소다.

### 생후 13주

생후 13주 이전까지 강아지는 불가능한 과제를 맞닥뜨리면 어떻게든 혼자 그 문제를 해결하는 데 집중한다. 하지만 자제력이 계속 발달하면서 사회적으로 더 복잡한 전략을 쓰기 시작한다. 딱 소리를 내며 잠기는 용기 속에 간식을 넣어두면 몇 번 시도해보다가 주인의 눈을 빤히 쳐다본다. 개가 인간에게 도움을 요청하는 행동이 최초로 나타나는 순간이다. 보조견과 많은 반려견이 주인과 협력하고 의사소통하기 위해 이 기술을 사용한다. 이것은 새끼 늑대에서 관찰할 수 없는 행동으로 분명 가축화에 의해 생겼을 것이다.

생후 13주경이 되면 강아지는 물리법칙, 즉 인과성을 이해하기 시작한다. 두 개의 수건 중 하나 밑에 음식이 들어 있는 그릇을 숨기면, 평평하게 펼쳐진 수건이 아니라 그릇 모양을 덮고 있는 수건 아래를 찾아봐야 한다는 것을 안다. 물리적 세계의 특성(여기서는 고체끼리 서로 통과할 수 없다는 성질)을 이해한다는 징표다. 발달이 계속되면 중력과 연결(주인과 목줄로 연결되어 있을 때처럼 서로 연결된 물체는 함께 움직인다는 사실) 등 다른 간단한 인과적 특성도 이해한다. 강아지가 물리적 세계를 얼마나 이해하는지에 따라 해결할 수 있는 문제와 해결 방법을 가르칠 수 있는 문제가 제한되거나 확장될 수 있다.

생후 13주경에 찍은 2019년 가을반의 모습

### 생후 14주

강아지들이 우리와 함께 머무는 동안 마지막으로 발달하는 인지 능력은 배운 것을 반전하는 능력이다. 이것은 그저 옆으로 돌아가면 되는 원통 과제보다 더 발달한 형태의 자제력이다. 반전 학습 게임에서는 처음에 옳았던 선택이 그릇된 선택으로 바뀐다. 우리 교실에서는 원통의 한쪽 끝을 막는 방법을 쓴다. 몇 번 같은 행동을 반복한 후에 강아지는 더 이상 이전에 열려 있던 쪽으로 가지 않고 반대쪽을 선택하는 식으로 배운 것을 반전해야 한다. 이렇게 배운 것을 뒤집는 행동은 아주 어린 인간에게도 어려운 것으로, 이런 능력이 나타난다면 강아지가 보다 복잡한 문제를 해결하는 법을 배

**11장** 요점을 정리하자면 **237**

생후 17주경에 찍은 2019년 가을반의 모습

울 준비가 되었다는 것을 의미한다.

### 능력을 발현하고 숙달하는 전반적인 패턴

101마리 강아지의 발달 과정을 돌아보면 전반적인 패턴이 드러난다. 우선 생후 8주와 생후 10주 사이에 첫 번째 발달 단계가 나타난다. 이제 강아지는 눈과 코를 이용해 간단하지만 다양한 문제를 해결하기 시작한다. 또한 기본적인 인간의 몸짓을 이해하는 능력이 빠르게 발달한다. 놀랍게도 생후 10주가 되면 기본적인 몸짓을 이해하고 이용하는 능력이 성견 수준에 도달한다. 생후 10주는 자제력이 처음 형성되는 시기이기도 하다. 생후 12~14주에 강아지는 눈

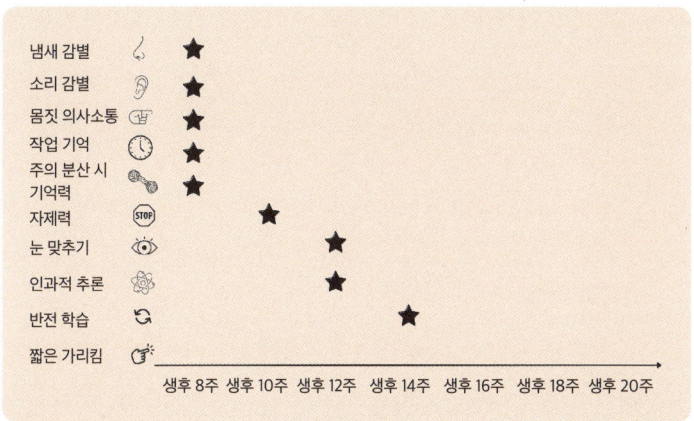

별표는 성견 훈련 성적과 관련된 열 가지 인지적 과제가 '처음 발현'되었을 때 강아지의 나이를 가리킨다. 처음 발현이란 강아지의 50퍼센트가 단순한 우연에 의한 것보다 더 나은 성적을 거두는 연령으로 정의한다. 짧은 가리킴에 반응하는 능력만 빼고는 모든 인지 능력이 우리가 연구한 연령 범위에서 처음 발현되었다.

을 맞추고, 기초적인 인과성 문제를 이해하며, 배운 것을 거꾸로 적용하기 시작한다. 보다 단순한 기억력과 자제력 문제에는 성견 수준으로 숙달된다.

물론 일반화에는 반드시 예외가 있다. 모든 검사를 아무렇지도 않게 통과해버리는 천재 강아지들이 있는 것이다. 위즈덤이 그중 하나였다. 녀석은 생후 13주도 되기 전에 거의 모든 인지 검사를 완전히 마스터했다.

그런가 하면 의사소통에는 천재적이지만 물리법칙을 이해하는 데 애를 먹는 강아지도 있다. 특정 게임을 시간이 지날수록 잘하는 강아지가 있는가 하면 점점 더 못하는 녀석도 있다. 마지막으로 도대체 마음속에서 어떤 일이 벌어지는지 짐작조차 할 수 없는 녀석도 있었다. 하지만 평균적으로 인지 발달의 일반적 패턴은 앞쪽 그림과 같았다.

### 번식과 양육

개의 훈련 성공 여부를 예측할 수 있는 인지 능력이 무엇인지 알아내는 연구 외에도, 우리를 비롯한 많은 연구팀에서 자제력과 협력적 의사소통의 유전성이 매우 크다는 걸 시사하는 데이터를 수집해왔다.* 기억력이나 물리적 환경 속에서 길을 찾는 능력 등 개의 다른 능력도 유전성이 있지만, 각 개체의 능력 차이가 유전 때문이라고 생각할 수 있는 정도가 더 작다. 어쨌든 이런 결과는 개의 인지 능력 차이가 그저 어떻게 키웠느냐에 따라 나타나는 것이 아님을 보여준다. 유전은 강아지가 자라 어떤 개가 될 것인지에 영향을 미친다. 유전자 분석 기법이 계속 발달하므로 개의 뇌 발달에 관련된 특이적 유전자, 즉 개들의 차이가 나타나는 데 관련될 가능성이 큰 유전자를 찾아내기가 점점 쉬워질 것이다.

---

\* 유전성이란 어떤 특성의 차이가 환경이 아니라 유전에 의해 나타난다고 생각되는 비율을 말한다. 우리는 협력적 의사소통과 자제력의 유전성이 40퍼센트가 넘는다는 것을 발견했다. 자제력이나 인간의 몸짓을 이해하는 능력을 검사할 때 나타나는 개의 인지 능력 차이에서 40퍼센트는 유전적 차이 때문이라는 뜻이다.

동시에 유전성 연구는 개들의 인지적 차이가 대부분 유전을 넘어선 다른 인자들에 의해 나타난다는 점을 보여주기도 한다.[1] 상당 부분은 분명 경험의 영향을 받는다. 우리가 강아지들에게 서로 다른 두 가지 양육 경험을 제공하도록 프로그램을 설계한 이유가 바로 여기에 있다. 우리는 생후 6~18주의 결정적인 시기에 사회화 과정을 박탈당한 강아지가 기질과 인지 영역에서 큰 문제를 겪을 수 있음을 안다. 하지만 사회화 수준이 높다고 해서 성공적으로 훈련을 마치는 데 필요한 인지와 행동을 발달시킬 가능성이 더 커질지는 아무도 모른다. 사회화가 좋은 것이라면 더 많은 사회화는 더 좋을까?

강아지를 키우는 모든 사람에게 좋은 소식이 있다. 우리 연구의 초기 결과에 따르면 훌륭한 성견이 되기 위해 반드시 강아지 유치원 같은 곳에서 키울 필요는 없다. 집에서 키운 강아지들도 캠퍼스에서 다양한 사회화 과정과 경험에 노출된 유치원 강아지 못지않게 훌륭한 성적을 보여주었다. 이것은 강아지의 사회화에 어떤 문턱값이 존재한다는 뜻인 것 같다. 결정적인 사회화 기간 중 다른 개들, 그리고 사람들과 상호작용을 주고받는 한 강아지는 타고난 잠재력을 실현할 수 있다. 당신의 강아지도 마찬가지다.

앞으로도 우리는 101마리의 강아지가 성숙해가는 과정을 관찰할 것이다. 강아지 때 보여준 능력으로 어떤 성견이 될지 예측할 수 있을까? 이것이 우리의 관심사다. 우리는 강아지 시기에 게임을 통해 어떻게 생각하고 느끼는지 알아봄으로써 성견이 되었을 때 어떻게 생각하고 느낄지에 대해 많은 것을 예측할 수 있다는 쪽에 무게를 두고 있다. 물론 이런 발견은 하나같이 새로운 것이며, 과학은 매우 더디게 발전할 수 있다. 장기적으로 우리가 개발한 게임들을 현실에 적용하고, 더 많은 개가 더 많은 사람을 돕도록 할 수 있을지도 알 수 없다. 하지만 긍정적으로 생각할 이유는 충분하다. 우리가 개와 사랑에 빠진 것은 저마다 다른 개별성 때문이다. 그 개별성이야말로 성공 가능성이 가장 큰 개를 파악하는 데 도움이 될 것이다.

### 이런 교훈이 반려견과 함께하는 사람에게 의미하는 것

강아지 유치원에서 101마리의 강아지를 통해 배운 교훈 중 반려견을 키우는 사람에게 가장 도움이 되리라고 생각되는 것을 정리해보았다.

#### 1) 눈을 맞출 것
눈을 맞추는 것은 가장 일찍 강아지와 애착을 형성하는 가장 쉬운 방법이다. 옥시토신은 부모와 자녀 사이의 애착 형성에 관여하는 호르몬이다. 강아지가 당신의 눈을 쳐다보고, 당신이 그 눈길을 받아 강아지의 눈을 쳐다보면 둘 사이에 옥시토신 회로가 형성

에이든이 눈을 맞추고 있다.

되어 양쪽 모두 사랑하고 사랑받는 기분을 느낀다. 우리는 2주마다 몇 분씩 눈 맞춤이 포함된 게임을 하면 강아지가 눈 맞추는 시간이 늘어난다는 사실을 입증했다. 집에서 키우는 강아지가 수줍은 성격이라 눈을 잘 맞추지 않는다면? 작은 간식으로 주의를 끈 후 간식을 눈 밑에 대고 있어 보라. 강아지가 얼마나 오랫동안 눈을 맞추는지, 게임을 반복하면 눈 맞추는 시간이 늘어나는지 기록한다. 때때로 강아지가 가만히 앉아서 아무런 이유도 없이 빤히 쳐다보는 것을 알아챈 사람도 있을 것이다. 이때 강아지는 그저 눈을 맞추고 싶은 것이다. 그것이야말로 눈을 통해 당신을 꼭 끌어안는 강아지의 방식이다.

### 2) 놀이 시간

전통적으로 강아지를 키우는 방식은 불간섭주의에 가깝다. 물론 함께 산책을 나가거나 물건을 던지고 물어 오는 놀이를 하기도 하지만, 대체로 우리가 강아지를 키우는 문화에는 능동적인 놀이가 그리 많이 포함되지 않는다. 하지만 부모와 능동적으로 어울려 노는 것이 어린이에게 좋은 영향을 미치듯,[2] 강아지도 다르지 않을 것이라고 생각한다. 이 책에 우리가 실험적으로 고안한 게임을 집에서도 강아지와 함께 즐길 수 있도록 최대한 자세히 반복

설명했다. 정확히 그대로 해야 하는 것은 아니다. 강아지와 당신이 모두 즐겁다면 그걸로 충분하다. 게임 방법은 도그니션 홈페이지 dognition.com나 우리가 무료로 운영하는 온라인 코스, 개의 감정과 인지Dog Emotion and Cognition를 참고할 수도 있다. 개가 세상을 보는 방식을 알고 깜짝 놀라거나, 심지어 자기 개에게 특별한 재능이 숨어 있음을 발견하는 사람도 있을 것이다.

### 3) 마음 읽기

생후 8주밖에 안 된 강아지도 우리의 유인원 사촌들을 포함해 지구상 다른 어떤 생물종보다 협력적으로 의사소통하려는 주인의 의도를 더 잘 파악한다. 뇌는 여전히 발달 중이지만 이 시기가 되면 강아지는 인간의 기본적인 몸짓을 이해하기 시작한다. 이런 능력을 이용해 집에서 장난감으로 숨바꼭질을 한다거나 다양한 사물을 가리키며 그 이름을 일러줄 수 있다. 물론 그 뒤로도 강아지에게 뭔가 보여주고 싶은 순간은 수없이 많을 것이다. 집 주변에 있는 다양한 사물, 우리에게 소중한 사람, 강아지가 미처 못 보고 놓친 것들을 가리키며 관심을 갖게 할 수 있다. 강아지에 관한 한, 말보다 행동이 훨씬 큰 효과를 발휘한다.

### 4) 강아지는 아인슈타인이 아니다

강아지는 물리법칙을 잘 이해하지 못한다. 목줄이 엉켰을 때,

공이 언덕 아래로 데굴데굴 굴러갈 때, 여러 개의 문을 지나는 길을 찾을 때, 꼬리가 부서지기 쉬운 물체에 닿았을 때 등의 상황에 잘 대처하지 못한다. 나이가 들면 좋아지는 녀석도 있지만 전반적으로 성견도 비슷하기 때문에 이 점을 배려할 필요가 있다. 강아지는 무엇이 위험한지도 잘 이해하지 못한다. 따라서 걸음마를 시작한 아이와 함께 살 때처럼 불의의 상황에 대비하고, 집 안을 잘 정돈해야 한다. 개가 집안을 돌아다니기 시작하면 뾰족한 것들을 치우고, 음식이나 전선을 관리하며, 눈을 떼서는 안 된다.

### 5) 자제력

일부 인지 능력은 일찍 발달하지만 상당히 자란 후에 나타나는 능력도 있다. 자제력은 생후 10~14주에 나타나지만 서서히 발달한다. 강아지 때는 충동적이고 무모하며 주의력 집중 시간이 짧다는 뜻이다. 여기에 물리법칙을 잘 이해하지 못하는 특성이 겹치면 때때로 작은 재난이 벌어진다. 이때는 무엇보다 인내심을 가져야 한다. 주인은 자제력이 완전히 성숙했지만, 강아지의 자제력이 제대로 발달하려면 한참 시간이 지나야 한다.

### 6) 장담컨대 어떤 개든 결국 밤새 푹 자게 된다

재우는 것이야말로 유치원에서 마주친 가장 큰 문제였다. 우리는 강아지가 밤에 7시간 연속으로 우리 안에서 지낼 때 숙면을 취한다고 정의했다. 강아지의 수면 주기는 사람보다 훨씬 짧다. 사람보다 더 자주 깨며, 깨어나면 사람보다 더 또렷한 각성 상태에 든다.

밤에 잠을 제대로 못 자는 상태에서 좋은 부모가 되기란 어려운 일이다. 우리도 이 문제를 완전히 해결한 것은 아니지만 몇 가지 도움이 될 만한 요령을 알게 되었다.

첫째, 강아지가 밤에 자주 깨어나 화장실에 간다면 수의사를 만나는 것이 좋다. 편모충 같은 기생충이 없는지, 설사를 일으키는 위장관 질환은 없는지 알아보기 위해서다. 요로 감염도 염두에 두어야 하는데, 이때는 보통 자주 쪼그려 앉거나 뒷다리를 드는데도 오줌은 조금밖에 누지 않는 증상이 나타난다.

강아지가 밤에 울 때는 이유가 있다. 대개는 화장실에 가고 싶은 것이다. 따라서 잠자리에 들기 직전 15분간 화장실에 다녀오는 것이 좋다. 초보자들은 강아지가 한 번 오줌을 누면 데리고 들어오는 실수를 범한다. 함께 주변을 걸어서 돌아다니며 소변을 또 보지 않는지 확인한다. 대변을 보면 더욱 좋다. 개는 몇 번에 나누어 대변을 보는 경우가 많으므로 개도 주인도 편히 자려면 15분을 꽉 채우는 것이 매우 중요하다. 시간이 늦어 졸린 강아지가 자꾸 땅에 앉으려고 하면 집에서 상당히 떨어진 곳으로 데려간다. 따뜻한 잠자리로 돌아가려면 어쩔 수 없이 잠을 떨치고 일어나 걸어야 할 것이다. 돌아오는 길에 용변을 보는 경우도 많다.

개가 밤에 푹 자지 못하는 것이 용변과 관련된 문제가 아니라

고 확신한다면 다른 방법을 시도할 수 있다. 주인과 다른 방에 재우면서 며칠간 울어도 그냥 내버려둔다. 물론 다른 가족에게 미리 알려야 한다.

어떤 방법을 선택하든 우리는 희망적인 통계를 제시할 수 있다. 생후 18주에 유치원을 졸업할 때쯤 되면 모든 강아지가 밤새 푹 잔다. 심지어 레인보우도 예외가 아니었다. 잠에 관한 문제는 반드시 좋아진다. 약속할 수 있다.

### 7) 때때로 잊기도 하지만, 중요한 것은 반드시 기억한다

강아지는 빨리 잊는다. 20초만 지나면 무엇을 보았든, 주인이 무슨 말을 했든 완전히 잊어버린다. 말을 안 듣는 게 아니다. 문자 그대로 기억하지 못하는 것이다. 물론 개의 기억력은 시간이 지나면서 점차 좋아지지만, 장기 기억이 가능한 것 또한 사실이다. 앞서 보았듯 콩고는 수년간 사용하지 않았거나 연습한 적 없는 기술도 기억해냈다. 또한 개는 오랫동안 보지 못했던 사람, 특히 자신에게 특별한 의미가 있는 사람은 잊지 않는 것 같다.

### 8) 더 일찍, 더 자주 사회적인 관계를 맺게 하라

인간의 가정에 입양된 강아지의 주된 사회화 시기는 생후 8~18주다. 그동안 되도록 많은 사람을 만나고 많은 장소에 가보게 해야 한다. 물론 이런 경험은 긍정적이어야 한다. 자신감 있는 개로 키우려면 강아지 때부터 다양한 배경을 지닌 다양한 연령의 사람을 다양한 상황에서 만나야 한다. 또한 되도록 많은 개와 어울려야 한다. 어울리는 개들이 백신을 제대로 접종했는지 확인할 필요는 있다(강아지가 16주 정도 되고, 그때까지 모든 백신을 다 맞았다면 더욱 안심할 수 있다). 다른 개를 만날 때는 그 녀석들이 강아지에게 친절하고 우호적인지, 질병의 징후를 나타내지 않는지도 확인해야 한다. 또한 강아지가 교통 소음이나 진공청소기, 불꽃놀이처럼 매우 시끄러운 소리를 처음 들었을 때 그것이 긍정적인 경험이 되도록 해야 한다(처음에는 멀리서 듣게 하거나 먹는 중에 듣게 한다). 자기 강아지가 느긋하고 편안한지, 아니면 뭔가에 짓눌리고 스트레스를 받는지 알 수 있어야 한다(여기에 대해서는 좋은 기사나 동영상이 많이 나와 있다). 강아지가 불편한 기색을 보이면 얼른 그 상황에서 벗어나고 다음에는 더 낮은 강도로 노출되도록 해야 한다. 생후 8~18주에 주인은 강아지에게 한 가족이라고 느낄 수 있는 경험을 되도록 많이 제공해야 한다.

### 9) 혼자 있는 시간

혼자 있는 법을 배우는 것은 사람이나 다른 개와 어울리는 법을 배우는 것만큼이나 중요하다. 팬데믹이 끝나고 사람들이 직장으로 복귀하면서 초보 강아지 부모들이 강아지의 분리 불안에 어찌할 바를 모른다는 말을 자주 듣는다. 유치원에서는 강아지가 우리 안에 들어가 쉬면서 혼자 있는 시간을 갖도록 신경을 쓴다. 조용한 곳에서 느긋하게 자기 자신으로 돌아가는 법을 배우는 것은 강아지에게도 중요하다.

### 10) 산책을 데리고 나가라

강아지 부모는 직장에서 일하는 8시간 동안 강아지를(성견도 마찬가지다) 혼자 내버려둘 수 없다는 점을 명심해야 한다. 누군가 반드시 집에 와서 강아지를 화장실에 데려가야 한다. 설사 그렇게 한다고 해도 강아지는 너무 많은 에너지가 남아돈다. 산책을 데려가야 한다. 자주 갈수록 좋다. 우리는 강아지의 문제 행동을 대부분 산책으로 해결할 수 있음을 발견했다. 특히 이가 돋아날 때, 유난히 에너지가 넘칠 때, 대소변 가리기 훈련을 할 때, 그리고 그저 전반적으로 정신없이 부산하게 굴 때 도움이 된다. 우리 강아지들은 평균 하루 네 번 산책을 나간다. 대개 1.5킬로미터 정도의 짧은 산책이지만 직장에서 일하는 강아지 부모라면 결코 쉽지 않은 일이다. 다른 강아지보다 더 많은 운동이 필요한 녀석도 있다. 해결책은 친구나 이웃의 도움을 받는 것이다. 이웃에 성실한 10대가 있다면 방과 후에 약간의 용돈을 벌고 싶을지 모른다. 개를 키우는 친구가 있다면 번갈아 산책을 시켜줄 수도 있다. 요즘은 낮에 개를 돌봐주는 데이케어 시설도 많은데, 긴 시간 직장에 나간다면 이 또한 좋은 대안일 수 있다(물론 강아지가 모든 예방접종을 마치고 수의사가 그런 시설에 보내도 좋다고 할 때까지 기다리고 싶은 사람도 있을 것이다). 모든 강아지는 날씨에 관계없이 적어도 하루 한 번은 산책이 필요하다. 우리 경

험에 따르면 바깥 날씨가 아무리 끔찍해도 함께 산책을 마치고 돌아오면 개도 주인도 기분이 더 좋아진다.

### 11) 모든 강아지는 다르다

우리가 강아지와 개에 대해 알아낸 모든 사실에도 불구하고, 가장 큰 교훈은 거기 들어맞지 않는 강아지가 항상 존재한다는 것이다. 한 가지 검사에 천재적인 강아지가 다른 검사는 완전히 실패하기도 한다. 군견용 장비를 부숴버리는 녀석이 있는가 하면, 불가능한 과제를 해결하는 녀석도 있다. 평생 개를 두려워하던 사람을 완전히 바꿔놓은 녀석이 있는가 하면, 콩고의 팔꿈치(앞다리 관절)를

이 강아지들은 모두 똑같이 생겼지만 저마다 뚜렷이 다른 개성을 갖고 있다. 물개로 꾸민 녀석이 닐리Neely, 인어가 매덜린Madeline, 일각고래는 낸시Nancy, 가재는 마에스트로Maestro다(2022년 가을반).

젖꼭지인 줄 알고 계속 빨려고 했던 녀석도 있다. 우리가 기른 101마리의 강아지를 볼 때 단 한 가지 확실한 것은 강아지와 주인이 맺는 모든 관계가 독특하고 특별하다는 것이다. 그 고유성이 때로 너무나 성가신 방식으로 나타난다고 해도, 동시에 그것은 주인이 강아지를 가장 사랑하는 이유가 될 것이다.

### 12) 당신은 충분히 좋은 주인이다

당신과 당신의 가족이 어떤 사람들이든 강아지에게 충분히 좋은 환경과 교육을 제공해 멋진 개로 키울 수 있다. 우리는 온갖 풍부한 경험을 쌓았고, 100명에 이르는 대학생과 세계 정상급 수의사들의 도움을 받으며 지원금 또한 적지 않다. 그렇다고 우리가 당신

2023년 봄반 폴라Polar

보다 강아지를 더 잘 키울 수 있는 것은 아니다. 우리 유치원에서 키운 강아지가 사랑이 넘치는 가정에서 자란 강아지보다 더 성공적이거나, 더 쉽게 훈련할 수 있거나, 더 사랑스러운 것도 아니다. 당신은 훌륭한 개를 키울 능력이 있다. 자신을 믿으라.

## 12장
# 개도 늙는다

강아지 공원에서 2021년 가을반이 휴식 시간을 갖고 있다. 강아지들이 다시 캠퍼스로 돌아온 것을 보고 모든 사람이 기뻐한다. 콩고가 도착해 우리 아이들이 학교 가는 모습을 지켜보고, 녀석들이 바닥에 어질러놓은 치리오스Cheerios 시리얼을 치운다. 콩고는 늙어가고 있다. 눈과 주둥이 주변이 점점 더 하얘지고, 때때로 아침에는 움직임이 약간 뻣뻣하다.

자원봉사자들은 마스크 밑으로 미소를 지으며 피어리스와 던Dunn을 떼어놓으면서도 응석을 다 받아준다. 피어리스는 던보다 일주일 늦게 태어났지만 몸무게는 500그램 정도 더 나간다. 그리고 이렇듯이 우월한 신체 조건을 이용해 강아지 공원을 지배하는

데 필요한 권위를 갖추었다고 스스로 믿는 것 같다. 이번 학기의 유일한 갈색 강아지 던은 피어리스가 자기 물그릇에 머리를 집어넣은 채 자는 꼴을 보고 녀석이 대장처럼 구는 게 시답지 않다고 생각한다.

하지만 던과 피어리스의 다툼은 시시한 쇼에 불과하다. 이번 학기에 대장 강아지가 있다면 바로 에셜Ethel이다. 생후 10주 된 에셜은 몸집이 가장 작지만 이미 성숙한 여왕의 풍모를 갖추었다. 한없이 시간을 끌며 느긋하게 밥을 먹고, 잘 때는 요란하게 코를 골며, 모든 강아지의 끊임없는 관심을 요구한다.

2021년 가을반. 왼쪽에서 오른쪽으로 에설, 길다, 던, 글로리아, 피어리스다.

길다Gilda와 글로리아Gloria는 가장 어리다. 합쳐서 글로릴다Glorilda라고 불리는 녀석들은 이번 학기의 마스코트다. 둘 다 규칙을 잘 지키고, 소란을 피우지 않으며, 성공적으로 졸업하리라는 기대를 받는다.

콩고는 언덕 꼭대기에서 잠시 걸음을 멈추고 강아지들에게 그를 볼 기회를 준다. 강아지들이 콩고를 본다. 이내 엉덩이를 열광적으로 흔들며 그쪽으로 달려간다. 콩고에게 인사를 하려고 어찌나 서둘던지 똑바로 줄을 맞춰 걷지도 못하고 서로 몸 위를 타고 넘느라 법석을 떤다. 콩고는 어느 정도 소란이 가라앉고 강아지들이 줄지어 늘어설 때까지 기다렸다가 고개를 숙여 한 마리 한 마리 조그맣고 촉촉한 코 위에 입을 맞춰준다.

그 일이 끝나자 녀석은 아무렇지도 않게 건물 안으로 걸어 들어가 자기 '사무실'에서 낮잠에 빠져든다.

모든 강아지 부모가 언젠가는 마주쳐야 할 한 가지 문제가 있다. 나이 들어가는 개를 어떻게 돌볼 것인가? 어쩌면 콩고처럼 나이 들어 가족이나 다름없는 개를 키우며 새로운 강아지를 집에 들인 사람도 있을 것이다. 어쩌면 나이 든 개를 입양한 독자도 있을지 모르겠다. 지금 막 어린 강아지를 만났다고 하더라도 언젠가는 늙게 마련이다.

개의 신체가 노화하는 징후는 쉽게 눈에 띈다. 우선 콩고처럼 아침에 몸이 뻣뻣해진다. 걸음이 느려지고 먼 거리를 걷지 못한다. 그간 수의학계는 늙어가는 개의 신체를 돌보는 데 큰 발전을 이루었지만, 정신적인 노쇠에 관해서는 아직 아는 것이 많지 않다. 늙어가는 개를 어떻게 돌보아야 할지에 대해서도 마찬가지다.

개도 나이가 많이 들면 알츠하이머병과 비슷한 증상을 보일 수 있다. 산책할 때 방향을 잃거나, 벽과 문에 부딪치거나, 낮에는 계속 자다가 밤에는 잠들지 못하고 안절부절하기도 한다.[1] 일부 인지 기능 쇠퇴 증상은 관리할 수 있지만, 길을 잃거나 계단에서 굴러떨어지는 등의 증상은 매우 위험하다.

콩고가 황혼기에 접어들면 어떤 일을 예상해야 할까? 아니, 그보다 콩고의 황혼기는 정확히 언제일까? 우리는 콩고처럼 큰 개가 작은 개만큼 오래 살지 못한다는 것을 안다. 예컨대 세인트버나드의 평균 수명은 8년인 반면, 요크셔테리어는 13년에 이른다. 그러면 세인트버나드는 수명의 4분의 3에 이르렀을 때, 즉 여섯 살이 되었을 때 벌써 인지 기능이 쇠퇴하기 시작할까? 요크셔테리어는 수명의 4분의 3에 이르렀을 때, 즉 아홉 살이 되어서야 인지 기능이 쇠퇴할까?

한 가지 가설은 개의 뇌도 신체와 같은 속도로 나이가 든다는 것이다. 이 가설이 옳다면 콩고처럼 몸집이 큰 개는 작은 개보다 훨씬 빨리 노화하므로 인지 기능도 더 빨리 쇠퇴할 것이다.

또 다른 가설은 인지 기능의 쇠퇴는 신체와 독립적으로 진행된다는 것이다. 그렇다면 콩고의 뇌는 신체와 같은 속도로 나이가 들지는 않을 것이다.

에번은 마리나 와토비치Marina Watowich와 함께 도그니션 데이터를 이용해 서로 다른 견종의 인지 기능이 나이에 따라 어떤 식으로 쇠퇴하는지 연구했다. 도그니션 데이터베이스에 등록된 예순여섯 가지 견종에 걸쳐 4000마리의 개를 조사한 결과, 대형견은 신체적으로 더 빨리 노화가 시작되지만 인지 기능은 그렇지 않은 것으로 밝혀졌다.[2]

기본적으로 모든 개는 몸집이 크든 작든 대략 비슷한 연령에 인지 기능이 떨어지기 시작한다. 그 나이는 열 살이다. 열 살이 넘은 소형견을 키운다면 평소와 다름없이 활기찬 모습을 보여도 인지 기능이 떨어지는 징후가 나타나지 않는지 잘 살피고, 실제로 그런 일이 벌어졌을 때 어떻게 관리할 것인지 생각해두어야 한다는 뜻이다. 집에 고령인 어른이 있을 때와 마찬가지로 개가 나이 들었을 때도 집 안 환경의 작은 변화를 꾀할 수 있다. 계단으로 내려가지 못하게 막아둔다든지, 현관문에 잠금장치를 설치해 거리로 나가 길을 잃고 헤매지 않게 하는 것이다. 평소와 다른 행동을 보인다면 수의사와 상의하는 것이 좋다.

열 살이 된 콩고는 여전히 신체적으로 흠잡을 데 없다. 늘 그랬듯이 먹는 것과 운동에 세심한 주의를 기울이고, 치아를 깨끗하게 관리하며, 정기적으로 수의사의 진찰을 받기 때문일 것이다. 천천히 인지 기능이 떨어지는 징후가 나타나지 않는지 잘 관찰해야 한다는 것을 알지만, 녀석은 정신적으로도 완벽하게 건강하다. 여전히 강아지들을 검사하고 새로운 연구 프로토콜을 개발하는 데 큰 도움이 된다. 강아지들에게도 여전히 참을성 있고, 사랑이 넘치며, 위엄 있는 리더 노릇을 한다.

하지만 2023년 여름 수의사를 찾아갔다가 우리는 하늘이 무너지는 듯한 소식을 들었다. 아마 독자들도 전혀 예상하지 못했을 것이다. 콩고는 암에 걸렸다. 더구나 암이 빠른 속도로 퍼지고 있었다. 졸지에 우리는 어떤 강아지 부모도 원치 않을, 하지만 어떤 강아지 부모도 피할 수 없는 순간을 마주하게 되었다.

온 가족이 거실에 모였다. 한 아이가 콩고의 침대 곁에 빈백beanbag을 가져다놓고 녀석이 잠들 때까지 꼭 끌어안아주었다. 또 다른 아이는 시간 맞춰 콩고를 들여다보며 코에 입을 맞추고 양쪽 귀를 쓸어주었다.

왠지 모르지만 모두 더 많은 시간이 있으리라고 생각했었다. 어쩌면 콩고 없는 삶을 상상할 수 없었기 때문일 것이다. 녀석은 언제나 우리 곁에 있었으니까. 특히 아이들은 콩고 없이 살던 때가 아예 기억조차 없다.

자러 가기 전에 우리는 다시 콩고를 들여다보았다. 그리고 눈과 코를 닦아주었다. 요즘은 항상 분비물이 흐른다.

"잘 자, 콩고." 모두가 인사했다. 콩고가 우리를 쳐다보았다. 언제나처럼. 우리의 콩고는 여전히 거기 있었다.

콩고가 우리를 이해해야 할 순간이 있다면 바로 지금이었다. 마지막 시험, 우리가 함께 할 마지막 게임이었다.

"우리 모두 너를 사랑해."

콩고가 눈을 깜박였다. 그때 우리는 알았다. 녀석도 안다는 걸.

콩고가 또 눈을 깜박였다. 그때 모두가 알았다. 녀석도 우리를 사랑한다는 걸.

콩고는 그날 밤사이에 떠났다.

훌륭한 개와 함께하는 삶의 단점은 언젠가 녀석을 잃는다는 것이다. 그때의 슬픔과 충격은 말로 다할 수 없다. 10년간 일상적인 삶은 말할 것도 없고, 모든 영광과 비극의 순간을 함께 겪었던 존재가 사라진다고 생각해보라.

하지만 그것은 축복이기도 하다. 개는 사랑하는 누군가를 잃었을 때 어떻게 해야 할지를 가르쳐준다. 우리가 사랑하는 존재는 영원히 우리 곁을 떠나지 않는다는 점도 일깨운다.

콩고는 다음 학기 강아지 입학생들이 그에게 인사하려고 줄지어 기다리는 모습을 보지 못할 것이다. 그 녀석들에게 싸우지 않고 함께 노는 법이나, 예의 바르게 새로운 친구를 사귀는 법도 가르치지 못할 것이다. 하지만 콩고가 우리에게 가르쳐준 덕에 우리가 그 일을 할 수 있다. 우리는 그의 끝없는 참을성, 차분한 끈기, 친절함을 기억할 것이다. 우리는 마음을 기울여 다른 존재들을 보살피는 삶이 진정 가치 있는 삶이라는 것도 기억할 것이다.

우리는 보조견이 된 졸업생들이 자랑스럽다. 녀석들은 봉사할 수 있도록 선택받았다. 그보다 큰 영예는 없다. 선택받는 개도 드물지만 그런 능력을 갖춘 개는 더욱 드물기 때문이다. 시험은 엄격하고 주어지는 임무는 끝이 없다.

성공적인 보조견은 우리가 측정할 수 있는 모든 특성에 더해 측정할 수 없는 몇 가지 특성까지 갖추어야 한다. 우선 임무를 완벽하게 수행해야 한다. 단 한 번의 예외도 있을 수 없다. 또한 의지할 수 있는 존재, 기대어 울 수 있는 존재, 작은 승리를 거둘 때마다 함께 기뻐해주는 존재가 되어야 한다. 그리고 자신이 받는 보상에 만족해야 한다. 보상이란 다름 아닌 자신을 사랑해주는 사람의 무한한 감사다.

하지만 우리는 보조견이 되지 못했더라도 우리가 만난 모든 강아지가 자랑스럽다. 짧은 시간을 함께했을 뿐이지만 녀석들은 우리를 수없이 미소 짓게 했다. 유치원에서는 우리가 강아지를 가르치는 것 같지만 사실은 강아지가 우리를 가르친다. 녀석들은 우리를 일깨운다.

바보 같은 장난이 얼마나 재미있는지 알아요? 모든 순간을 마음 깊이 느끼며 살아야 해요. 누구나 자기가 살아가는 작은 세상을 바꿀 수 있어요.

강아지를 키우고 있어서, 또는 곧 강아지를 들일 생각으로 이 책을 읽은 독자들에게 축복이 있으라! 부디 당신의 강아지가 밤새 푹 자기를. 집을, 특히 당신이 맨발로 딛는 곳을 엉망으로 만들지 않기를. 비싼 것, 세상에 하나밖에 없는 것은 절대 건드리지 않고 오직 장난감만 물어뜯기를. 강아지가 마땅히 지켜야 할 예절을 하루 만

에 다 익혀 낯선 사람 앞에서 민망한 짓을 저지르지 않기를.

하지만 우리 모두가 그렇듯 당신의 강아지가 완벽하지는 않다면 당신이 보다 단순한 축복에 만족하기를.

기대하지 않는 사랑.

판단하지 않는 포용.

마주할 때마다 느끼는 기쁨.

살아있음을 느끼게 하고, 매일의 일상을 밝혀주는 빛.

그리고 부디 이런 축복을 강아지와 당신이 사랑하는 모든 사람에게 똑같이 돌려주기를.

**나가며**

# 강아지 과학의 선물

녹음이 우거진 노스캐롤라이나의 어느 교외에 있는 예쁜 집. 개 한 마리가 누군가 찾아오기를 기다리고 있다. 개는 키가 크고 다리도 길고 약간 어두운 황금빛 털에 갈색 눈을 가졌다.

아무도 녀석을 알아보지 못할 것이다. 한 주 내내 부루퉁한 채 사람의 무릎에만 앉아 있던 강아지, 목줄을 맨 채 한 발짝도 걸으려고 하지 않던 강아지, 다른 강아지들과 어울려 놀지도 않던 강아지, 바로 에리스다. 2019년 가을반에서 어느 누구도 성공하리라 생각지 않았던 강아지, 보조견으로 졸업할 가능성이 희박하다고 생각되었던 바로 그 에리스.

놀라움은 여기서 그치지 않는다.

몇 년 전에 크리스틴Christine은 고아들을 돕는 우간다의 한 비영리 단체에서 일했다. 거기서 갓난아기 때 뇌 말라리아에 걸려 심한 뇌 손상을 입은 마키사Makisa라는 어린 소녀를 만났다. 크리스틴은 미술 치료를 통해 어린이들이 트라우마를 헤쳐 나가도록 돕고 있었는데, 마키사가 항상 근처를 서성이며 자신을 쳐다본다는 걸 알아차렸다. 그 강인한 정신에 감동한 크리스틴은 마키사를 입양하기로 했다. 둘은 함께 노스캐롤라이나의 샬럿에 정착했다. 그 후 크리스틴은 결혼해 아이를 셋 낳았다. 마침내 마키사에게도 그토록 바랐던 가족이 생긴 것이다.

마키사는 학교에서 아주 잘 지냈고 친구도 많이 사귀었다. 모든 어린이가 마땅히 누려야 할 만족스럽고, 안전하며, 사랑받는 삶을 살았다. 하지만 크리스틴은 몇 가지가 마음에 걸렸다. 우선 마키사는 너무 낯을 가렸다. 새로운 사람을 만나는 것은 아이에게 좋은 일이었지만, 마키사는 종종 사람을 사귀는 것이 너무 어려웠다. 남들이 자기를 쳐다보는 것도 좋아하지 않았다. 행복한 집이라도 소란스러운 일은 생기게 마련이다. 그때마다 마키사는 방에 틀어박혀 조용한 공간에서 나오려고 하지 않았다. 하지만 남의 도움을 받지 않고는 할 수 없는 일도 있었기에 크리스틴은 마키사를 혼자 두는 것이 걱정스러웠다.

이제 마키사가 새로운 사람을 만날 때면 에리스가 곁에 있다. 잘 생기고 차분한 에리스는 모든 사람의 주목을 끈다. 마키사는 사

에리스와 마키사

람들이 자신의 새로운 친구를 사랑하는 모습에 자부심을 느끼며 조용히 지켜본다. 이제 사람들은 마키사를 쳐다보는 대신 미소를 지으며 에리스에 대해 물어본다. 에리스 덕분에 새로운 사람들과 긍정적인 경험을 주고받게 되자 친구를 사귀기가 한층 쉬워졌다.

집에서 보니 에리스는 많이 변하지 않았다. 시끄러운 드라마가 펼쳐지는 곳을 피해 항상 누군가의 무릎 위에 조용히 앉아 있으려 했다. 녀석이 가장 좋아하는 장소는 마키사의 방이었다. 둘이 방에 들어가 문을 닫으면 크리스틴은 더 이상 걱정되지 않았다. 마키사는 혼자가 아니었고, 뭔가 필요하다면 에리스가 도와줄 테니까.

스쿨버스 소리가 들리면 에리스는 문으로 우당탕 뛰어간다. 하지만 흥분으로 몸을 떨면서도 녀석은 오래전에 콩고가 그토록 가르치려고 애썼던 교훈을 마침내 가슴에 새긴 것 같았다. 보조견은 사람에게 뛰어오르지 않는 법이란다.

문이 열리고 부드러운 목소리가 들린다.

"에리스?"

에리스는 문가에 서서 귀를 쫑긋 세우고 평생 느꼈던 최고의 감정을 담아 꼬리를 흔든다. 기쁨, 감사, 사랑. 작고 부드러운 목소리는 기나긴 하루 끝에 에리스가 준 이 선물들에 감사하는 것 같다.

"에리스."

어렸을 때 남과 다르다는 것은 견디기 힘든 일이다. 멀리서 봐도 '다름'이 눈에 띈다면, 누구와도 같지 않다는 사실이 명백하다면 더욱 힘들다. 바로 이것이 개가 가져다주는 선물 중 하나다. 어엿한 보조견으로 졸업하고, 이제 한때 콩고가 속해 있던 엘리트 집단에 속한 우리 강아지들은 한 가지 공통점이 있다. 가장 우울한 상태에 있는 낯선 사람에게서도 미소를 이끌어낼 수 있다는 것이다.

새로운 동반자 덕분에 이 어린이들은 병원에서 고통스러운 시술을 받는 동안에도 씩씩하게 버티도록 도와주는 누군가를 갖게 되었다. 잠을 이룰 수 없을 때 말을 걸고, 나쁜 꿈을 꾸다 깨어났을 때 끌어안을 누군가를 갖게 되었다.

어린이들이 다시 바깥세상에 나갔을 때도 개는 동반자로서 사

람들과 대화를 시작할 수 있는 계기이자 의미 있는 주제가 된다. 개에 대한 사랑은 그들이 유대감을 느낄 수 있는 공통분모이기도 하다. 자신이 어딘가 다르다는 것을 예민하게 느끼는 어린이에게 다른 사람과 공통적인 뭔가를 발견하는 것은 참으로 반갑고 마음이 놓이는 경험이다.

우리 강아지 중 현재 어린이와 함께 지내는 녀석은 세 마리다.

가장 래브라도다운 래브라도, 아서는 자폐 어린이인 카터Carter

와 함께 지낸다.

아서의 여자 형제인 오로라는 뇌종양을 겪고 있는 이지Izzy와 함께 지낸다.

졸업생 대표였던 위즈덤은 이분척추가 있는 이스턴Easton과 함께 지낸다.

다른 강아지를 배정받은 사람들의 연령대는 폭넓다. 2018년 가을반의 대표 주자 애슈턴은 낸시Nancy에게 배정되었다. 녀석은 여전히 차분하고 침착하다. 완벽한 신사처럼 휠체어에 앉아 있는 낸시를 위해 문을 열어주고, 핸드백을 들어주며, 엉뚱한 곳에 놓아둔 키를 찾아주기도 한다. 낸시가 필요로 할 때 항상 완벽한 준비를 갖추고 절대 기다리게 하지 않는다. 친절하고 참을성 있는 성품이 빛을 발하는 것이다.

2020년 봄반에서 가장 몸집이 작았던 욘더는 다발성 경화증을 겪는 교육 시스템 디자이너 매튜Matthew에게 배정되었다. 위즈덤의 남자 형제 웨스틀리는 조력견facility dog으로 일하고 있다.

모두의 예상을 뒤엎고 바키 스파키도 성공적인 보조견이 되었다. 녀석은 루이지애나주립대학교 1학년인 에린Erin에게 배정되었다. 팬데믹 때문에 듀크대학교 캠퍼스에서 교육받을 기회를 놓친 스파키가 결국 대학으로 간 것이다.

이렇게 많은 강아지를 키워보았지만 여전히 어떤 녀석이 보조견으로 성공을 거둘지 알기는 불가능하다. 누구나 성공을 예측한

아서와 남매 사이인 오로라와 이지

이스턴과 위즈덤

위즈덤 같은 강아지도 있다. 하지만 비슷한 재능을 갖고도 보조견이 되지 못한, 그럼에도 풍요롭고 즐겁게 살아가는 강아지도 많다. 그런가 하면 에리스나 스파키처럼 지금도 어떻게 졸업했는지 어리둥절하게 만드는 녀석들도 있다. 이 강아지들을 이해하려는 과학적인 연구가 없다면 우리는 그저 직관에 의존할 수밖에 없을 것이다. 알아맞히기 게임처럼.

인지 검사 결과를 수집하고 분석하는 일은 결코 끝나지 않을 것이다. 지금까지 그랬듯 검사는 계속 발전한다. 또한 이 놀라운 개들에 대해 알면 알수록 더 정교하게 다듬고, 조정하고, 의미를 다시 생각해봐야 할 것이다. 하지만 결국 모든 검사는 이 개들의 존재를 가능하게 해주는 놀라운 훈련사, 수의사, 자원봉사자들을 대신하는 것이 아니라 보완하기 위해 설계된다.

우리는 개 덕분에 삶 자체가 완전히 바뀐 사람을 수없이 보았다. 그런 사람을 하나라도 만나본다면 이 모든 노력이 얼마나 가치 있는 것인지 당신도 알게 될 것이다.

### 감사의 글

 이 책을 선택해주신 독자께 감사드립니다. 강아지 유치원에서 수행한 연구가 여러분과 여러분의 강아지에게 도움이 되기를 바랍니다. 이 책을 쓰면서 우리 연구는 물론 본문과 주석, 참고문헌에 등장하는 동료들이 발견한 핵심 지식을 설명하기 위해 최선을 다했습니다. 과학적 방법론은 진실에 이르는 험난한 길에서 의미 있는 지식을 생성하는 가장 강력한 체계입니다. 참고문헌이 완벽한 것은 아니지만, 책에서 다룬 과학적 사실을 찾아볼 수 있도록 원래 데이터와 자세한 리뷰를 담은 논문들을 되도록 성실하게 수록했습니다.
 세계는 이 책을 쓰기 시작한 5년 전과 완전히 달라진 것처럼 느껴집니다. 변하지 않은 것이 있다면 우리가 믿고 의지하는 사람들입니다. 그들이 없었다면 우리는 아무것도 이루지 못했을 것입니다. 이 책에 기록된 모든 승리는 거대한 집단적 노력을 통해 기나긴 시간 동안 브레인스토밍, 시도와 실패, 재시도, 그리고 "강아지, 여기 봐!"를 수없이 거듭한 결과입니다.

데브 커닝햄Deb Cunningham과 마리아 이클베리Maria Ikleberry를 비롯해 파트너인 이어즈 아이즈 노우즈 앤 포즈에 감사드립니다. 시간과 공간의 제약 때문에 평소에 자주 감사를 표할 수 없었지만, 그들의 노력과 보조견에 깊은 감동을 받았습니다. 연구에도 큰 도움이 되었습니다. 특히 검사를 위해 데려다주신 수많은 강아지에 대해 다시 한번 깊이 감사드립니다. 우리의 강아지 101마리 중 상당수는 그들과 함께 키웠다고 해도 지나치지 않습니다.

늘 놀라움을 안겨주는 마거릿 그루언에게 감사드립니다. 당신이 없었다면 첫 번째 강아지조차 구할 수 없었을 거예요. 밤늦게 주고받은 숱한 영상 통화, 줌으로 부목 고정법을 가르쳐준 일, 수많은 개똥을 사진으로 찍어 보내며 절박한 메시지를 보내도("이게 정상이에요???") 싫은 소리 한마디 하지 않은 데 진심으로 감사드립니다.

지칠 줄 모르는 우리 연구 코디네이터 케라 무어도 빼놓을 수 없습니다. 케라는 검사를 수천 번 시행하는 동안 검사 매트 위에서 수십 마리의 강아지를 부드럽게 어르고 달래는 놀라운 인내심을 보여주었습니다. 또한 명석한 유전학자, 호르몬 전문가, 빅데이터 연구자로서 에번 맥클린은 콩고 분지에서 고드윈오스턴산(K2)까지 우리의 모든 초기 발견을 도와주었습니다.

우리의 첫 번째 대학생 스타 중 하나인 에밀리 브레이가 뛰어난 연구자가 되어가는 모습을 지켜보는 것은 너무나 흥미롭고 짜릿했어요. 앨릭스 로사티Alex Rosati, 징지 탄Jingzhi Tan, 크리스 크루페니예Chris Krupenye, 알리아 보위Aleah Bowie, 웬 주Wen Zhou, 모건 페런스Morgan Ferrans, 해나 샐러몬스Hannah Salomons, 가비 베너블Gabi Venable, 라치나 레디Rachna Reddy, 르바다 창Leveda Chang, 케리 로드리게스Kerri Rodriguez, 벤 앨런Ben Allen, 카일 스미스Kyle Smith, 제임스 브룩스James Brooks, 매디슨 무어Madison Moore, 마거릿 번지Margaret Bunzey, 샘 케퍼Sam Kefer, 제시카 슈메이커Jessica Shoemaker, 리지 글레이저LIzzy Glazer, 에밀리 샌드버그Emily Sandberg, 해리엇 캐플린Harriet Caplin, 애냐 파크스Anya Parks, 리아 램새런Leah Ramsaran, 샘 리Sam Lee, 줄리애나 터너Julianna Turner, 조던 소콜로프Jordan Sokoloff, 콜린 켈리Colin Kelly, 엘리자베스 와이즈Elizabeth Wise, 개비 버넬Gabby Bunnell, 엠마 넬슨Emma Nelson, 캔들러 쿠사토Candler Cusato 등 놀라운 경력을 쌓고 있거나 앞으로 쌓아갈 우리의 멋진 대학원생, 대학생, 연구실 코디네이터들에게도 감사드립니다.

항상 감탄스러운 친구이자 수의사인 에린 톰Erin Tom! 설사가 담긴 비닐봉지를 차에 놓고 내려도 눈감아주고, 밤 10시에도 우리 집 현관 앞에 약을 갖다준 데 특히 고맙습니다. 콜로니파크 동물병원Colony Park Animal Hospital의 다른 팀원들께도 깊이 감사드립니다. 정말 최고였어요!

이 책에 실린 사진은 대부분 모건 페런스, 매디슨 무어, 제니퍼 비드너, 그 밖에 강아지 사진을 찍어준 자원봉사자들의 작품입니다.

재러드 라자루스Jared Lazarus는 최고의 강아지 사진작가입니다. 항상 정신없는 와중에도 학급 사진과 졸업 사진은 물론 사랑과 헌신으로 강아지들의 여정을 기록해준 그와 듀크대학교 미디어통신부Duke Media and Communications 팀원들께 감사드립니다.

아무것도 모르는 열아홉 살 대학생에게 최고의 친구이자 멘토가 되어주신 마이크 토마셀로Mike Tomasello, 멋진 동료 세라 게이서Sarah Gaither와 제나 맥헨리Jenna McHenry, 강아지들에게 기꺼이 지하실을 내준 스티브 노위키Steve Nowicki와 수전 노위키Susan Nowicki, 스티브 처칠Steve Churchill, 리치 케이Rich Kay에게 감사드립니다.

밸러리 애슈비Valerie Ashby, 댄 키하트Dan Kiehart, 수전 앨버츠Susan Alberts는 캠퍼스에서 강아지를 키워보자는 말도 안 되는 아이디어를 진지하게 받아들여 듀크 강아지 유치원을 실현해주었습니다. 우리 연구는 해군 연구국Office of Naval Research, N00014-16-12682, 미국 국립 아동보건 인간발달 연구소Eunice Kennedy Shriver National Institute of Child Health and Human Development, NIH-1RO1HD097732, 케이나인 보건재단Canine Health Foundation, Grant-#02700에서 부분적으로 연구비를 지원받았습니다. 프로그램 담당자로서 처음부터 우리 연구를 믿어준 랠리아 에스포지토Lalya Esposito와 중 김Joong Kim에게 감사드립니다. 애나 햄프턴Anna Hampton과 동물실험윤리위원회 IACUC 팀은 캠퍼스에서 강아지들을 정성껏 돌보는 데 큰 도움을 주었습니다. 조 곤잘레스Joe Gonzales와 데비 로비온도Debbie LoBiondo는 강아지를 듀크대학교 일반 기숙사에 배정한다는 정신 나간 생각을 믿고 지원해주었습니다.

팬데믹 기간 중에 온라인 수업이 진행되는 동안 강아지들이 거실을 어질러도 잘 참아준 아이들 허먼Herman, 재니스Janice, 앨릭스Alex, 클라라Clara에게 감사를 전합니다. 곤경에 처했을 때마다 빠져나올 방법을 찾아주고, 변함없이 멋진 친구로 남아준 리사 존스Lisa Jones에게도 감사드립니다.

강아지들에게 사랑이 넘치는 샤워를 시켜준 500명이 넘는 자원봉사자들, 행정 직원들, 듀크대학교 캠퍼스를 강아지들의 집으로 바꾸는 일을 도와준 대학 공동체에 감사드립니다.

정신 나간 일정은 물론 성별 및 연령 균형에 대한 끊임없는 요구를 참아주고, 너무나 훌륭한 인간으로서 우리를 대해준 케이나인 컴패니언스의 브렌다 케네디Brenda Kennedy, 애슈턴 로버츠, 마사 존슨Martha Johnson, 로라 더글러스Laura Douglas, 티오도라 블록Theadora Block, 지닌 코노펠스키Jeanine Konopelski는 정말 최고였어요. 사랑해요!

마지막으로 사람의 삶을 바꾸고 있는 모든 멋진 개에게 감사드

립니다.

케이나인 컴패니언스에 기부하고 싶다면 홈페이지의 기부 챕터 canine.org/donate를 참고하세요.

강아지를 키우는 사람이 되고 싶다면 홈페이지의 양육 챕터 canine.org/raiseapuppy를 참고하세요.

노스캐롤라이나 주민으로서 우리와 긴밀하게 협조하며 일해 온 지역 단체를 후원하고 싶다면 이어즈 아이즈 노우즈 앤 포즈 홈페이지 eenp.org/donate를 방문하세요.

우리 연구에 대해 더 많은 것을 알고 싶거나 연구를 후원하고 싶다면 듀크 강아지 유치원 홈페이지 dukepuppykindergarten.org를 방문하세요.

**부록 1**

# 강아지 부모들을 위한 준비물

## 강아지 돌보기

- **강아지용 우리**: 어디서든 안을 들여다볼 수 있는 금속제 강아지용 우리를 사용한다. 내부가 더러워질 경우를 대비해 바닥은 잡아 뺄 수 있는 플라스틱판으로 된 것이 좋다. 기숙사 방은 좁기 때문에 강아지가 없을 때는 접어서 보관할 수 있어야 한다.
- **엑스펜**: 엑스펜은 플라스틱이나 금속으로 된 작은 울타리로 조립 및 분해가 쉬워 어디서든 강아지를 일정한 공간에 머물게 할 수 있다(기숙사 공용 공간, 야외 행사 등). 특히 짧은 시간

강아지를 혼자 두어야 할 때 반드시 필요하다(자원봉사자가 화장실에 갈 때 등). 우리는 강아지를 지켜볼 수 없는 곳에서 엑스펜을 사용한다.

- **칫솔과 치약**: 매일 밤 개 전용 칫솔과 치약으로 이를 닦아주어야 한다.
- **귀 닦기용 물티슈**: 일주일에 한 번씩 귀를 닦아주어야 한다. 경험상 강아지는 액체보다 물티슈로 닦는 것을 더 좋아한다.
- **털 손질용 솔**: 고무로 된 부드러운 솔로 매일 털을 빗겨준다.
- **발톱깎이**: 매주 (매우 조심스럽게) 발톱을 깎아주어야 한다.
- **강아지용 일반 및 드라이 샴푸**: 강아지용 샴푸는 우리가 쓰는 샴푸와 다르다. 물을 사용하는 샴푸는 털이 많이 지저분할 때 쓰면 좋다. 냄새나는 곳에 코를 처박고 킁킁거렸을 때는 그 부위를 드라이 샴푸로 문질러주면 충분하다.
- **목줄(120센티미터), 칼라, 도기 리더**: 강아지를 데리고 밖에 나갈 때 사용한다. 어릴 때는 쉽게 엉키지 않는 120센티미터 길이의 목줄이 편리하다. 어느 정도 크고 산책에 익숙해지면 180센티미터 길이의 목줄로 바꿀 수 있다.
- **배변 봉투와 케이스**: 배변 봉투를 깜빡 잊고 산책에 나서는 경우가 많으므로 반드시 목줄에 매달아둔다.
- **배변 패드용 쓰레기통**diaper genie: 강아지의 분변(대소변과 패드 및 종이 타월)은 일반 쓰레기통에 버릴 수 없으므로, 특히 아파

트 실내에서 강아지 배설물을 처리할 때 유용하다.
- **악취 제거제**: 러그든 바닥이든 강아지가 더럽혔을 때 반드시 필요하다.
- **재생종이 타월**: 종이 타월을 만드느라 숲이 사라진다. 재생용지로 된 제품을 쓰는 것이 현명하다.
- **소독약 스프레이와 소독약 티슈**: 세균과 파보 바이러스 등의 병원체를 사멸한다. 무향 제품이 좋다. 우리는 레스큐Rescue 제품을 쓴다.
- **낡은 수건을 담을 세탁물 바구니**: 소독약 티슈만으로는 감당할 수 없을 때가 있다.
- **외출용 가방**: 강아지가 산책을 나가든 자원봉사자의 기숙사 방으로 가든 밖에 나갈 때 필요한 것들을 미리 가방에 넣어두면 편리하다. 마실 물, 소독약 티슈, 씹기용 장난감, 간식(사료도 따로 담는다), 그리고 물론 배변 봉투가 들어 있어야 한다.

### 먹고 마실 것

- **강아지 사료**: 영양 균형이 잘 맞고 연령과 몸 크기에 적절한 사료를 선택한다(강아지용과 대형견용이 따로 나온다). 우리는 유카누바Eukanuba 제품을 쓰지만 양질의 사료라면 무엇이든 좋

다. 순수 고기 사료는 권하지 **않는다**(부록 3 참고). 불필요할 뿐 아니라 환경에도 좋지 않다. 사람이 먹다 남긴 것을 먹일 수도 있지만 먼저 수의사와 상의하는 것이 좋다.
- **보관**: 실내에 둘 때는 플라스틱 사료통을 사용한다. 강아지 사료를 밖에 둘 때는 설치류와 바퀴벌레가 들어가지 못하도록 금속제 쓰레기통을 사용한다
- **물그릇**: 강아지가 시간을 보내는 모든 곳에 물그릇을 놓아둔다. 탈수는 특히 강아지에게 위험하다.
- **사료 그릇**: 우리는 강아지를 우리 안에서 먹게 하므로 사용 후 바로 닦을 수 있는 작은 그릇을 쓴다. 다 먹고 난 뒤에 그릇을 방치하지 말 것! 금세 지저분해진다.
- **간식 주머니**: 사료를 채워둘 수도 있다.

## 강아지 구급상자

- **지혈제 분말**: 출혈을 빨리 멈추기 위해, 특히 발톱에 자주 사용한다.
- **거즈**: 베거나 다쳤을 때 쓴다.
- **염산디펜하이드라민**diphenhydramine HCI: 알레르기 반응에 사용한다.

- **프로펙탈린**Pro-pectalin: 설사할 때 도움이 된다.
- **포티플로라**Fortiflora: 설사할 때 먹이는 생균 제제다(요구르트에 함유된 프로바이오틱스와 비슷하다).
- **체온계**: 강아지도 열이 난다. 섭씨 38.8도 정도는 드물지 않지만 39.4도를 넘는다면 수의사를 만나야 한다.
- **소독약 티슈**: 아무리 많아도 지나치지 않다.
- **비닐장갑**


## 가지고 놀 것

- **재생고무공**: 매년 강아지 장난감 쓰레기가 산더미처럼 나온다. 우리는 재생 소재로 만든 강아지 장난감을 구입해 책임 있는 자세를 갖고자 노력한다.
- **씹기용 장난감**: 케이나인 컴패니언스에서는 강아지의 이가 부러지지 않도록 부드러운 장난감만 허용한다. 예컨대 일부 나일라본Nylabone 제품은 너무 딱딱하다(개가 씹을 수 있으려면 약간 구부러지거나 손톱으로 눌렀을 때 자국이 남아야 한다).
- **헝겊 인형**: 별생각 없이 자녀가 어렸을 때 갖고 놀던 헝겊 인형을 강아지에게 주면 안 된다. 강아지용 헝겊 인형은 다르다. 우선 질식 위험이 있으므로 단추나 플라스틱 조각이 달려 있

지 않아야 한다. 또한 강아지용은 더 질긴 소재로 되어 있으며, 강아지가 좋아하는 삑삑 소리가 나는 것이 보통이다. 우리는 소방 호스 등 재생 소재로 만든 튼튼한 제품을 구입한다.
- **간식**: 우리는 보상으로 주로 사료를 주지만, 때때로 훈련하거나 발톱을 깎을 때는 더 매력적인 보상을 주어야 한다. 간식의 위계는 사료, 주크스, 리틀잭스, 땅콩버터, 치즈위즈 순이다. 땅콩버터는 개에게 유해한 자일리톨이 들어 있지 않은지 확인한다. 치즈위즈와 땅콩버터는 설사를 일으킬 수 있으므로 가능하다면 으깬 호박이나 고구마를 대신 사용한다. 소포장된 유아용 호박이나 고구마를 쉽게 구입할 수 있다.
- **콩Kong**: 콩 안에 얼린 땅콩버터나 고구마를 넣어주면 20분 정도는 한숨 돌릴 수 있다.

**부록 2**

# 일과표

누구든 집에서 강아지를 돌보아야 한다면 (예컨대 주말 동안) 우리는 다음과 같은 일정을 보내준다. 종일 직장에서 일하는 사람은 이 일정에 따르기가 불가능하다. 그때는 필요에 따라 조정해서 쓰면 된다. 이 일정에서 가장 중요한 부분은 짧은 훈련 시간을 자주 갖고, 산책을 많이 하는 것이다. 모든 기능은 대괄호 안에 굵은 글자로 표기했다.

| | |
|---|---|
| 오전 7시 | **잠에서 깨어난 후**<br><br>• 화장실에 다녀온다[**쉬하자**].<br>  - 보통 강아지는 아침을 먹는다는 생각에 너무 흥분해서 대변은 보지 않을 수 있다. 하지만 소변은 반드시 보게 한다.<br>• 아침 식사[**앉아, 기다려, 오케이**].<br>  - 식사는 항상 우리 안에서 한다. 우선 바른 자세로 앉은 후 밥그릇을 앞에 놓아줄 때까지 기다려야 한다(최대 30초). 주인이 "오케이"라고 하면 그때부터 먹을 수 있다.<br>• 화장실에 다녀온다.<br>  - 이번에는 좀 길게 15분 정도 잡는다. 이때는 반드시 대변을 봐야 한다.<br><br>강아지가 대소변을 가릴 때까지 낮에는 30분에 한 번(매시 정각과 매시 30분), 그리고 낮잠에서 깨어날 때마다 데리고 나가야 한다. 강아지는 보통 물을 마신 후 15분 뒤에 소변을 봐야 하며, 음식을 먹고 20~30분 뒤에 대변을 봐야 한다.<br>생후 8~10주가 되면 아침에 눈을 떴을 때 밖에 데리고 나갈 수 있다. 사람들이 잘 모르는 사실이 있는데, 탈것에 태워서 이동할 때 강아지는 거의 대소변을 보지 않는다. |
| 오전 7시 30분 | **긴 산책**<br><br>• 이때 하루 중 가장 길게 산책을 한다[**나가자**].<br>  - 생후 8주 = 800미터<br>  - 생후 9주 = 도기 리더로 훈련 시작<br>  - 생후 10주 = 1.6킬로미터<br>  - 생후 12주 = 2.4킬로미터<br>  - 생후 14주 = 3.2킬로미터<br>  - 생후 16주 = 4.8킬로미터<br>  (생후 20주까지는 더 이상 거리를 늘리지 않는다.)<br><br>산책은 강아지에게 가장 즐거운 시간이라야 한다. 동시에 도기 리더를 착용하고 걷는 데 익숙해질 기회이기도 하다. 칭찬을 많이 해주고 간식도 듬뿍 준다. 필요하면 세 걸음마다 그렇게 해도 괜찮다. 강아지는 스스로 걷고 싶은 속도에 맞춰 걸어야 하며, 그렇게 하고 싶다면 가끔 뛰어도 상관없다. 하지만 목줄을 세게 당기거나 잡아채서는 안 된다. 나이가 더 많고 훈련이 잘 된 개나, 개와 함께 산책을 즐기는 어린이가 있다면 산책길에 |

| | |
|---|---|
| | 강아지를 달래기 위해 함께 나가도 좋다. 아침을 먹기 전에 산책을 데리고 나가 사료를 간식으로 사용하는 사람도 있다. 이때 강아지는 배가 고프기 때문에 사료만으로도 충분히 동기를 유발할 수 있다. 주저앉거나, 헐떡거리거나, 낑낑거리는 등 피로해하지 않는지 잘 살펴 거리를 조정한다. 다만 코를 땅에 문질러 도기 리더를 벗어버리려고 하는 행동을 피로의 징후로 생각해서는 안 된다. |
| 오전 9시 | **강아지용 우리에서 낮잠 자기**<br>• 화장실에 다녀온다. 소변은 물론 대변도 보게 해본다.<br>• 간식을 이용해 우리 안으로 유인한다[**들어가**].<br>• 낮잠 시간은 연령에 따라 다르다.<br>  - 생후 8주는 2시간<br>  - 생후 12주는 3시간<br>  - 생후 16주는 3시간, 때로 4시간<br>• 화장실에 다녀온다.<br><br>우리는 개가 혼자 있는 법을 배우는 공간이다. 따라서 조용해야 하며, 필요할 때는 어린이나 다른 반려동물, 지켜야 할 규칙에서 벗어나 느긋하게 쉴 수 있어야 한다. 우리는 조용한 빈방에 두고, 때로 주인도 집에서 나가 강아지를 **정말로** 혼자 있도록 해주는 것이 좋다. 강아지가 우리 안에 들어가 있을 때는 아무도 평화로운 휴식을 방해해서는 안 된다.<br>강아지가 5분 이상 짖거나, 낮잠을 자기 전에 대변과 소변을 함께 보지 않았다면 10분간 밖에 데리고 나가 화장실 훈련을 시킨다. 다시 데리고 들어와 우리 안에 들여보낸 후 나머지 낮잠 시간 동안은 같은 행동을 반복해도 무시한다. |
| 정오 | **휴식**<br>• 점심 식사[**앉아**, **기다려**, **오케이** 다시 한번 연습].<br>• 휴식. 가능하다면 밖에서 잠시 시간을 보내게 한다. 하지만 집 안에 있어도 괜찮다. 이때는 주변을 돌아다니거나, 낮잠을 자거나, 집 안에서 새로운 곳을 가보는 등 자유롭게 두어도 좋다.<br><br>강아지는 자유롭게 행동하더라도 누군가 보고 있어야 한다. 이때 강아지가 입에 넣은 것을 빼내느라 얼마나 많은 시간을 보내게 되는지 깜짝 놀랄 사람도 많을 것이다. |

| | |
|---|---|
| 오후 2시 | **사회적으로 어울리기**<br>• 목표는 강아지가 새로운 경험을 하는 것이다.<br>  - 새로운 사람(다양할수록 좋다.)<br>  - 다른 개들(단 모든 백신을 접종하고, 건강하며, 강아지에게 친절해야 한다. 그런 개를 찾기 어렵다면 생후 20주까지는 굳이 만나려고 노력할 필요 없다.)<br>  - 새로운 소리, 장소, 사물(차량, 진공청소기, 움직이는 장난감)<br>• 이 시간에 운동을 끼워 넣어야 한다(20분간 던지고 물어 오기 놀이, 1킬로미터 정도의 짧은 산책, 잡아당기기 놀이 등).<br><br>강아지에게 새로운 경험을 소개할 때는 압도당하지 않게 조금씩 늘리는 것이 좋다. 혀를 핥거나, 하품을 하거나, 몸을 움츠리는 등 스트레스 징후가 나타나지 않는지 잘 살핀다. 그때는 칭찬을 하고 간식을 줘서 차분히 마음을 가라앉히고, 그래도 여전히 스트레스를 받는 것 같다면 그 활동을 중지한다.<br>누군가 집에 와 강아지를 돌보게 할 수도 있고, 하루에 몇 시간 또는 주말 동안 친척이나 친구, 이웃집에 맡길 수도 있다. 요점은 강아지가 긍정적인 사회적 경험을 최대한 많이 해보는 것이다. |
| 오후 3시 | **강아지용 우리에서 낮잠 자기**<br>• 화장실에 다녀온다.<br>• 낮잠을 잔다.<br>• 화장실에 다녀온다.<br><br>이번 낮잠은 사람의 저녁 식사 시간과 겹칠 수 있다. 어쨌든 사람이 식사하는 동안 강아지는 우리에 들어가 있어서, 식탁 옆에서 음식을 달라고 조르거나 사람이 감시할 필요가 없어야 한다. |
| 오후 7시 | **저녁 식사**<br>• 하루의 마지막 식사다. |
| 오후 8시 | **물그릇을 치운다**<br>• 낮 동안 강아지는 신선한 물을 쉽게 마실 수 있어야 한다. 하지만 잠자리에 들기 3시간 전쯤에는 물그릇을 치우는 편이 낫다. 우리 안에서 자다가 화장실에 가는 것은 강아지에게도 성가신 일이기 때문이다. 물을 치운 다음에는 목이 마르지 않아야 하므로 산책을 하거나 활발하게 놀아서는 안 된다. |

| | |
|---|---|
| 오후 8시 30분 | **하루를 정리하는 시간**<br>• 하루 중 가장 편한 시간이다. 강아지를 편안히 눕히고 몸을 구석구석 부드럽게 만져준다[**꾹꾹이**]. 처음에는 강아지를 안아서 편한 자세로 눕힌다. 익숙해지면 [**앉아, 엎드려, 뒤집어**] 기능을 이용해 등을 대고 누운 자세를 취하게 한다.<br>• 귀 청소. 약물이 첨가된 강아지 귀 청소용 거즈는 시중에서 쉽게 구할 수 있다. 이런 제품을 이용해 귀를 깨끗하게 닦아준다. 바깥 귀만 닦아야 한다. 절대로 귓구멍에 밀어 넣어서는 안 된다.<br>• 이 닦기. 반려견용 치약과 칫솔을 사용한다(손가락에 끼우는 칫솔도 있다). 개도 사람처럼 구강 위생이 중요하다. 매일 양치하면 충치, 잇몸 질환 예방뿐 아니라 입냄새도 나지 않는다.<br>• 강아지용 솔로 털을 부드럽게 빗겨준다.<br>• 일주일에 한 번 조심스럽게 발톱을 깎아준다. 발톱 끝부분을 조금씩만 잘라내야 한다. 발톱 하나를 깎을 때마다 간식을 준다. 목표는 발톱을 짧게 깎는 것이 아니라 강아지가 발톱 깎는 느낌에 익숙해지는 것이다. 지혈제 분말과 면봉을 쉽게 손 닿는 곳에 두어 실수로 발톱을 너무 많이 잘랐을 때를 대비한다. 발톱을 자르지 않는 날에도 발톱깎이로 각각의 발톱을 건드려주고, 발가락 사이사이를 문질러주면 좋다. |
| 오후 10시 45분 | **마지막 화장실 가기**<br>• 밖에 데리고 나가 15분 이상 머물며 용변을 보게 한다. 목표는 소변과 대변을 모두 보는 것이다. |
| 오후 11시 | **취침**<br>• 강아지에게 우리로 들어가라고 요청한다[**들어가**]. 필요하다면 우리 속에 간식을 던져준다.<br>• 강아지가 15분 이상 짖거나 운다면 15분간 밖에 데리고 나간다. 소변이나 대변을 보았으면 다시 우리에 들어가게 하고, 그 뒤로는 울어도 무시한다.<br>• 생후 8주 된 강아지가 2시간 이상 자고 일어나서 우는 소리를 낸다면 화장실에 데려가본다.<br>• 생후 12주 된 강아지는 설사나 요로 감염이 없는 한 화장실에 가지 않고 매일 7~8시간을 우리 속에서 보낼 수 있어야 한다.<br><br>강아지가 우리 속에서 자면 한밤중에 아무 데나 돌아다니다가 예상치 못한 장소에 용변 보는 일을 피할 수 있다. |

전체적인 목표는 생후 20주가 되었을 때 강아지가 다음과 같은 능력을 갖추는 것이다.

- 우리에 익숙해진다.
- 대소변을 가릴 수 있다.
- 도기 리더를 썼을 때 목줄을 끌지 않고 산책을 할 수 있다.
- 다음 여덟 가지 기능을 따를 수 있다[**앉아**, **엎드려**, **들어가**, **안 돼**, **쉬 하자**, **나가자**, **기다려**, **오케이**].

**부록 3**

# 설사, 그리고 먹는 것

## 설사에 대처하기

독자들이 이번 장을 볼 일이 없기를 바란다. 하지만 대부분 보게 될 것이다. 4700마리가 넘는 래브라도 리트리버를 조사한 결과, 3분의 1 이상이 한 번 이상 설사를 경험한 것으로 나타났다.[1] 설사는 대부분 생후 8~24주 사이에 발생했다. 우리가 유치원에서 강아지를 훈련하는 기간과 거의 정확히 일치한다. 그러니 우리가 얼마나 경험이 많을지 짐작할 수 있을 것이다.

함께 있을 때 실수를 했다면 즉시 강아지를 15분 이상 밖에 데리고 나간다. 그 사이에 안에서는 실수한 것을 깨끗이 치워야 한다

(그러지 않으면 강아지가 더 넓은 영역을 더럽힐 수 있다). 그 뒤로는 강아지를 30분에 한 번씩 화장실에 데려간다.

낮잠을 자거나 밤에 자고 일어난 뒤에 강아지가 우리 속에 설사한 것을 발견했다면 정확히 다음 지침에 따른다.

무엇보다도 당황하지 말 것. 강아지를 즉시 우리에서 꺼내고 싶을 것이다. 그렇게 해서는 안 된다. 아무것도 만지지 말고, 우선 다음과 같이 필요한 것들을 챙긴다(1단계).

- 소독약
- 낡은 수건 여러 장
- 낡은 걸레
- 종이 타월
- 강아지용 샴푸
- 갈아입을 옷

준비물이 다 갖춰졌으면 강아지를 안전한 곳에 둘 차례다(2단계). 이때 염두에 둘 것은 강아지가 밟은 것, 건드린 것은 모두 깨끗이 닦고 소독해야 한다는 점이다. 최선의 방법은 야외에 강아지가 안전하게 있을 수 있는 제한된 공간을 확보하는 것이다(이때 엑스펜이 유용하다). 기숙사, 아파트처럼 안전하게 둘 곳이 마땅치 않다면 바로 강아지를 목욕시키고 3단계로 진행하는 것도 합리적이다.

3단계는 우리를 청소하는 것이다. 유치원에서 쓰는 강아지용 우리는 바닥을 잡아 뺄 수 있다. 집에서 강아지용 우리를 욕실 바로 옆에 두는 것은 바로 이런 이유에서다. 바닥을 잡아 빼 배설물을 바로 변기에 버리고, 밖에 가지고 나가 호스로 물을 뿌리면 깨끗하게 청소할 수 있다.

4단계는 강아지를 깨끗하게 씻기는 것이다. 우리는 샤워를 선호한다. 한밤중이나 이른 아침에 밖에 데리고 나가 물살을 강하게 해서 호스로 물을 뿌리는 것은 강아지에게나 주인에게나 그리 유쾌한 일이 못 된다. 샤워를 시키더라도 고정식 샤워 헤드는 곤란하다. 샤워 헤드가 달린 기다란 호스가 없다면, 강아지를 집에 데려왔을 때 수도꼭지에 연결하는 제품을 하나 사는 것이 좋다.

강아지의 물기를 닦아준 후 제한된 공간에 넣어둔다(엑스펜을 기억하라). 이 시점에 주인도 샤워가 필요할 것이다. 샤워를 마친 후에는 샤워기를 깨끗이 닦고, 지저분한 수건, 욕실 매트, 잠옷, 헝겊 인형, 기타 부수적 피해를 입은 모든 물품을 세탁기에 던져 넣는다.

마지막 단계로 모든 것을 소독한다. 우리는 레스큐라는 산업용 소독약을 큰 통으로 사놓는다. 욕실 바닥을 닦고, 문손잡이와 세탁기와 난간, 기타 오염되었을 만한 곳을 모두 소독약으로 닦는다. 야외에 강아지를 가둬두었던 곳에도 소독약을 뿌린 후, 호스를 사용해 씻어낸다.

이렇게 복잡한 과정을 거치는 이유는 강아지의 설사 속에 세균과 기생충을 비롯해 다양한 병원체가 존재할 수 있기 때문이다. 그런 병원체에 강아지가 재감염되거나 다른 개들이 감염되는 상황을 원하는 사람은 없을 것이다.

위장관 감염 외에도 강아지들은 온갖 이유로 설사를 한다. 속에서 받지 않는 것을 먹어서일 수도 있고, 너무 많이 먹거나 너무 빨리 먹어서일 수도 있다. 불안하거나 스트레스를 받아서일 수도 있다. 수의사를 찾아가 백신을 맞거나 구충제를 먹고 나서 설사를 하는 녀석도 있다.

가끔 설사를 한다면 전혀 걱정할 필요가 없다. 하지만 아주 어린 강아지는 탈수로 위험해질 수도 있다. 따라서 설사한 후에는 용변을 볼 때마다 잘 살펴서 대변이 평소와 조금이라도 다르다면 수의사에게 알리는 것이 좋다. 우리는 대변을 뒤적이면서 식물성 섬유나 헝겊, 혈액, 이물질 등이 섞여 있지 않은지, 냄새나 색깔이 이상하지 않은지 등을 살핀다.

모든 자원봉사자에게는 브리스틀 대변 척도Bristol Stool Scale를 교육한다. 이 척도는 사람의 위장관 질환이 얼마나 심한지 가늠하기 위해 1997년 브리스틀 왕립병원Bristol Royal Infirmary에서 개발했다. 대변의 모양은 일곱 가지 유형으로 구분하는데 유형 1은 바짝 마르고 조그만 덩어리, 유형 7은 완전한 물설사를 가리킨다.

설사에서는 3이라는 숫자를 기억해야 한다. 유형 6이나 7에 해당하는 변을 세 번 이상 본다면 다음의 설사 대비책을 시행한다.

**브리스톨 대변 척도**

 ① 유형 1 아이쿠! 잘게 뭉쳐진 딱딱한 덩어리로 변을 보기가 힘듦

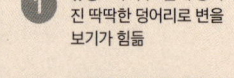 ② 유형 2 형태가 잘 갖춰짐, 굳지만 딱딱하지는 않음, 갈라진 소시지처럼 보임

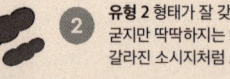 ③ 유형 3 완벽해! 긴 소시지 모양으로 표면이 매끈함

 ④ 유형 4 길고 부드러움, 긴 소시지 모양이지만 물기가 많음

 ⑤ 유형 5 여기까지도 괜찮아, 상당히 물기가 많지만 어느 정도 모양을 갖추고 있음

 ⑥ 유형 6 음, 이런… 형태가 분명하지 않으며 물기가 많으나 고체가 어느 정도 섞여 있음

 ⑦ 유형 7 밤샐 일이 걱정이군, 참지 못하고 완전 액체 상태의 변을 여러 번 봄

- 강아지의 위장관 건강과 산성도pH를 유지해주는 영양제 프로펙탈린을 하루 세 번 먹인다.
- 프로바이오틱스를 한 번 먹인다. 여기에는 요구르트에 들어 있는 것과 똑같은 생균이 들어 있어 위장관 건강에 도움이 된다.
- 매끼 식사량을 30퍼센트 줄인다.

설사, 또는 설사와 구토가 3일 이상 지속되거나 설사를 하면서 처진다면 수의사를 만나야 한다.

## 먹는 것이 중요하다

유치원에서는 강아지가 배설하는 것이 너무나 중요하기 때문에 강아지에게 무엇을 먹일 것인지에 세심한 주의를 기울인다. 케이나인 컴패니언스 강아지는 임무를 수행하는 내내 고품질 사료를 먹인다. 자원봉사자들은 강아지 앞에서 음식을 먹을 수는 있지만(그 자체가 인간이 먹는 음식물에 대해 어떤 태도를 취해야 하는지 좋은 교육이다), 강아지에게 인간이 먹는 음식을 줄 수는 없다. 보조견은 식당에서 바닥에 침을 흘리지 않고 식탁 아래 조용히 엎드려 있어야 한다. 알갱이로 된 사료는 수분이 함유된 식품처럼 주변을 지저분하게 만들지 않으므로 훨씬 편리하다. 양을 측정하기도 쉬워서 수업 중에 강아지가 너무 많은 사료를 먹었다면 점심에서 그만큼 빼고 줄 수도 있다. 또한 일곱 마리의 강아지를 150명이 돌보는 상황에서는 정확한 기록을 남기는 것이 중요하기도 하다.

보조견이 아닌 개라면 우리는 수천 년간 사람이 개를 먹여온 방식대로 먹인다. 우리가 먹다 남긴 것을 준다는 뜻이다. 우리 반려견은 카레와 샐러드, 과일을 먹는다. 아이들이 먹다 남긴 부스러기, 저녁을 준비하다 바닥에 흘린 음식을 먹고, 우리가 먹고 난 접시를 핥기도 한다. 물론 부족한 만큼 알갱이 사료로 채워줘야 하지만, 체중에 주의를 기울이고 충분히 운동을 시키기만 하면 개는 음식물 쓰레기를 줄이는 데 큰 도움이 된다. 넓게 본다면 탄소 발자국을 줄이고 환경에도 더 좋을 것이다.

마거릿은 사람이 먹다 남긴 음식을 개에게 주어도 아무 문제가 없다고 강조한다. 사람이 먹는 것이라면 세균이나 기타 해로운 병원체가 없을 것이기 때문이다. 다만 개에게 독이 되는 몇 가지 음식이 있다. 포도와 포도로 만든 제품, 양파, 마늘, 맥주를 비롯한 술, 자일리톨 등이다. 자일리톨은 인공 감미료와 일부 땅콩버터에 들어 있기 때문에 가려내기가 쉽지 않다. 그 밖에 피해야 할 음식은 수의사와 상의하기 바란다.

먹다 남긴 음식을 주는 것은 저녁 식사 자리로만 한정한다. 그때도 디저트나 초콜릿, 설탕이 든 것은 주지 않는다. 당연히 뼈도 안 된다. 뾰족한 형태로 갈라질 수 있기 때문이다. 하지만 사람이 먹는 것은 대부분 개도 먹을 수 있다. 우리는 많은 연구 결과를 근거로 날것은 피한다. 대장균이나 살모넬라 등 병원균에 오염될 가능성이 있고, 갑상선 질환이나 영양성 골형성장애(강아지의 뼈 질환) 등 심각한 질병을 일으킬 수 있기 때문이다.[2]

## 부록 4

# 깊이 읽기

### 1장 강아지의 뇌

#### "생후 6주가 되면 제대로 볼 수 있지만..."(50쪽)

개는 소위 암순응 시각scotopic vision을 가지고 있어 조도가 낮은 곳에서도 볼 수 있다.[1] 자유롭게 돌아다니며 사는 개들(주인 없이 사는 개들)을 연구한 결과 가장 활발하게 먹이를 찾고 사냥하는 시간은 새벽과 해질 녘이었다.

사람들은 흔히 개가 색맹이어서 사물을 흑백으로 본다고 한다. 그렇지 않다. 개도 색깔을 볼 수 있다. 다만 우리 같은 영장류보다 볼 수 있는 색깔이 더 적을 뿐이다. 개는 파란색과 노란색을 볼 수

있지만, 색맹인 사람처럼 빨간색과 초록색은 잘 구분하지 못한다.[2]

개는 사람보다 시력이 낮아 사물의 상을 우리처럼 뚜렷하게는 보지 못한다. 예컨대 우리가 25미터 밖에서 볼 수 있는 물체를 개는 6미터 이내에 들어왔을 때 알아본다.[3] 또한 개는 깜박임 융합 속도 flicker fusions rate가 우리보다 높다. 깜박임 융합 속도란 깜박이는 상이 하나로 합쳐져 부드러운 상으로 보일 때의 깜박임 횟수를 말한다. 따라서 우리가 부드러운 동작이라고 생각하는 표준 텔레비전 또는 컴퓨터 화면이 깜박이면서 툭툭 끊어지는 영상으로 보이기 때문에 화면에 펼쳐지는 장면들의 의미를 잘 알지 못할 것이다.[4]

심지어 개를 위해 특별히 제작된 동영상을 보더라도 그것을 얼마나 잘 이해할지는 알 수 없다. 예컨대 화상통화를 한다면 화면을 개에게 맞는 속도로 재생해도 화면 속 인물이 주인임을 알아본다는 증거는 별로 없다. 보상과 관련된 사물(예컨대 장난감)의 사진이나 동영상을 보여줄 때도 개의 뇌에서 보상 관련 정보를 처리하는 영역에는 제한된 활성만 나타난다. 이런 결과는 대부분의 개가 이차원 이미지를 보고 그것이 삼차원으로 존재하는 실제 사물의 표상임을 바로 이해하지는 못한다는 뜻일 수 있다.[5]

### "사회화에 결정적으로 중요한 시기라고 생각된다."(51쪽)

이런 결정적인 시기가 언제인지는 부분적으로 다른 포유동물 연구에서 추론한 것이다. 설치류는 내측 전전두피질medial prefrontal cortex, mPFC이 수초화되는 결정적인 시기가 존재한다. 내측 전전두피질은 자제력과 기억력을 필요로 하는 가장 복잡한 형태의 사회적 행동에 관여한다. 이 뇌 영역이 정상적으로 발달하려면 유아기, 그중에서도 젖을 뗀 직후에 사회적 경험이 필요하다. 이 시기에 적절한 사회적 자극을 받지 못한 쥐는 성체가 된 후 사회적 자극이 풍부한 환경에서 생활해도 내측 전전두피질이 정상적으로 수초화되지 않는다.[6]

## 3장 개성을 축복하다

### "어떤 개가 훈련을 성공적으로 마칠 가능성이 큰지까지 예측할 수 있었다."(80~81쪽)

우리는 개를 통해 일반 지능 이론과 다중 지능 이론의 차이를 구분할 기회를 얻었다. 인류학자인 에번 맥클린과 함께 지금까지 개를 대상으로 개발된 것 중 가장 큰 규모의 인지력 검사용 게임들을 개발한 것이다. 우리가 생각할 수 있는 모든 인지력 검사를 포함시킨 결과, 무려 스물다섯 가지 게임으로 구성된 종합 검사가 탄생했다. 개가 하루 1시간씩 검사를 받는다면 모든 게임을 마치는 데 나흘이 걸린다. 이를 이용해 100마리 넘는 성견 반려견을 검사해 우리가 알아낸 것을 모든 반려견에 적용할 수 있는지 확인했다. 또한 200마리가 넘는 보조견과 200마리의 폭탄 탐지견을 생후 18개월경 전문적 훈련을 받기 직전에 같은 방법으로 검사했다. 이를 통해 우리가 제시한 모든 문제를 해결하는 능력과 추후 전문적 훈련을 성공적으로 마치는 것 사이의 관련성을 알아볼 수 있었다. 개가 학습 능력이나 IQ 등 어떤 유형의 일반 지능을 갖고 있을 뿐이라면 모든 게임 성적이 동등하게 나올 것이다. 또한 그 성적을 근거로 더 똑똑한 개와 덜 똑똑한 개를 쉽게 구분할 수 있을 것이다. 하지만 실제로는 그렇지 않았다. 게임 성적은 비슷한 인지 능력을 검사하는 게임끼리 무리 지어 나타나는 경향이 있었다. 한 가지 기억력 게임에서 좋은 성적을 거둔 개는 다른 기억력 게임에서도 좋은 성적을 거두었으며, 소통 능력 게임에서 좋은 성적을 거둔 개는 다른 소통 능력 게임에서도 마찬가지였다. 하지만 기억력이 좋다고 해서 반드시 소통 능력이 좋은 것은 아니었으며, 그 반대도 마찬가지였다.

분석 결과, 개의 인지 능력은 전반적으로 다섯 가지, 어쩌면 여섯 가지 다른 영역으로 분류할 수 있었다. 또한 인지 능력은 개들이 개성을 나타내는 데 가장 중요한 인자였다. 인지 능력의 각 영역은 마치 알파벳의 문자와 같아서 다양한 방식으로 조합 및 재조합할 수 있었다. 이런 조합에 따라 개마다 성격이 생기고, 서로 다른 (어쩌면 독특한) 기술과 편향, 약점이 나타났다. '영리하다'에서 '별로 영리하지 않다'까지 단선적으로 순위를 매길 수 있는 '지능'이 아니라 매우 다양한 인지적 프로필을 지니고 있는 것이다. 추가 분석 결과, 인지력 게임 중 일부에서 거둔 성적이 보조견과 군견에서 모두 훈련 성공 여부와 관련이 있었다. 스물다섯 가지 게임 중 눈 맞추기, 추론하기, 인간의 가리키는 몸짓에 따르는 능력, 자제력 등 열한 가지는 전문적 훈련 성공과 가장 강력하게 연관되었다.

다음 단계는 이 열한 가지 게임만 이용해 또 다른 대규모 보조견 집단을 검사하는 것이었다. 그 결과에 따라 어떤 개가 훈련을 성공적으로 마치고, 어떤 개가 탈락할지 예측해보았다. 우리의 예측은 최대 90퍼센트의 정확도를 보였다. 인지 능력 데이터는 어떤 개가 훈련을 통과할 가능성이 가장 큰지 예측하는 데 특히 쓸모가 있었다. 마침내 성견이 한 시간 내에 수행할 수 있는 몇 가지 게임을 통해 높은 정확도로 훈련 성공 여부를 예측하게 된 것이다.[7]

- **감각**: 강아지가 보고 듣고 냄새 맡을 수 있는지 먼저 검사한다.
- **기질**: 강아지가 낯선 사람, 심지어 낯선 장난감에 어떤 반응을 보이는지 검사한다.
- **사회적 능력**: 협력적 의사소통과 관련된 기본적 마음이론을 검사한다. 여기에는 몇 단계의 난이도별로 강아지가 사람의 몸짓을 얼마나 잘 이해하는지 알아보는 게임들이 포함된다. 우리는 애슈턴, 에이든, 듄에게 처음 시도해보았다. 그 결과를 바탕으로 대부분의 강아지가 쉽게 통과할 것으로 예상되는 표지 시험으로 시작해, 대부분의 강아지가 어려워하는 짧은 지시 동작으로 진행했다. 던진

물건을 물어 오는 게임도 여기 포함시켰다. 함께 놀기 위해 장난감을 도로 가져온다는 것은 기꺼이 협동하려는 성향과 도움을 청하는 능력을 보여주기 때문이다.
- **실행 기능**: 거의 모든 유형의 문제를 해결하는 데 필요한 인지 능력이다. 검사에서는 기억력과 자제력을 측정했다.
- **물리적 세계를 이해하는 능력**: 우리가 '물리학'이라고 부르는 인지 영역이다. 강아지가 물리적 특성을 얼마나 잘 이해하는지 측정하기 때문이다. 게임을 통해 강아지가 고체의 성질을 이해해 간식이 숨겨진 장소를 추론할 수 있는지 측정한다. 이것이 가능하려면 고체끼리는 서로 자유롭게 통과할 수 없다는 사실을 알아야만 한다.

## 6장 똑똑한 유전자

### "보조견의 공급을 늘릴 수 있는 새로운 방법"(133쪽)

우리는 2009년에 처음으로 견종 사이의 인지 능력 차이를 조사했다.[8] 토리 우버Tory Wobber는 작업견과 비작업견이 사람의 협력적 의사소통 몸짓을 읽는 능력을 비교해보고 싶었다. 대략 이때쯤 유전자 염기서열 분석을 통해 대부분의 견종이 지난 100~200년 사이에 출현했지만, 그중에서도 유전적으로 늑대에 더 가까운 몇몇 소위 '고대 견종'이 있다는 사실이 밝혀졌다. 늑대는 개와 달리 인간

| 구분 | 늑대 유사 견종 | 현대 견종 |
|---|---|---|
| 작업견 | **시베리안 허스키**<br>유전적으로 늑대와 비슷한 열한 가지 견종 중 하나로 처음에는 시베리아, 나중에는 알래스카의 동토에서 물건과 사람을 나르는 작업견으로 육종하려는 노력이 집중되었다. | **저먼 셰퍼드**<br>독일 양치기 개에서 육종된 견종으로, 미국에서는 린 틴 틴Rin Tin Tin(제1차 세계대전 중 버려진 독일군 참호에서 발견되어 할리우드 스타가 된 저먼 셰퍼드다. ―옮긴이) 쇼 이후 큰 인기를 끌었다. 그 뒤로 군견, 경찰견, 수색견, 구조견 등 다양한 작업견으로 집중적인 육종이 진행되었다. |
| 비작업견 | **바센지**<br>역시 늑대와 비슷한 견종으로, 최초로 가축화된 개와 용모가 비슷하다고 여겨진다. 고대 바빌론과 메소포타미아 미술품에 등장하며, 파라오에게 공물로 바쳐진 것으로 알려져 있기 때문이다. 이들 고대 문명이 사라진 뒤로도 나일강과 콩고강을 따라 반semi야생 상태로 명맥이 이어졌다. 콩고 지역 사냥꾼들은 사냥견으로 높게 평가하지만, 주인의 도움을 전혀 받지 않고 독립적으로 동물을 쫓고 사냥하므로 작업견으로 간주하지 않는다. | **토이 푸들**<br>두말할 것 없이 현대 견종이다. 스탠더드 푸들은 원래 물속에서 일하던 작업견이었지만, 토이 푸들은 1900년대에 새로 등장한 중산층의 도시적 생활 방식과 아파트라는 주거 환경에 맞춰 작업과 아무 관련 없는 견종으로 개발되었다. |

의 협력적 의사소통 몸짓에 따르지 않으므로, 토리는 늑대와 비슷한 견종과 현대 견종에서 이 능력을 비교했다.

결국 그녀는 네 가지 견종에 주목하게 되었다.

토리는 우리가 개발한 게임들을 이용해 네 가지 견종이 사람의 협력적 의사소통 신호를 얼마나 잘 읽는지 검사했다. 분석 결과, 늑대와 얼마나 가까운지에 관계없이 인간과 함께 일하도록 육종된 개가 그렇지 않은 개보다 협력적 의사소통 몸짓에 따르는 능력이 더 뛰어났다. 이런 결과는 선택 육종을 통해 한 가지 인지 능력이 뛰어난 견종을 만들어낼 수 있으며, 따라서 이런 능력에 유전적 요소가 있을 가능성을 시사한다.

보더콜리가 아나톨리아 셰퍼드보다 협력적 의사소통 몸짓에 따르는 능력이 더 우수하다고 보고한 연구자들도 있지만, 경험이 축적되면 아나톨리아 셰퍼드 역시 이런 능력이 점점 향상된다.[9]

## 8장 결정적 경험

**"그런 경험 없이 자란 동물이 어떻게 되는지 알기 때문이다."**
**(182쪽)**

갓난아기 때 방치된 인간은 성인이 된 후에도 비정상적 행동을 나타낸다. 감정을 조절하고 애착을 형성하는 데도 어려움을 겪는다. 학대당한 어린이는 휴식 시 뇌 활성도 양상이 정상과 다르며, 해마의 크기도 작다.[10] 보호 시설 등에서 심하게 방치된 고아들은 평균 뇌 용적이 작으며, 대뇌 피질의 백질과 회백질이 모두 제대로 발달하지 못한다. 베이스라인 뇌 활성도가 보통 어린이와 다르며 사람의 얼굴에 나타난 감정을 파악하고 처리하는 데도 어려움을 겪는다. 이처럼 인간은 돌보는 사람뿐 아니라 다양한 사람들과 사회적 경험을 필요로 한다. 갓난아기 때 긍정적인 상호작용을 주고받은 사람이 많을수록 보다 포용적인 성인이 된다. 포용적인 사람은 다른 사람과 파트너 관계를 맺고, 더 폭넓게 협력하며, 그들에게서 더 많은 것을 배우므로 문제를 훨씬 잘 해결한다.

지금까지 이야기한 모든 내용은 강아지와 다른 동물에게도 똑같이 적용된다.

### "초기 보살핌 경험이 강아지에게 미치는 영향"(191쪽)

강아지의 모든 경험은 어미에게서 비롯된다. 강아지는 앞을 볼 수 없고, 소리를 들을 수 없으며, 후각도 제대로 발달하지 못한 채 태어나 생후 몇 주간 모든 것을 어미에게 의존한다. 체온도 어미가 유지해주며, 심지어 어미가 성기를 핥아주지 않으면 대소변도 보지 못한다. 어미는 편모인 경우가 많다. 개는 늑대처럼 암수가 협력해서 새끼를 키우지 않는다. 어미 늑대는 새끼들을 수컷에게 맡기고 휴식을 취하거나 먹이를 사냥한다. 하지만 수캐는 가축화에 의해 심리적 변화를 겪은 탓에 강아지를 키우는 암컷을 거의 돕지 않는다.

떠돌이 개 또는 들개란 말은 인간의 개입에 의존하지 않고 자유롭게 돌아다니며 살아가는 모든 개를 가리킨다. 떠돌이 개는 사람이 사는 곳이면 어디든 존재한다. 인간의 마을 주변을 떠돌며 쓰레기통이나 쓰레기 하치장에서 먹을 것을 찾는다. 주인이 없기에 밤이 되어도 집으로 돌아가지 않는다. 들판이나 노변의 도랑, 바위 틈, 배수관 등지에서 잠을 잔다. 혈연 관계가 없는 수컷이 강아지들과 어울려 놀거나 심지어 먹은 것을 입안으로 다시 역류시켜 먹이를 주는 일도 있지만, 일반적으로 수캐는 자기 새끼를 거의 돌보지 않는다. 유일한 돌봄 행동은 은신처를 방어하는 것 정도다.[11]

### "공격성, 불안, 공포 수준도 더 낮았다."(192쪽)

많은 연구 결과, 어미가 정성껏 새끼를 돌보면 여러 가지 이로운 효과가 나타난다. 단기간이라도 어미와 떨어진 강아지들은 비정상적 공포감, 사회적으로 부적절한 행동, 과다행동, 공격성, 학습 능력 저하, 분리 불안, 스트레스 행동 등을 나타낼 위험이 있다.[12] 스웨덴 육군의 연구 결과, 정성을 다해 새끼를 돌보는 어미의 강아지는 두려움을 덜 느끼고, 주변의 사회적 및 물리적 세계와 밀접한 관계를 맺을 가능성이 더 크며, 공격성과 불안과 공포 수준도 더 낮았다.[13] 또 다른 연구에서 자식을 별로 돌보지 않는 어미 밑에서 자란 비글 강아지들은 생후 8주가 되었을 때 사육 환경에 파괴적 행동을 나타내고, 어미와 분리했을 때 고통스럽게 우는 빈도가 더 높았다. 반면 어미가 정성스럽게 보살핀 강아지들은 주변 환경과 긍정적인 상호작용이 증가했으며 고통스러워하는 징후가 훨씬 적게 나타났다.[14]

### "젠틀링, 즉 매일 일정한 신체적 자극을 주는 방식으로…"(194쪽)

이 연구는 50년도 더 전에 수행된 비밀 프로그램을 재현한 것이다. 베트남전쟁 중 미국 정부는 야전에서 미군을 지원하는 군견을 기르고 훈련하는 프로그램을 시작했다. 슈퍼 도그Super Dog로 명명된 이 프로젝트의 목적은 스트레스를 잘 견디고 문제 해결 능력이 뛰어난, 말하자면 영웅적인 개를 길러내는 것이었다. 그 방법은 주로 강아지의 생애 초기 경험을 조작하는 데 집중되었다.[15] 슈퍼독 프로젝트의 공식 기록은 남아 있지 않지만 베트남전쟁에 개를 투입하는 계획은 큰 성공을 거두었다. 심지어 적군은 무기를 든 미군보다 개가 훨씬 위험하다고 할 정도였다.

## 10장 기억을 걷다

### "'개가 우리 곁을 떠나서 오랜 세월이 지난 뒤에도 우리를 기억하느냐'는 것이다."(217쪽)

개가 엄청난 양의 정보를 기억한다는 증거도 있다. 연구 결과, 개는 빠른 의미 연결fast mapping을 수행할 수 있다. 빠른 의미 연결이란 어린이들이 새로운 단어를 기억하고, 언어를 배울 때 사용하는 인지 과정이다.[16] 체이서Chaser라는 개는 1000가지가 넘는 사물의 이름을 기억했다. 일단 이름을 익히면 한 달이 지나도 모두 기억했다. 체이서가 기억하는 장난감, 헝겊 인형, 프리스비, 공의 이름은 통틀어 1022가지에 이르렀다. 녀석이 이름을 익히는 방법은 놀라웠다. 예컨대 열 개의 장난감을 방 안 여기저기 놓아둔다고 하자. 아홉 개의 장난감은 이미 이름을 알고, 나머지 하나인 스머프Smurf 장난감은 이전에 본 적이 없다. 이제 "가서 스머프를 가져와"라고 말하면 체이서는 곧장 스머프에게 달려갔다. 한 번도 본 적이 없고, '스머프'라는 단어를 처음 듣는데도 말이다. 아홉 개의 이름은 기억하고 있기 때문에, 들어본 적 없는 스머프라는 단어가 처음 보는 장난감을 가리킨다고 추론한 것이다. 이런 인지 과정을 빠른 의미 연결이라고 한다. 아이들이 처음 들어보는 단어를 기억하고 언어를 익힐 때 바로 이런 방법을 사용한다.

다른 연구에서는 개에게 주인과 낯선 사람의 목소리를 녹음해 들려준 후 한 장의 사진을 보여주었다. 개들은 녹음된 목소리를 듣는 순간 어떤 사진을 보게 될지 예측했음을 알 수 있었다.[17]

### 11장 요점을 정리하자면

#### "전반적인 패턴이 드러난다."(238쪽)

열한 가지 게임으로 이루어진 종합 검사에서 아홉 가지는 강아지의 특성과 성견이 되었을 때 성공 여부가 관련이 있음을 보여준다.[18] 특히 다음 다섯 가지는 강아지 때의 기능이 안정적으로 보존되어 그대로 성견의 능력으로 이어짐을 강력하게 보여주었다.

- 인간들을 흥미롭게 바라본다.
- 풀리지 않는 과제를 끈질기게 풀려고 한다.
- 원통 시험에서 자제력을 발휘한다.
- 냄새를 감별한다.
- 소통적 지표(대개 가리키는 행동)를 인식한다.

이제 우리는 강아지 때 일련의 게임을 시행해 성견이 되었을 때의 능력을 예측할 수 있게 되었다. 게임은 성견이 훈련에 성공할 것인지와 관련된 능력을 측정하도록 설계되었지만, 가장 큰 장점은 시간을 들여서 훈련하지 않고도 쉽게 시행할 수 있다는 것이다.

# 주석

**들어가며: 콩고, 모든 강아지의 우상**

1. B. Hare, "From Hominoid to Hominid Mind: What Changed and Why?", *Annual Review of Anthropology* 40 (2011): 293~309.

2. B. Hare, "Survival of the Friendliest: Homo Sapiens Evolved via Selection for Prosociality", *Annual Review of Psychology* 68 (2017): 155~186.

3. 브라이언 헤어·버네사 우즈, 김한영 옮김, 《개는 천재다》, 디플롯, 2022.

4. E. E. Bray, M. E. Gruen, G. E. Gnanadesikan, D. J. Horschler, K. M. Levy, B. S. Kennedy, B. A. Hare, E. L. MacLean, "Dog Cognitive Development: A Longitudinal Study across the First 2 Years of Life", *Animal Cognition* 24 (2021): 311~328.

5. E. E. Bray, K. M. Levy, B. S. Kennedy, D. L. Duffy, J. A. Serpell, E. L. MacLean, "Predictive Models of Assistance Dog Train-ing Outcomes Using the Canine Behavioral Assessment and Research Questionnaire and a

Standardized Temperament Evaluation", *Frontiers in Veterinary Science* 6 (2019): 49.

6   B. Hare, M. Ferrans, "Is Cognition the Secret to Working Dog Success?" *Animal Cognition* 24 (2021): 231~237.

7   E. L. MacLean, B. Hare, "Enhanced Selection of Assistance and Explosive Detection Dogs Using Cognitive Measures", *Frontiers in Veterinary Science* (2018): 236.

## 1장 강아지의 뇌

1   브라이언 헤어·버네사 우즈, 이민아 옮김, 《다정한 것이 살아남는다》, 디플롯, 2021.

2   D. Jardim-Messeder, K. Lambert, S. Noctor, F. M. Pestana, M. E. de Castro Leal, M. F. Bertelsen, A. N. Alagaili, O. B. Mohammad, P. R. Manger, S. Herculano-Houzel, "Dogs Have the Most Neurons, Though Not the Largest Brain: Trade-off between Body Mass and Number of Neurons in the Cerebral Cortex of Large Carnivoran Species", *Frontiers in Neuroanatomy* 11 (2017): 118.

3   K. Lord, "A Comparison of the Sensory Development of Wolves (Canis lupus lupus) and Dogs (Canis lupus familiaris)", *Ethology* 119 (2013): 110~120.

4   R. J. Ruben, "The Ontogeny of Human Hearing", *Acta Oto-Laryngologica* 112 (1992): 192~196.

5   M. Fox, "Neuronal Development and Ontogeny of Evoked Potentials in Auditory and Visual Cortex of the Dog", *Electroencephalography and Clinical Neurophysiology* 24 (1968): 213~226.

6   T. Jezierski, J. Ensminger, L. Papet, *Canine Olfaction Science and Law: Advances in Forensic Science, Medicine, Conservation, and Environmental Remediation* (Boca Raton: CRC Press, 2016).

7   M. W. Fox, "Postnatal Growth of the Canine Brain and Correlated Anatomical

and Behavioral Changes during Neuro Onto-genesis", *Growth* 28 (1964): 135~141.

8   M. Fox, "Gross Structure and Development of the Canine Brain", *American Journal of Veterinary Research* 24 (1963): 1240~1247.

9   B. Gross, D. Garcia-Tapia, E. Riedesel, N. M. Ellinwood, J. K. Jens, "Normal Canine Brain Maturation at Magnetic Resonance Imaging", *Veterinary Radiology & Ultrasound* 51 (2010): 361~373.

## 2장 유치원 갈 준비

1   B. Hare, "From Hominoid to Hominid Mind: What Changed and Why?", *Annual Review of Anthropology* 40 (2011): 293~309.

2   M. Tomasello, *Becoming Human: A Theory of Ontogeny* (Cambridge, MA: Harvard University Press, 2019).

3   Hare, "From Hominoid to Hominid Mind", 293~309.

4   B. Hare, M. Ferrans, "Is Cognition the Secret to Working Dog Success?", *Animal Cognition* 24 (2021): 231~237.

5   브라이언 헤어·버네사 우즈, 《개는 천재다》.

6   Hare, Ferrans, "Is Cognition the Secret to Working Dog Success?", 231~237.

7   B. Hare, J. Call, M. Tomasello, "Communication of Food Loca-tion between Human and Dog (Canis familiaris)", *Evolution of Communication* 2 (1998): 137~159.

8   F. Rossano, M. Nitzschner, M. Tomasello, "Domestic Dogs and Puppies Can Use Human Voice Direction Referentially", *Proceedings of the Royal Society B: Biological Sciences* 281 (2014): 20133201.

9   B. Hare, M. Tomasello, "Domestic Dogs (Canis familiaris) Use Human and Conspecific Social Cues to Locate Hidden Food", *Journal of Comparative Psychology* 113 (1999): 173.

10   E. L. MacLean, E. Herrmann, S. Suchindran, B. Hare, "Individual Differences

in Cooperative Communicative Skills Are More Similar Between Dogs and Humans than Chimpanzees", *Animal Behaviour* 126 (2017): 41~51.

11  Hare, Ferrans, "Is Cognition the Secret to Working Dog Success?", 231~237.

12  Hare, Tomasello, "Domestic Dogs (Canis familiaris) Use Human and Conspecific Social Cues", 173.

13  B. Hare, M. Brown, C. Williamson, M. Tomasello, "The Domestication of Social Cognition in Dogs", *Science* 298 (2002): 1634~1636.

14  H. Salomons, K. C. Smith, M. Callahan-Beckel, M. Callahan, K. Levy, B. S. Kennedy, E. E. Bray, G. E. Gnanadesikan, D. J. Horschler, M. Gruen, "Cooperative Communication with Humans Evolved to Emerge Early in Domestic Dogs", *Current Biology* 31 (2021): 3137~3144, e3111.

15  J. Riedel, K. Schumann, J. Kaminski, J. Call, M. Tomasello, "The Early Ontogeny of Human-Dog Communication", *Animal Behaviour* 75 (2008): 1003~1014.

16  MacLean, Herrmann, Suchindran, Hare, "Individual Differ-ences in Cooperative Communicative Skills", 41~51.

## 3장 개성을 축복하다

1  E. E. Bray, K. M. Levy, B. S. Kennedy, D. L. Duffy, J. A. Serpell, E. L. MacLean, "Predictive Models of Assistance Dog Training Outcomes Using the Canine Behavioral Assessment and Research Questionnaire and a Standardized Temperament Evaluation", *Frontiers in Veterinary Science* 6 (2019): 49.

2  E. M. Macphail, J. J. Bolhuis, "The Evolution of Intelligence: Adaptive Specializations versus General Process", *Biological Reviews* 76 (2001): 341~364.

3  E. L. MacLean, E. Herrmann, S. Suchindran, B. Hare, "Individual Differences in Cooperative Communicative Skills Are More Similar Between Dogs and

Humans than Chimpanzees".

4   Ibid.
5   L. Lazarowski, S. Krichbaum, L. P. Waggoner, J. S. Katz, "The Development of Problem- solving Abilities in a Population of Candidate Detection Dogs (Canis familiaris)", *Animal Cognition* 23 (2020): 755~768.
6   A. Horowitz, "Disambiguating the 'Guilty Look': Salient Prompts to a Familiar Dog Behaviour", *Behavioural Processes* 81 (2009): 447~452.
7   J. Kaminski, B. M. Waller, R. Diogo, A. Hartstone-Rose, A. M. Burrows, "Evolution of Facial Muscle Anatomy in Dogs", *Proceedings of the National Academy of Sciences* 116 (2019): 14677~14681.
8   B. M. Waller, K. Peirce, C. C. Caeiro, L. Scheider, A. M. Burrows, S. McCune, J. Kaminski, "Paedomorphic Facial Expressions Give Dogs a Selective Advantage", *PLoS One* 8 (2013): e82686.
9   E. E. Bray, M. E. Gruen, G. E. Gnanadesikan, D. J. Horschler, K. M. Levy, B. S. Kennedy, B. A. Hare, E. L. MacLean, "Dog Cognitive Development: A Longitudinal Study across the First 2 Years of Life", *Animal Cognition* 24 (2021): 311~328.

## 4장 스스로 통제하기

1   Y. Shoda, W. Mischel, P. K. Peake, "Predicting Adolescent Cognitive and Self-regulatory Competencies from Preschool Delay of Gratification: Identifying Diagnostic Conditions", *Developmental Psychology* 26 (1990): 978.
2   Falk, A., Kosse, F., Pinger, P., "Re-Revisiting the Marshmallow Test: A Direct Comparison of Studies by Shoda, Mischel, and Peake (1990), and Watts, Duncan, and Quan (2018)", *Psychological Science*, 31(1) (2020): 100~104.
3   J. P. Tangney, R. F. Baumeister, A. L. Boone, "High Self- control Predicts Good Adjustment, Less Pathology, Better Grades, and Interpersonal Success", *Journal of Personality* 72 (2004): 271~324.

4 E. L. MacLean, B. Hare, C. L. Nunn, E. Addessi, F. Amici, R. C. Anderson, F. Aureli, J. M. Baker, A. E. Bania, A. M. Bar-nard, "The Evolution of Self-control." *Proceedings of the National Academy of Sciences* 111 (2014): E2140~E2148.

5 E. L. MacLean, B. Hare, "Enhanced Selection of Assistance and Explosive Detection Dogs Using Cognitive Measures", *Frontiers in Veterinary Science* (2018): 236.

6 N. J. Rooney, S. A. Gaines, J. W. S. Bradshaw, S. Penman, "Validation of a Method for Assessing the Ability of Trainee Specialist Search Dogs", *Applied Animal Behaviour Science* 103 (2007): 90~104.

## 5장 놀라운 성공 지표

1 B. L. Hart, L. A. Hart, A. P. Thigpen, A. Tran, M. J. Bain, "The Paradox of Canine Conspecific Coprophagy", *Veterinary Medicine and Science* 4 (2018): 106~114.

2 B. Boze, "A Comparison of Common Treatments for Coprophagy in Canis familiaris", *Journal of Applied Companion Animal Behavior* 2 (2008): 22~28.

3 E. E. Bray, K. M. Levy, B. S. Kennedy, D. L. Duffy, J. A. Serpell, E. L. MacLean, "Predictive Models of Assistance Dog Training Outcomes Using the Canine Behavioral Assessment and Research Questionnaire and a Standardized Temperament Evaluation", *Frontiers in Veterinary Science* 6 (2019): 49.

4 E. Raffan, R. J. Dennis, C. J. O'Donovan, J. M. Becker, R. A. Scott, S. P. Smith, D. J. Withers, C. J. Wood, E. Conci, D. N. Clements, "A Deletion in the Canine POMC Gene Is As-sociated with Weight and Appetite in Obesity- prone Labrador Retriever Dogs", *Cell Metabolism* 23 (2016): 893~900.

5 B. Osthaus, S. E. Lea, A. M. Slater, "Dogs (Canis lupus familia-ris) Fail to

Show Understanding of Means-end Connections in a String-Pulling Task", *Animal Cognition* 8 (2005): 37~47.

**6** Ibid.

**7** E. L. MacLean, B. Hare, "Enhanced Selection of Assistance and Explosive Detection Dogs Using Cognitive Measures", *Frontiers in Veterinary Science* (2018): 236.

### 6장 똑똑한 유전자

**1** E. L. MacLean, B. Hare, "Enhanced Selection of Assistance and Explosive Detection Dogs Using Cognitive Measures".

**2** E. A. Ostrander, A. Ruvinsky, *The Genetics of the Dog* (Wallingford, Oxon: CABI Publishing, 2012).

**3** A. R. Boyko, P. Quignon, L. Li, J. J. Schoenebeck, J. D. Degen-hardt, K. E. Lohmueller, K. Zhao, A. Brisbin, H. G. Parker, B. M. Vonholdt, "A Simple Genetic Architecture Underlies Mor-phological Variation in Dogs", *PLoS Biology* 8 (2010): e1000451.

**4** E. Turkheimer, "Three Laws of Behavior Genetics and What They Mean", *Current Directions in Psychological Science* 9 (2000): 160~164.

**5** N. G. Gregory, T. Grandin, *Animal Welfare and Meat Science* (Wallingford, Oxon: CABI Publishing, 1998).

**6** H. Ritvo, "Pride and Pedigree: The Evolution of the Victorian Dog Fancy", *Victorian Studies* 29 (1986): 227~253.

**7** Ibid.

**8** Ibid.

**9** J. Gayon, "From Mendel to Epigenetics: History of Genetics", *Comptes Rendus Biologies* 339 (2016): 225~230.

**10** N. B. Sutter, C. D. Bustamante, K. Chase, M. M. Gray, K. Zhao, L. Zhu, B. Padhukasahasram, E. Karlins, S. Davis, P. G. Jones, "A Single IGF1 Allele Is a

Major Determinant of Small Size in Dogs", *Science* 316 (2007): 112~115.

**11** H. G. Parker, K. Chase, E. Cadieu, K. G. Lark, E. A. Ostrander, "An Insertion in the RSPO2 Gene Correlates with Improper Coat in the Portuguese Water Dog", *Journal of Heredity* 101 (2010): 612~617.

**12** S. Coren, *The Intelligence of Dogs: A Guide to the Thoughts, Emotions, and Inner Lives of Our Canine Companions* (Manhattan, NY: Simon and Schuster, 2006).

**13** V. Wobber, B. Hare, J. Koler-Matznick, R. Wrangham, M. Tomasello, "Breed Differences in Domestic Dogs' (Canis familiaris) Comprehension of Human Communicative Signals", *Interaction Studies* 10 (2009): 206~224.

**14** L. Stewart, E. L. MacLean, D. Ivy, V. Woods, E. Cohen, K. Rodriguez, M. McIntyre, S. Mukherjee, J. Call, J. Kaminski, "Citizen Science as a New Tool in Dog Cognition Research", *PloS One* 10 (2015): e0135176.

**15** Ibid.

**16** Ibid.

**17** D. J. Horschler, B. Hare, J. Call, J. Kaminski, Á. Miklósi, E. L. MacLean, "Absolute Brain Size Predicts Dog Breed Differences in Executive Function", *Animal Cognition* 22 (2019): 187~198; published online Epub2019/03/01 (10.1007/s10071-018-01234-1).

**18** Ibid.

**19** G. E. Gnanadesikan, B. Hare, N. Snyder-Mackler, E. L. MacLean, "Estimating the Heritability of Cognitive Traits across Dog Breeds Reveals Highly Heritable Inhibitory Control and Communication Factors", *Animal Cognition* 23 (2020): 953~964.

**20** H. G. Parker, D. L. Dreger, M. Rimbault, B. W. Davis, A. B. Mullen, G. Carpintero-Ramirez, E. A. Ostrander, "Genomic Analyses Reveal the Influence of Geographic Origin, Migration, and Hybridization on Modern Dog Breed Development", *Cell Reports* 19 (2017): 697~708.

**21** Gnanadesikan, Hare, Snyder-Mackler, MacLean, "Estimating the Heritability of Cognitive Traits", 953~964.

**22** G. E. Gnanadesikan, B. Hare, N. Snyder-Mackler, J. Call, J. Kaminski, Á. Miklósi, E. L. MacLean, "Breed Differences in Dog Cognition Associated with Brain- Expressed Genes and Neurological Functions", *Integrative and Comparative Biology* 60 (2020): 976~990.

## 7장 견종이 전부가 아니다

**1** D. Rettew, *Child Temperament: New Thinking about the Boundary between Traits and Illness* (NYC: W. W. Norton & Company, 2013).

**2** J. Kagan, N. Snidman, *The Long Shadow of Temperament* (Cambridge, MA: Harvard University Press, 2009).

**3** Rettew, *Child Temperament*.

**4** Ibid.

**5** E. L. MacLean, L. R. Gesquiere, M. E. Gruen, B. L. Sherman, W. L. Martin, C. S. Carter, "Endogenous Oxytocin, Vasopressin, and Aggression in Domestic Dogs", *Frontiers in Psychology* 8 (2017): 1613.

**6** Ibid.

**7** Ibid.

**8** E. L. MacLean, B. Hare, "Dogs Hijack the Human Bonding Pathway", *Science* 348 (2015): 280~281.

**9** N. Marsh, A. A. Marsh, M. R. Lee, R. Hurlemann, "Oxytocin and the Neurobiology of Prosocial Behavior", *The Neuroscientist* 27 (2021): 604~619.

**10** Ibid.

**11** MacLean, Hare, "Dogs Hijack the Human Bonding Pathway", 280~281.

**12** B. M. Waller, K. Peirce, C. C. Caeiro, L. Scheider, A. M. Burrows, S. McCune, J. Kaminski, "Paedomorphic Facial Expressions Give Dogs a Selective

Advantage", *PLoS One* 8 (2013): e82686.

13 E. L. MacLean, L. R. Gesquiere, N. R. Gee, K. Levy, W. L. Martin, C. S. Carter, "Effects of Affiliative Human-Animal Interaction on Dog Salivary and Plasma Oxytocin and Vasopressin", *Frontiers in Psychology* 1606 (2017).

14 M. Nagasawa, T. Kikusui, T. Onaka, M. Ohta, "Dog's Gaze at Its Owner Increases Owner's Urinary Oxytocin During Social Interaction", *Hormones and Behavior* 55 (2009): 434~441.

15 S. C. Miller, C. C. Kennedy, D. C. DeVoe, M. Hickey, T. Nelson, L. Kogan, "An Examination of Changes in Oxytocin Levels in Men and Women Before and After Interaction with a Bonded Dog", *Anthrozoös* 22 (2009): 31~42.

16 Waller, Peirce, Caeiro, Scheider, Burrows, McCune, Kaminski, "Paedomorphic Facial Expressions Give Dogs a Selective Advantage", e82686.

17 Nagasawa, Kikusui, Onaka, Ohta, "Dog's Gaze at Its Owner Increases Owner's Urinary Oxytocin during Social Interaction", 434~441.

18 F. W. Nicholas, E. R. Arnott, P. D. McGreevy, "Hybrid Vigour in Dogs?", *The Veterinary Journal* 214 (2016): 77~83.

19 J. Yordy, C. Kraus, J. J. Hayward, M. E. White, L. M. Shannon, K. E. Creevy, D. E. Promislow, A. R. Boyko, "Body Size, Inbreeding, and Lifespan in Domestic Dogs", *Conservation Genetics* 21 (2020): 137~148.

## 8장 결정적 경험

1 K. Lord, "A Comparison of the Sensory Development of Wolves (Canis lupus lupus) and Dogs (Canis lupus familiaris)", *Ethology* 119 (2013): 110~120.

2 L. N. Trut, "Early Canid Domestication: The Farm-Fox Experiment: Foxes Bred for Tamability in a 40 year Experiment Exhibit Remarkable Transformations that Suggest an Interplay between Behavioral Genetics and Development", *American Scientist* 87 (1999): 160~169.

3 E. E. Bray, M. D. Sammel, D. L. Cheney, J. A. Serpell, R. M. Seyfarth,

"Characterizing Early Maternal Style in a Population of Guide Dogs", *Frontiers in Psychology* 8 (2017): 175.

4   E. E. Bray, M. D. Sammel, D. L. Cheney, J. A. Serpell, R. M. Seyfarth, "Effects of Maternal Investment, Temperament, and Cognition on Guide Dog Success", *Proceedings of the National Academy of Sciences* 114 (2017): 9128~9133.

5   P. Foyer, E. Wilsson, P. Jensen, "Levels of Maternal Care in Dogs Affect Adult Offspring Temperament", *Scientific Reports* 6 (2016): 19253.

6   H. Vaterlaws-Whiteside, A. Hartmann, "Improving Puppy Behavior Using a New Standardized Socialization Program", *Applied Animal Behaviour Science* 197 (2017), 55~61.

7   A. Gazzano, C. Mariti, L. Notari, C. Sighieri, E. A. McBride, "Effects of Early Gentling and Early Environment on Emotional Development of Puppies", *Applied Animal Behaviour Science* 110 (2008): 294~304.

## 9장 어서 와, 우리 집은 처음이지

1   N. Bunford, V. Reicher, A. Kis, Á. Pogány, F. Gombos, R. Bódizs, M. Gácsi, "Differences in Pre-sleep Activity and Sleep Location Are Associated with Variability in Daytime/Nighttime Sleep Electrophysiology in the Domestic Dog", *Scientific Reports* 8 (2018): 1~10.

2   R. Bódizs, A. Kis, M. Gácsi, J. Topál, "Sleep in the Dog: Comparative, Behavioral and Translational Relevance", *Current Opinion in Behavioral Sciences* 33 (2020): 25~33.

3   G. J. Adams, K. Johnson, "Sleep-Wake Cycles and Other Nighttime Behaviours of the Domestic Dog Canis familiaris", *Applied Animal Behaviour Science* 36 (1993): 233~248.

4   Bunford, Reicher, Kis, Pogány, Gombos, Bódizs, Gácsi, "Differences in Pre-sleep Activity and Sleep Location Are Associated with Variability in Daytime/

Nighttime Sleep Electrophysiology in the Domestic Dog", 1~10.

**5** D. Oudiette, M.- J. Dealberto, G. Uguccioni, J.- L. Golmard, M. Merino-Andreu, M. Tafti, L. Garma, S. Schwartz, I. Arnulf, "Dreaming without REM Sleep", *Consciousness and Cognition* 21 (2012): 1129~1140.

**6** M. Fox, G. Stanton, "A Developmental Study of Sleep and Wakefulness in the Dog", *Journal of Small Animal Practice* 8 (1967): 605~611.

**7** P. M. Miller, M. L. Commons, "The Benefits of Attachment Parenting for Infants and Children: A Behavioral Developmental View", *Behavioral Development Bulletin* 16 (2010): 1.

**8** Ibid.

## 10장 기억을 걷다

**1** L. R. Squire, B. Knowlton, G. Musen, "The Structure and Organization of Memory", *Annual Review of Psychology* 44 (1993): 453~495.

**2** E. T. Rolls, "Memory Systems in the Brain", *Annual Review of Psychology* 51 (2000): 599~630.

**3** N. Cowan, "What Are the Differences between Long-term, Short-term, and Working Memory?", *Progress in Brain Research* 169 (2008): 323~338.

**4** Squire, Knowlton, Musen, "The Structure and Organization of Memory", 453~495.

**5** P. G. Hepper, "Long-term Retention of Kinship Recognition Established during Infancy in the Domestic Dog", *Behavioural Processes* 33 (1994): 3~14.

**6** E. L. MacLean, B. Hare, "Enhanced Selection of Assistance and Explosive Detection Dogs Using Cognitive Measures", *Frontiers in Veterinary Science* (2018): 236.

**7** G. Martin-Ordas, J. Call, "Memory Processing in Great Apes: The Effect of Time and Sleep", *Biology Letters* 7 (2011): 829~832.

8   I. B. Iotchev, A. Kis, R. Bódizs, G. van Luijtelaar, E. Kubinyi, "EEG Transients in the Sigma Range during Non-REM Sleep Predict Learning in Dogs", *Scientific Reports* 7 (2017): 1~11.

9   R. Bódizs, A. Kis, M. Gácsi, J. Topál, "Sleep in the Dog: Comparative, Behavioral and Translational Relevance", *Current Opinion in Behavioral Sciences* 33 (2020): 25~33.

10  K. Louie, M. A. Wilson, "Temporally Structured Replay of Awake Hippocampal Ensemble Activity during Rapid Eye Movement Sleep", *Neuron* 29 (2001): 145~156.

11  D. J. Foster, M. A. Wilson, "Reverse Replay of Behavioural Sequences in Hippocampal Place Cells during the Awake State", *Nature* 440 (2006): 680~683.

## 11장 요점을 정리하자면

1   E. Turkheimer, "Three Laws of Behavior Genetics and What They Mean", *Current Directions in Psychological Science* 9 (2000): 160~164.

2   M. Francesconi, J. J. Heckman, "Child Development and Parental Investment: Introduction", *The Economic Journal* 126 (2016): F1~F27.

## 12장 개도 늙는다

1   B. J. Cummings, E. Head, W. Ruehl, N. W. Milgram, C. W. Cotman, "The Canine as an Animal Model of Human Aging and Dementia", *Neurobiology of Aging* 17 (1996): 259~268.

2   M. M. Watowich, E. L. MacLean, B. Hare, J. Call, J. Kaminski, Á. Miklósi, N. Snyder-Mackler, "Age Influences Domestic Dog Cognitive Performance Independent of Average Breed Life-span", *Animal Cognition* 23 (2020): 795~805.

### 부록 3: 설사, 그리고 먹는 것

1 C. A. Pugh, B. M. d. C. Bronsvoort, I. G. Handel, D. Querry, E. Rose, K. M. Summers, D. N. Clements, "Incidence Rates and Risk Factor Analyses for Owner Reported Vomiting and Diarrhoea in Labrador Retrievers—Findings from the Dogslife Cohort", *Preventive Veterinary Medicine* 140 (2017): 19~29.

2 D. P. Schlesinger, D. J. Joffe, "Raw Food Diets in Companion Animals: A Critical Review", *The Canadian Veterinary Journal* 52 (2011): 50; R. Finley, C. Ribble, J. Aramini, M. Vandermeer, M. Popa, M. Litman, R. Reid-Smith, "The Risk of Salmonellae Shedding by Dogs Fed Salmonella-contaminated Commercial Raw Food Diets", *The Canadian Veterinary Journal* 48 (2007): 69; O. Nilsson, "Hygiene Quality and Presence of ESBL-Producing Escherichia coli in Raw Food Diets for Dogs", *Infection Ecology & Epidemiology* 5 (2015): 28758.

### 부록 4: 깊이 읽기

1 S.-E. Byosiere, P. A. Chouinard, T. J. Howell, P. C. Bennett, "What Do Dogs (Canis familiaris) See? A Review of Vision in Dogs and Implications for Cognition Research", *Psychonomic Bulletin & Review* 25 (2018): 1798~1813.

2 M. Siniscalchi, S. d'Ingeo, S. Fornelli, A. Quaranta, "Are Dogs Red-Green Colour Blind?", *Royal Society Open Science* 4 (2017): 170869.

3 Byosiere, Chouinard, Howell, Bennett, "What Do Dogs (Canis familiaris) See?", 1798~1813.

4 Ibid.

5 A. Prichard, R. Chhibber, K. Athanassiades, V. Chiu, M. Spivak, G. S. Berns, "2D or Not 2D? An fMRI Study of How Dogs Visually Process Objects", *Animal Cognition* (2021): 1~9.

6 M. Makinodan, K. M. Rosen, S. Ito, G. Corfas, "A Critical Period for Social

Experience-Dependent Oligodendrocyte Maturation and Myelination", *Science* 337 (2012): 1357~1360.

**7** MacLean, E. L., B. Hare, "Enhanced Selection of Assistance and Explosive Detection Dogs Using Cognitive Measures", *Frontiers in Veterinary Science* 5 (2018): 408876.

**8** V. Wobber, B. Hare, J. Koler-Matznick, R. Wrangham, M. Toma-sello, "Breed Differences in Domestic Dogs' (Canis familiaris) Comprehension of Human Communicative Signals", *Interaction Studies* 10 (2009): 206~224.

**9** M. A. Udell, M. Ewald, N. R. Dorey, C. D. Wynne, "Exploring Breed Differences in Dogs (Canis familiaris): Does Exaggeration or Inhibition of Predatory Response Predict Performance on Human- Guided Tasks?", *Animal Behaviour* 89 (2014): 99~105.

**10** P. Tomalski, M. H. Johnson, "The Effects of Early Adversity on the Adult and Developing Brain", *Current Opinion in Psychiatry* 23 (2010): 233~238.

**11** S. K. Pal, "Parental Care in Free-Ranging Dogs, Canis familiaris", *Applied Animal Behaviour Science* 90 (2005): 31~47; L. Boitani, P. Ciucci, A. Ortolani, "Behaviour and Social Ecology of Free-Ranging Dogs", *The Behavioural Biology of Dogs* (2007): 147~165; M. Paul, A. Bhadra, "The Great Indian Joint Families of Free- Ranging Dogs", *PloS One* 13 (2018): e0197328.

**12** H. Vaterlaws-Whiteside, A. Hartmann, "Improving Puppy Behavior Using a New Standardized Socialization Program", *Applied Animal Behaviour Science* 197 (2017): 55~61.

**13** P. Foyer, E. Wilsson, P. Jensen, "Levels of Maternal Care in Dogs Affect Adult Offspring Temperament", *Scientific Reports* 6 (2016): 19253.

**14** G. Guardini, C. Mariti, J. Bowen, J. Fatjó, S. Ruzzante, A. Martorell, C. Sighieri, A. Gazzano, "Influence of Morning Maternal Care on the Behavioural Responses of 8-Week-Old Beagle Puppies to New Environmental and Social Stimuli", *Applied Animal Behaviour Science* 181 (2016): 137~144.

**15** C. L. Battaglia, "Periods of Early Development and the Effects of Stimulation and Social Experiences in the Canine", *Journal of Veterinary Behavior* 4 (2009): 203~210.

**16** J. W. Pilley, "Border Collie Comprehends Sentences Containing a Prepositional Object, Verb, and Direct Object", *Learning and Motivation* 44 (2013): 229~240; J. W. Pilley, A. K. Reid, "Border Collie Comprehends Object Names as Verbal Referents", *Behavioural Processes* 86 (2011), 184~195.

**17** Adachi, I., Kuwahata, H., Fujita, K., "Dogs Recall Their Owner's Face Upon Hearing the Owner's Voice", *Animal Cognition* 10 (2007): 17~21.

**18** E. E. Bray, M. E. Gruen, G. E. Gnanadesikan, D. J. Horschler, K. M. Levy, B. S. Kennedy, B. A. Hare, E. L. MacLean, "Dog Cognitive Development: A Longitudinal Study across the First 2 Years of Life", *Animal Cognition* 24 (2021): 311~328.

# 찾아보기

C-BARQ 121

감각  49~52, 82~83, 182, 198, 216, 303
　강아지 때의 발달 49~52
　기억(기억력) 216
　생후 8주 52
　시각 50
　첫 번째 인지 영역 82
　청각 50
　출생 직후의 감각 49
　후각 50
감별 능력 80
강아지의 뇌 39, 45~52, 56, 151, 232
　가장 빠른 발달 시기 45
　강아지 뇌에 대한 가장 중요한 발견 232
　개 인지 종적 종합 검사 39
　견종 크기에 따른 차이 151, 156
　경험에 의한 영향 45
　고양이 뇌와 비교 48
　기질 52
　뇌이랑 형성 과정 51
　뉴런 수 48
　다른 포유류와 비교 48
　백질과 회백질의 강도 51
　생후 8주 52
　성장 46, 52

시각 49~50
신경망의 수초화 51
실행 기능(문제 해결) 47
운동 피질과 자발적 움직임(생후 6주) 232
인간 뇌와의 비교 46~48
인지 56, 232
인지적 특성 52
지능 발달 232
청각 49~50
촉각 49~50
출생 49, 232
학교 갈 준비 52
후각망울 50

강아지 입양 29, 38, 143, 176, 218, 249

개
가족 구성원으로의 인식 변화 37
가축화 30, 39, 72, 74, 182, 234, 236, 305, 307
개별성 132, 181, 232
게임에 대한 애정
경보 장치로서의 역할 171
노화 255, 258~259
뇌 39, 45~52, 56, 151, 232
마음이론 62~64, 68, 82, 143, 303
미국 애견가 클럽 150
사회적 능력 30, 37, 52, 56, 72, 74, 80, 82~83, 234, 303
수염 50
시각 및 색상 인식 299~300
우리에게 주는 선물 265~273
인간 아기와의 사회적 유사성 48~50
인지 기능 테스트 35~36
출생 시 시각과 청각 48~50
출생 시의 무력함 48~50
협력적 의사소통 71, 82, 149, 151, 153, 156, 234~235, 240, 245, 303, 305~306
후각 49~50, 87, 113, 232~233, 307

'강아지의 뇌'도 참고할 것.

개 인지 종적 종합 검사 39, 83, 301
개 침대 200~201
개별성 132, 181, 232
개성 32~32, 45, 52, 56, 78~80, 84, 90, 92, 94, 155~156, 255, 302
견종 158~159
군견 80, 113~114, 118, 132, 174~175, 177, 233, 303, 305, 309
기질 161~163
다중 지능 이론 79, 301
문제 해결 방식 162
보조견에게 적합한 것 33, 115
보조견으로서의 성공 예측 32~33, 35, 40, 82, 93, 112, 126, 221, 240, 270, 301

비전형으로서 진델 158~160, 168
스냅숏 92
스탠리의 완벽함 208~209
스파키 209~210
웨스턴의 성격 특성 99, 101~102, 105, 107~108, 110~112
유전학 140
인지 78~80, 302
일관성 132, 158, 161
자제력 162~163
잭스와 보조견의 특성 118~119, 123~126
전형적인 래브라도로서 아서 134~136
정의 32
측정 33, 56, 78, 80~83, 90, 92, 96~97, 144~145, 147, 150, 154, 158, 161, 173, 215, 228, 262~263, 304, 311
한배 출생 84, 90, 93, 107, 132, 208, 210
환경 35, 37, 87, 130, 133, 144, 148, 153, 163, 178, 181~184, 200, 212, 240, 253, 260, 301, 305, 308
'기질'도 참고할 것.
개의 감정과 인지Dog Emotion and Cognition 245
개의 노화 255, 258~259

인지적 퇴화 258~259
집 개조 260
징후 255, 259~260
콩고 255, 258~260
큰 개와 작은 개의 수명 차이 259
견종 131, 132, 134, 137~145, 148~156, 158, 168, 176~180, 259, 304~306
개성 158~159
개체별 차이 132~133
견종의 미래 176~178
견종의 수 138
기억(기억력) 150, 152
기질 168
기타 나나데시칸의 연구 153~154
도그니션 145~153, 155, 232, 245, 259
미국 애견가 클럽 150
변이 유전자 EML1과 자제력 154~155
보조견 142~143
비작업견 304~305
선택 육종 133, 156,
영국 134
영리한(똑똑한) 개 155~156, 158, 168, 171, 176~177, 306
외모 141, 143, 156
유전적 특성 152~155
이름과 전통적인 역할 137

인지적 차이 78, 132, 144, 150, 241
입양 29, 38, 116, 143, 173, 176, 178~179, 218, 249, 258
자제력 156
작업견 112, 149~150, 194~195, 231, 304~305
조류 사냥견 149~150
지능 143~145
최초의 경연대회 139
특성으로서의 크기 151
특정 견종에 대한 선호 131~133
현대 견종 138, 305
협력적 의사소통 71, 82, 149, 151, 153, 156, 234~235, 240, 245, 303, 305~306
형태학적 특징 132
골든 리트리버 31, 132, 142
공격성 29, 171, 192, 308
군견 80~81, 113~114, 118, 132, 174~175, 177, 233, 252, 303, 305, 309
눈 맞추기 177
래브라도 리트리버 132, 175
슈퍼 도그 프로젝트 309
이름 113
인지력 게임과 훈련 성공의 관계 302~303
자제력 156
장난감과 간식 114
투지 113, 118
폭탄 탐지견 112~115
그레이트 데인 132
그루언, 마거릿 Gruen, Margaret 87~88, 118, 145, 196, 275, 298
긍정적 강화(훈련) 33, 104, 249
기억(기억력) 34~35, 37, 42, 71, 79~83, 92, 94, 97, 99, 113, 143, 148~154, 174, 186, 214~230, 233, 239~240, 248, 261~262, 301~302, 304, 309~310
강아지 때의 발현과 숙달 233
강아지에게 중요성 34
개가 기억할 수 있는 정보의 양 309~310
개성 94
견종 150, 152
기억력 게임 79~80, 147, 151
레인보우와 새시가 가장 좋아하는 게임 227~229
레인보우의 기억력 테스트 222
보조견으로서의 성공 예측 113, 153
빠른 의미 연결 309~310
새시의 기억력 테스트 222
수면 224~226
어미를 기억하는 것 217~218
유전성 143, 153~155

작업 기억 81, 216, 221~222, 224,
　　　226, 228, 239
　　작은 개와 큰 개의 비교 151~152
　　장기 기억 215, 217~219, 221, 224,
　　　230, 248
　　장기 기억과 작업 기억의 상호작용
　　　221
　　장시간 떨어져 지낸 후 주인을 기억
　　　하는 것 217~218
　　체이서 309~310
　　콩고 218~221
기질 33, 35, 37, 52, 82~83, 121, 132,
　154, 161~163, 168, 172, 176~178,
　181~182, 186, 189~190, 241, 303
　　C-BARQ 121
　　강아지 때의 발현 52
　　개성 161~163
　　견종 168
　　고전적 래브라도 133~136
　　낯선 사람에 대한 반응 169~171
　　눈 맞추기 81, 106, 152, 172~173,
　　　175~176, 239, 243, 303
　　동기 35
　　두 번째 인지 영역 82, 303
　　번식 31, 40, 240~242
　　보조견으로서 잭스 117~119
　　사회성 172
　　새로운 것(로봇)과의 만남 163~168
　　순하고 반응성이 낮은 개 166~167

　　아서의 반응 164~166
　　위즈덤과 함께 지낸 하루 184~189
　　유전성 161~163
　　인지 162~163
　　자제력 162~163
　　정서적 반응성 33, 81, 166~167
　　정의 161~162
　　제롬 케이건의 연구 162
　　진델의 테스트 166~168, 170~171
　　집 강아지와 유치원 강아지 183~
　　　184, 189
　　케이나인 컴패니언스의 선택 육종
　　　177
꿈(꿈꾸기) 42, 224~226

나나데시칸, 기타 Gnanadesikan, Gita
　153~154
낯선 사람 테스트 82~83, 169~171,
　186
눈 맞추기 81, 106, 152, 172~173,
　175~176, 239, 243, 303
　　강아지 때의 발현과 숙달 106, 176,
　　　243
　　견종 175
　　보조견 및 군견에 관한 예측 요인
　　　303
　　불가능한 과제 81, 172~176, 236,
　　　252
　　에이든의 눈 맞추기 243

옥시토신 172~173, 177, 242
잉의 슈퍼 파워 85~87
측정 173
평균적인 개들과 비교한 아서와 진델 172, 175
늑대 30, 72~76, 86, 182~183, 231, 233~234, 236, 304~305, 307
강아지와 비교 72~76
마음이론 75
새끼 늑대 실험 72~76
암수 협력 양육 307

다람쥐원숭이 100
다윈, 찰스 Darwin, Charles 140, 217
다중 지능 이론 79, 301
닥스훈트 151
데이케어 시설 251
도그니션 145~153, 155, 232, 245, 259
개의 뇌 크기 및 인지에 대한 연구 151
견주(보호자) 148, 151, 153
기능 측정 방법 153
기억력 게임 151
기타 나나데시칸의 연구 153~154
다양한 견종의 인지적 수행 능력에 관한 연구 259
데이터세트 149
자제력 게임 151

도기 리더 106, 109~110, 128, 281, 287~288, 291
동물 30, 34, 36~40, 43, 45~48, 51, 71~73, 75, 81, 87, 99~101, 120, 148, 153, 164, 174, 182, 197, 202, 215, 224~225, 288, 300, 305~307
사회적 행동과 뇌 51~52
생애 초기의 박탈 182
어미 개의 양육 스타일 191~195
영장류 30, 70, 299
육식동물과의 비교 48
인지 발달 39, 46, 92, 183, 240
출생 후 생존 준비도 46~47
포유류와 파충류 출생 직후 46~47
포유류의 뇌 47~48
'늑대'도 참고할 것.
듀크 강아지 유치원(강아지 유치원) 25, 27, 31, 36, 39~42, 44, 52, 54, 61, 69, 78, 83, 88, 90, 102~103, 105, 108, 111, 127, 131, 133~134, 142, 144~147, 151, 153, 155, 158, 161, 163, 182~183, 185, 188, 190, 197, 199, 201, 208, 212, 216~219, 221, 226, 229, 231~232, 242, 246, 248, 250, 254, 263, 274, 277, 279, 292, 294, 297
강아지를 위한 시설 54~55
놀이터 규칙 107~108

도기 리더 106, 109~110, 128, 281, 287~288, 291
듀크연못 54, 185, 197
생후 8주 233
생후 10주 234~235
생후 13주 236
생후 14주 237
설립 목적 30~36
셸 게임 64
인기투표 128
인지 발달 패턴 238~240
자원봉사자 31, 40~41, 56, 61, 84, 92, 103, 107~108, 114, 119, 121, 126, 128, 135, 185~186, 196, 201, 231, 255, 273, 277, 281~282, 295, 297
집 강아지와 유치원 강아지 183~184, 189
케이나인 컴패니언스 31~32, 52, 55, 58, 92, 109, 113, 116, 121, 142, 168, 171, 177, 189, 191~192, 196~197, 201, 210, 216, 219, 231, 278~279, 284, 297
콩고 25~28, 31, 42, 58~61, 96, 124, 145~146, 218~221, 255

똥 먹기 29, 119~122, 129
보조견으로 졸업할 가능성 121
분식증 119~120
자산이 될 수 있는 위험 요소 120~122
훈련 용이성 122

라자로프스키, 루시아 Lazarowski, Lucia 81
래브라도 리트리버 31, 113~114, 121, 132~135, 137, 142~143, 158~159, 168, 175, 269, 292
강아지 유치원 158
견종의 기원 137~140
고전적 래브라도 133~136
군견 132, 175
눈 맞추기 175
물어 오기 67, 81, 135, 146, 150, 158~159, 186, 244, 289, 304
번식 및 특성 31
보조견 142
비전형으로서 진델 158~160, 168
사냥견 134
설사 292~296
유전적 특성 121, 132, 143
인기 134
잭스의 똥 먹기 119~122
전형적인 래브라도로서 아서 134~136
체고 예측 141
친절, 사교성에 대한 명성 132
케이나인 컴패니언스 31, 113
털과 색상 134~135

풋아편 흑색소 부신 겉질 자극 호르몬 121
랠리버티, 모니카 Laliberte, Monica 116
로버츠, 애슈턴 Roberts, Ashton 216, 278

마스티프 171
마시멜로 검사 96~97, 100
마음이론 62~64, 68, 82, 143, 303
    가축화 30, 39, 72, 74, 182, 234, 236, 305, 307
    개에서의 발달 64, 82
    레인보우와 새시가 가장 좋아하는 게임 227~229
    보노보 30, 70
    사회적 문제 해결 71, 148
    실험 68~71
    유전 가능한 특성 143
    지시 동작(가리키기) 62, 81~83, 92, 147, 150, 303
    침팬지 30, 48, 70~71, 224
    혈통 72~76
맥클린, 에번 MacLean, Evan 80, 150, 153, 177, 259, 276, 301
멘델, 그레고어 Mendel, Gregor 141
목줄 훈련 29, 37, 88, 108, 210, 281
    도기 리더 106, 109~110, 128, 281, 287~288, 291
    스파키 210

웨스턴의 훈련 110~112
무어, 케라 Moore, Kara 89~90, 101, 123~125, 145, 169~170, 173~175, 222, 275
물리학(물리) 43, 46, 49, 70~71, 82~83, 94, 122~125, 129, 151, 153~154, 186, 192, 228, 233~234, 236, 239~240, 245~246, 304, 308
    강아지 때의 발현과 숙달 49
    강아지는 아인슈타인이 아니라는 교훈 245~246
    게임 129, 151
    견종 151
    다섯 번째 인지 영역 82~83, 304
    물어 오기 67, 81, 135, 146, 150, 158~159, 186, 244, 289, 304
    보조견으로서의 성공 예측 129
    연결성 236
    위즈덤의 능력 186
    유전성 154
    이해 122
    잭스와 물리적 연결성의 원리 123~124
    중력 46, 122~123
    콩고 124
물어 오기 67, 81, 135, 146, 150, 158~159, 186, 244, 289, 304
물체 조작 검사 80

바센지 152, 305
반전 학습 게임 237, 239
배변(용변, 화장실) 29, 102, 105, 127, 199, 201, 208, 247, 251, 287~291
  브리스틀 대변 척도 295~296
  수면 훈련 205~214
  일과표 287~291
  자제력 102
뱀 46
보노보 30, 70
보더콜리 144, 150, 152, 306
보조견 27~29, 31~40, 52, 76, 78, 80~81, 90, 93, 97, 106, 112, 115, 117, 119, 121~122, 126~127, 129, 132~133, 135, 142~143, 152, 155~156, 161, 171~172, 177, 183, 189~192, 215, 218, 221, 231, 233, 236, 262~263, 265, 268, 270, 272, 275, 297, 302~304
  가족 반려견 28, 31, 37, 39, 67
  개들의 다양한 행동 측정 33
  견종 142~143
  기질 117~119
  눈 맞추기 303
  똥 먹는 강아지의 졸업 가능성 121
  래브라도 리트리버 142
  물리학(물리) 129
  물어 오기 67, 81, 135, 146, 150, 158~159, 186, 244, 289, 304
  변이 유전자 EML1과 자제력 비교 154~155
  보조견으로서의 성공 예측 32~33, 35, 40, 76, 78, 80, 82, 93, 112, 126, 135, 143, 221, 240, 270, 301, 303
  사회화 31, 51, 182~183, 194, 241, 249, 300
  신뢰할 수 있는 예측의 필요성 81
  어미 개의 양육 스타일 191~195
  유전성 40, 72, 121, 132~133, 140~142, 144~145, 152~156, 161, 179~181, 209, 240~241, 304~306
  자제력 80
  집 강아지와 유치원 강아지 183~184, 189
  콩고 218
분리 불안 29, 250, 308
불가능한 과제 81, 172~176, 236, 252
브레이, 에밀리Bray, Emily 90, 92, 121, 191~192, 194, 276
블루헤드놀래기 47
비글 308

사료 84, 104~105, 282~283, 285, 288, 297
  강아지용 음식 297~298
  우리 287

일과표 288
　　잔반 298
　　해로운 음식 298
사회적 인지(능력) 30, 37, 52, 56, 72, 74, 80, 82~83, 234, 303
　　보조견으로서의 성공 예측 82~83
　　사회적 천재성 56
　　'협력적 의사소통'도 참고할 것.
사회화 31, 51, 182~183, 194, 241, 249, 300
　　간식 96, 105, 285
　　긍정적 강화 33, 104, 249
　　기본적인 삶의 기술 42
　　문턱값 190, 241
　　생애 초기 경험의 영향 182, 301
　　생후 12주의 목표 104
　　수면 훈련 205~214
　　어미 개의 양육 스타일 191~195
　　예절 교육 43, 104~105, 263
　　우회로 찾기 81, 114
　　인지력 게임과 훈련 성공의 관계 302~303
　　인지적 특성 241
　　일과표 43, 286
　　입양 38
　　정의 182
　　젠틀링 194~195
산책 27, 29, 60, 88, 108~111, 115, 146, 177, 185, 195, 197, 210, 230, 244, 251~252, 258, 281~282, 286~287, 289, 291
　　강아지 용품 281~282
　　도기 리더 281
　　목줄 29, 88, 210, 281
　　연결성 236
　　일과표 286
새로운 물체 검사 162~168
　　아서의 기질 162~166
　　진델의 반응 167~168
설사 37, 212~213, 274, 276, 284~285, 290, 292~296
세인트버나드 259
셸 게임 64, 67, 69
수면 42, 200~213, 215, 224~226, 247
　　개의 일주기 리듬 202~203, 205
　　기억(기억력) 224~226
　　꿈 224~226
　　레인보우의 수면 205, 210, 213, 224, 226
　　렘수면 204~205
　　발달 지표 246~247
　　밤에 짖는 행동 210
　　수면 방추 224
　　시간 202, 204, 208
　　애착 양육 210~211
　　에너지 해소 운동 213
　　우리 202~203, 205~213

울음 억제법 211~212
일관된 취침 시간 202
잠자리 루틴 201
장소 201~202
주기 202~203
패턴 변화 204
한배 새끼들의 개별성 210
훈련 205~214
시각장애인 안내견 191
시베리안 허스키 305
실행 기능 82~83, 101, 151, 163, 304
강아지 때의 발현 82, 101
네 번째 인지 영역 82, 304
뇌 크기 151
테스트 83
'기억(기억력)' '자제력'도 참고할 것.
씹기 29, 42, 52, 103, 202, 282, 284
씹기용 장난감 103, 282, 284

아나톨리아 셰퍼드 306
아홀로틀(우파루파) 47
야생동물 과학센터 75
어미 개의 양육 스타일 191~195
자유방임형 191~194
헬리콥터형 191~194
엑스펜 199, 206, 280~281, 293~294
영양 antelopes 47
오랑우탄 47
오레오 67~69

오번대학교 81
옥시토신 172~173, 177, 242
견종 177
눈 맞추기 172~173
사회적 상호작용 173
애착 242
케이나인 컴패니언스 177
요로 감염 87, 212~213, 247, 290
요크셔테리어 259
우리 crate 201~202, 205, 208, 210, 212~213, 280, 288~291, 293~294
강아지 유치원에서의 사용 유형 294
수면 202~203, 205~213
시간 제한 202
우리 안에서 식사 287
이점 202
필수 강아지 용품 280
혼자 있는 시간 202, 288
우회로 찾기 81, 114
원통 검사 97~102, 235, 237, 311
자제력 99~102
충동적 행동 101
유전 40, 72, 121, 132~133, 140~142, 144~145, 152~156, 161, 179~181, 209, 240~241, 304~306
개의 체고를 결정하는 유전자 IGF1과 IGSF1 141
변이 유전자 EML1과 자제력 비교 154~155

기타 나나데시칸의 연구 153~154
다윈과 유전자 140~141
단일 염기 다형성 141
멘델의 완두콩 141
번식 31, 40, 240~242
유전성의 정의 145, 240
인지 형성에 미치는 영향 144~145, 152~155
풋아편 흑색소 부신 겉질 자극 호르몬 121
'견종'도 참고할 것.
이빨(이, 치아) 59, 103~104, 108, 135, 138, 251, 260, 284
　영구치 103~104
　이돋이 용품 103
　웨스턴의 문제 행동 108
이어즈 아이즈 노우즈 앤 포즈 31, 275, 279
인지
　강아지 때의 발현과 숙달 233~240
　강아지의 뇌 52, 56, 232
　개 인지 종적 종합 검사 39, 83, 301
　개별성 132, 181, 232
　개성 78~80, 302
　견종 78, 132, 144, 150, 241
　기질 162~163
　기타 나나데시칸의 연구 153~154
　다중 지능 이론 79, 301
　도그니션 145~153, 155, 232, 245, 259
　동물에서의 발달 39, 46, 92, 183, 240
　보조견으로서의 성공 예측 32~33, 35, 40, 76, 78, 80, 82, 93, 112, 126, 135, 143, 221, 240, 270, 301, 303
　비작업견 304~305
　사냥견 134, 149~150, 158, 305
　외모 141, 143, 156
　웨스턴의 인지적 실패와 특성 99~102
　위즈덤의 천재성 186, 239
　유전성 144~145, 152~155
　인간 아기와 침팬지, 개와의 비교 71
　인간과 개의 초기 뇌 발달 45~51
　인지력 게임 80~81, 83, 119, 146~147, 153, 159, 184, 186, 194, 302~303
　인지적 차원의 영역 82~83, 303~304
　인지적 프로필 149, 302
　일반 지능 이론 78~80, 232, 301~302
　잭스의 완벽한 표지 시험 점수 119
　정의 162
　지능 30, 71, 79~81, 94, 129, 144, 149, 152, 181, 232, 301~302

진델의 불안정한 게임 점수 159
크기 156
환경 33, 37, 87, 130, 133, 144, 148, 153, 163, 178, 181~184, 200, 212, 240, 253, 260, 301, 305, 308
'협력적 의사소통' '실행 기능' '기억(기억력)' '물리학(물리)' '자제력'도 참고할 것
일과표 43, 286~290
일반 지능 이론 78~80, 232, 301~302
잉글리시 불도그 137
잉글리시 쉽독 158

자제력 34, 37, 79~83, 92, 94~97, 99~105, 108~109, 111~112, 114~115, 117, 119, 143, 147, 151, 153~156, 162~163, 228, 235~237, 239~240, 246, 301, 303~304, 311
EML1 유전자 154~155
강아지 때의 발현과 숙달 94, 97
개의 크기 156
견종 156
군견 80
도그니션 147, 151
마시멜로 검사 96~97, 100
목줄 매고 걷기 37, 108
반전 학습 게임 237, 239
보조견 80
불가능한 과제 81, 172~176, 236, 252
생후 8~10주 102
실수(사고) 100
억제 행동 105
원통 검사 97~102, 235, 237, 311
웨스턴의 실패 99~102
유전적 특성 153~155
잉의 시간에 따른 발달 99~101
중요성 95
콩고 96
피곤하게 하는 것 108~109
훈련 97, 105, 111
장난감 29, 33, 58, 63~64, 75, 82~83, 91, 103, 114, 119, 135, 160, 162, 165, 186, 200, 222~223, 245, 263, 282, 284, 289, 300, 303~304, 310
씹기용 장난감 103, 282, 284
인형 58, 114, 135, 199, 207, 284, 294, 310
재생 고무공 284
콩 Kong 285
저먼 셰퍼드 132, 142, 144, 150, 152, 305
죄책감을 느끼는 표정 85~86, 88, 93
지시 동작 62, 81~83, 92, 147, 150, 303
강아지 때의 발현과 숙달 82
견종 150

보조견, 군견으로서의 성공 예측 81~83, 177, 233, 303
에이든과 듄 66
오레오 67~69
도그니션 게임 147
'협력적 의사소통'도 참고할 것.
짖기 27, 29, 61, 84, 93, 113, 121, 127, 157, 177, 203, 210, 213, 228, 288, 290
  군견 113
  성가신 행동 177
  스파키의 계속되는 짖기 210~213
  야밤에 깨기 213

치와와 132, 142
침팬지 30, 48, 70~71, 224

케이건, 제롬Kagan, Jerome 162
케이나인 컴패니언스 31~32, 52, 55, 58, 92, 109, 113, 116, 121, 142, 168, 171, 177, 189, 191~192, 196~197, 201, 210, 216, 219, 231, 278~279, 284, 297
  강아지 프로그램 관리자 216
  기질 168
  래브라도 리트리버 31, 113
  옥시토신 177
  육종 177
  집 강아지와 유치원 강아지 183~184, 189
  훈련사 32~33, 81, 113, 182, 196, 216, 273
코런, 스탠리Coren, Stanley 144, 150, 152
콩고Congo 25~28, 31, 42, 48, 58, 59, 60, 61, 64, 96, 104, 124, 145~147, 151, 157, 187, 198, 218~221, 223, 229~230, 248, 252, 255, 257~262, 268
  강아지 부모를 위한 예시 61
  강아지 유치원 25~28, 31, 42, 58~61, 96, 124, 145~146, 218~221, 255
  노화와 죽음 255, 258~259
  뇌 크기 151
  마음이론 64
  병원 방문 260
  보조견 인증 218
  장기 기억 연구 218~221
  크기 27
  학교에 대한 사랑 145
  훌륭한 강아지 42

표지 시험 74, 76, 82, 89~91, 93, 119, 186, 303
푸들 142, 144, 150, 152, 305
  무스타쉬Moustache와 프랑스 군대 171

우버의 연구 304~305
프렌치 불도그 134

행동 29, 33, 35, 37, 46~47, 58~59, 61~62, 72, 88, 95, 104~105, 107, 119~122, 130, 132~133, 144, 147, 153, 157, 161~164, 168, 170, 176~179, 182, 191~192, 195, 236~237, 241, 251, 260, 288, 301, 306, 308, 311
C-BARQ 121
행동 문제 192
개 행동에 대한 기대 변화
긍정적 강화 33, 104, 249
낯선 사람에 대한 공격성 171
뇌 크기 48, 151
마시멜로 검사 96~97, 100
사회화 31, 51, 182~183, 194, 241, 249, 300
선택 육종 133, 156, 158, 168, 171, 176~177, 306
보조견으로서의 성공을 예측하는 다섯 가지 행동 121
어미 개의 양육 스타일 191~195
웨스턴 99, 101~102, 105, 107~108, 110~112
인지 기능 30, 34~40, 42, 52, 56, 69, 74, 80, 82, 97, 112, 152~153, 232, 259, 260

생애 초기의 박탈 182
짖기 27, 29, 61, 84, 93, 113, 121, 127, 157, 177, 203, 210, 213, 228, 288, 290
'똥 먹기' '자제력' '수면' '기질'도 참고할 것.
협력적 의사소통 71, 82, 149, 151, 153, 156, 234~235, 240, 245, 303, 305~306
가축화 30, 39, 72, 74, 182, 234, 236, 305, 307
강아지 때의 발현과 숙달 74
견종 151, 304~306
다중 지능 이론 79, 301
보조견으로서의 성공 예측 149, 153, 156, 303
셸 게임 64, 67, 69
오레오 67~69
우버의 늑대와 현대 견종 비교 304~306
유전 가능한 특성 240
인간 발달 과정 62~63, 234
인간 아기와 침팬지, 강아지의 비교 71
인간의 의도 이해하기 70~71, 245
지시 동작 82~83, 150
콩고 64, 151
훈련 성공 예측 153, 156
'지시 동작'도 참고할 것.

환경  33, 37, 87, 130, 133, 144, 148, 153, 163, 178, 181~184, 200, 212, 240, 253, 260, 301, 305, 308
감각적 경험  185
강아지에게 가장 필요한 결정적인 경험  182
사회화  31, 51, 182~183, 194, 241, 249, 300
생애 초기 경험  38~40, 42, 176, 182, 184, 190~191, 194, 307, 309

어미 개의 양육 스타일  191~195
위즈덤의 하루  184~190
유전자와 상호작용  133, 163
훈련  29, 31~35, 37, 39, 42, 52, 60, 80~82, 92, 97, 104~105, 108~111, 113, 118, 122, 133~134, 144, 153, 155~156, 183, 185, 191~192, 194~195, 198, 205, 208, 212, 219, 229, 233, 239~241, 251, 254, 285~288, 292, 301~303, 309
'사회화'도 참고할 것.

**옮긴이 강병철**

소아청소년과 전문의이자 도서출판 꿈꿀자유와 서울의학서적의 대표다. 2008년 휴양차 들른 캐나다 밴쿠버에 눌러앉아 번역가로 살고 있다.
《툭하면 아픈 아이, 흔들리지 않고 키우기》《이토록 불편한 바이러스》《성소수자》(공저) 등을 썼고, 《자폐의 거의 모든 역사》(한국출판문화상 번역 부문 수상)《인수공통 모든 전염병의 열쇠》(롯데출판문화대상 번역 부문 수상)《조류독감이 온다》《우리는 왜 죽는가》《패턴 시커》《면역》《자폐 완벽 지침서》《암 치료의 혁신, 면역항암제가 온다》《사랑하는 사람이 정신질환을 앓고 있을 때》《현대의학의 거의 모든 역사》 등을 우리말로 옮겼다.
긴 여행을 떠난 "세상에서 제일 착하고, 점잖고, 엉뚱한 아들", 반려견 링컨을 다시 만날 날을 고대하며, 때로는 눈물로 그와의 추억을 되새기며 이 책의 번역을 마무리했다. 저자들의 말처럼 "사랑하는 것들은 영원히 헤어지지 않는다"고 믿고 있다.


## 세상에 똑같은 개는 없다

| | |
|---|---|
| 1판 1쇄 펴냄 | 2025년 8월 7일 |
| 1판 2쇄 펴냄 | 2025년 8월 21일 |
| | |
| 지은이 | 브라이언 헤어·버네사 우즈 |
| 옮긴이 | 강병철 |
| 펴낸이 | 김정호 |
| | |
| 책임편집 | 이형준 |
| 디자인 | 형태와내용사이, 박애영 |
| | |
| 펴낸곳 | 디플롯 |
| 출판등록 | 2021년 2월 19일(제2021-000020호) |
| 주소 | 10881 경기도 파주시 회동길 445-3 2층 |
| 전화 | 031-955-9504(편집)·031-955-9514(주문) |
| 팩스 | 031-955-9519 |
| 이메일 | dplot@acanet.co.kr |
| 페이스북 | facebook.com/dplotpress |
| 인스타그램 | instagram.com/dplotpress |
| | |
| ISBN | 979-11-93591-41-3  03400 |

디플롯은 아카넷의 교양·에세이 브랜드입니다.
아카넷은 다양한 목소리를 응원하는 창의적이고 활기찬 문화를 위해 저작권을 보호합니다. 이 책의 내용을 허락 없이 복제, 스캔, 배포하지 않고 저작권법을 지켜주시는 독자 여러분께 감사드립니다. 정식 출간본 구입은 저자와 출판사가 계속해서 좋은 책을 출간하는 데 도움이 됩니다.

## 등장 동물과 인물

### 2018년 가을반

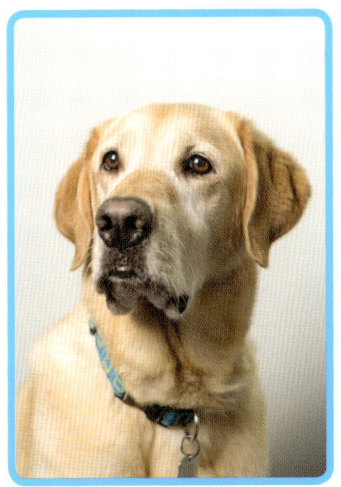

콩고

둔

에이든

애슈턴

## 2019년 가을반

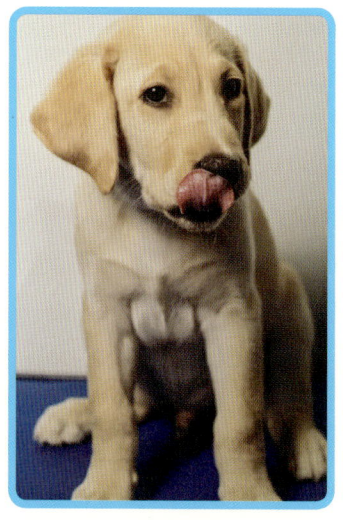

잭스

웨스턴

욜란다

지나

에리스

애냐

잉

## 2020년 봄반

위즈덤

웨스틀리

욘더

진델

졸라                              아서

오로라

## 2020년 가을반

스탠리

새시

레인보우

스파키

# 2021년 가을반

피어리스

글로리아

에설

길다

둔

브라이언과 버네사, 자원봉사자들과 2021년 가을반 원생들

강아지 공원에서 쉬는 시간을 기다리고 있는 콩고

2019년 가을반이 만든 강아지 웅덩이

점심 식사 전 2020년 봄반

점심 식사 후 2020년 봄반

위즈덤 위에서 자는 욘더

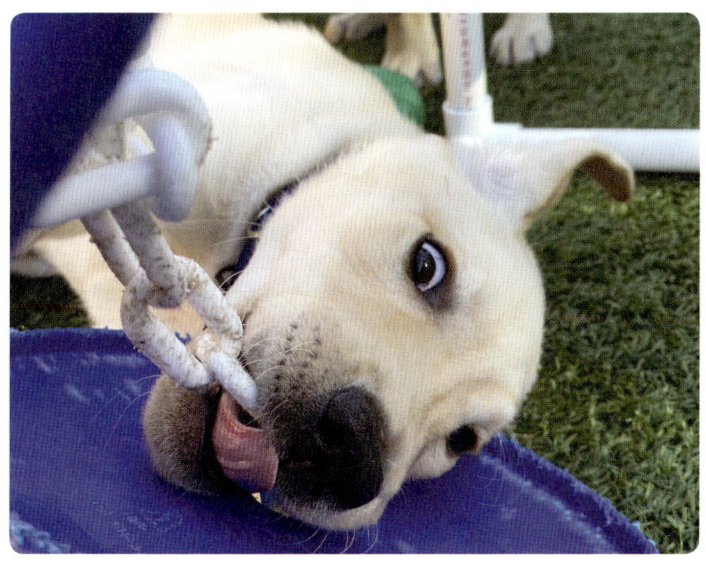

무아지경에 빠진 진델

물어 오기 게임

불가능한 과제

동물 로봇 라이언과 함께 노는 길다

라이언이 의심스러운 글로리아

콩고가 무한한 인내심을 보여주고 있다.

그리고 더 많은 인내심을…

농구는 듀크대학교에서 강아지 교육의 중요한 한 부분이다. 듀크대학교 여자 농구팀은 매 학기 강아지를 입양해 키우고 있는데, 지금까지 여기서 길러진 모든 강아지가 졸업했다. 사진에서는 농구팀 코치 카라 로슨Kara Lawson이 강아지에게 기본기를 가르치고 있다.

코치 슈이어Scheyer는 '코트 위의 카오스'를 능숙하게 헤쳐나가고 있다.

사람들이 강아지 유치원에 대해 상상하는 모습

실제 강아지 유치원의 모습